C语言程序设计

（微课版）

主　编◎郑宁宁　孙向群

副主编◎曹金静　王志红　史红梅

高玉珍　唐　田　陶泽伟

中国石油大学出版社
CHINA UNIVERSITY OF PETROLEUM PRESS
山东·青岛

图书在版编目(CIP)数据

C语言程序设计:微课版/郑宁宁,孙向群主编
. -- 青岛:中国石油大学出版社,2024. 8
ISBN 978-7-5636-8262-1

Ⅰ. ① C… Ⅱ. ①郑… ②孙… Ⅲ. ① C语言—程序设计 Ⅳ. ① TP312. 8

中国国家版本馆CIP数据核字(2024)第111119号

书　　名: C语言程序设计(微课版)
C YUYAN CHENGXU SHEJI (WEIKEBAN)
主　　编: 郑宁宁　孙向群

责任编辑: 安　静(电话　0532-86981535)
责任校对: 杨海连(电话　0532-86981535)
封面设计: 蓝海设计工作室

出 版 者: 中国石油大学出版社
(地址:山东省青岛市黄岛区长江西路66号　邮编:266580)
网　　址: http://cbs.upc.edu.cn
电子邮箱: anjing8408@163.com
排 版 者: 胡俊祥
印 刷 者: 青岛北琪精密制造有限公司
发 行 者: 中国石油大学出版社(电话　0532-86983437)
开　　本: 787 mm × 1 092 mm　1/16
印　　张: 18.75
字　　数: 494千字
版 印 次: 2024年8月第1版　2024年8月第1次印刷
书　　号: ISBN 978-7-5636-8262-1
定　　价: 49.80元

前言

PREFACE

C语言作为一门历史悠久且极具影响力的编程语言，以高效、紧凑、功能强大等特点赢得了全球程序员的广泛青睐。时至今日，C语言仍是计算机领域的通用语言之一，其影响力之广、渗透力之深，在计算机发展史上具有重要地位。在众多流行的编程语言中，都可以看到C语言的影子，如Java、C++等皆被冠以"类C"之名，彰显了C语言的独特魅力和深远影响。在操作系统、嵌入式系统、高性能计算等众多领域，C语言都扮演着核心角色，学习、掌握C语言已成为每位计算机技术从业者不可或缺的基本技能之一。

"C语言程序设计"课程作为大多数高校学生踏入编程世界的起点，旨在让学生领略C语言基础知识、语法结构和编程算法的精妙的同时，更注重通过丰富的实践锻炼，将所学知识融会贯通，亲手编写代码以解决实际问题。在这一过程中，逐步掌握程序设计的思想和方法，培养问题求解和程序语言的应用能力。

本书旨在通过深入浅出的方式，为初学者以及想全面、深入学习C语言程序设计的编程爱好者提供一套完整的C语言知识架构。全书共分10章，从C语言的基础概念开始，逐步向数据类型、控制结构、数组、函数、指针、结构体等核心知识点延伸。在注重理论与实践相结合的基础上，突出实用性，摒弃传统教材中过分重视语法的弊端，确保内容的可读性和逻辑性，以便更好地满足初学者的学习需求。书中精选了一系列典型的实例和习题，依据循序渐进的原则，为学生呈现多种解题方法，并对教学内容进行了有效拓展，有助于学生深入理解那些较为复杂的概念，并促进其内化和应用。同时，书中的大多数知识点附带视频讲解，通过扫描二维码即可观看。此外，我们也特别注重培养学生的计算思维能力。在学习C语言的同时，引导学生学习如何分析问题、抽象问题，并将复杂的问题分解成可以通过计算机程序来解决的小问题，这种能力在如今快速发展的技术环境中显得尤为宝贵，将为学生在编程世界里的长远发展打下坚实的基础。

本书编者均来自教学一线，具有丰富的教学经验，对不同层次学生的学习基础和学习特点较为了解，因此本书不仅适合作为普通高校各专业学生的学习用书，还可以作为从事计算机相关软硬件开发的技术人员的学习参考书。

本书建议使用 Visual C++ 2010 作为编辑、编译环境，这也与全国计算机等级考试要求的编译环境相一致。书中所有例题、习题均在 Visual C++ 2010 环境下编译通过。本书紧密结合 C99 标准，补充了部分 C99 中的新特性。所有例题、习题所涉及的程序规范统一，有利于学生养成良好的编程风格和编程习惯。本书另配有在线课程、PPT 课件和习题集等教学资源。

习近平总书记在党的二十大报告中提出：我们要坚持教育优先发展、科技自立自强、人才引领驱动，加快建设教育强国、科技强国、人才强国，坚持为党育人、为国育才，全面提高人才自主培养质量，着力造就拔尖创新人才，聚天下英才而用之。科技自强自立需要培养大批拔尖创新人才，实践是培养创新人才的有效途径。因此，在教材编写过程中，我们注意吸收和借鉴企业行业的典型应用案例，并得到校企合作单位济南博赛网络技术有限公司的董良、张金涛和山东全通网融科技有限公司的孟东海、于慧峰、侯满丽等的大力协助，他们具有丰富的企业行业工作经验，提供了很多富有价值的意见、建议及工程案例，在此一并表示衷心感谢！

限于编者水平，书中不足之处在所难免，恳请广大读者不吝赐教，不胜感激！

教材编写组联系方式：邮箱 jsj88117990@163.com；电话 0531-88117990。

编　者

2024 年 5 月

目 录

CONTENTS

第1章 C语言概述

C语言是一种广为流行、功能强大的专业化编程语言，在各个领域应用广泛，深受广大专业程序员和业余编程爱好者的喜爱。本章主要介绍C语言的发展历史和特点，如何编写简单的C程序及Visual C++ 2010集成开发环境的使用。

本章学习目标

☆ 掌握程序与程序设计语言的概念。

☆ 了解C语言的产生、发展及特点。

☆ 熟悉C程序的编辑、编译、连接和运行过程。

☆ 熟练使用Visual C++ 2010编写并运行简单的C程序。

1.1 程序与程序设计语言

程序与程序设计语言

1.1.1 程序

程序是为实现特定目标或解决特定问题而用计算机语言编写的指令序列的集合。程序设计是给出解决特定问题程序的过程，是软件构造活动中的重要组成部分。

一个程序包括以下两个方面的内容：

（1）对数据的描述。在程序中要指定数据的类型和数据的组织形式（数据在内存中的组织形式和数据自身的组织形式），即数据结构（Data Structure）。

（2）对操作的描述。在程序中要对操作方法和操作步骤进行描述。也可以说是对算法（Algorithm）进行描述。

数据是操作的对象，操作的目的是对数据进行加工和处理，以得到期望的结果。著名计算机科学家尼古拉斯•沃斯（Niklaus Wirth）曾把程序精辟地描述为：程序=算法+数据结构。

1.1.2 程序设计语言

程序设计语言又称计算机编程语言，是程序设计最重要的工具，是指计算机能够接收和处理的、具有一定语法规则的语言。从计算机诞生之日起，计算机语言经历了机器语言、汇编语言和高级语言几个阶段。

在所有的程序设计语言中,只有机器语言编制的源程序能够被计算机直接理解和执行,其他程序设计语言编写的程序则必须利用语言处理程序“翻译”成计算机所能识别的机器语言程序。

1. 机器语言

机器语言是用二进制代码表示的、计算机能直接识别和执行的一种机器指令的集合,是计算机的设计者通过计算机的硬件结构赋予计算机的操作功能。机器语言是第一代计算机语言。

机器语言程序是由“0”和“1”组成的二进制代码序列。用机器语言编写程序,编程人员要熟记所用计算机的全部指令代码和代码的含义,处理每条指令以及每个数据的存储分配和输入/输出,并记住编程过程中每一步所使用的工作单元处在何种状态,这是一件十分烦琐的工作。而且,机器语言编写的程序是二进制的指令代码,直观性差、容易出错,修改起来也比较困难。此外,不同型号计算机的机器语言是不相通的,在一台计算机上编写的机器指令代码,要想在另一台不同型号的计算机上执行,必须重新编写,造成重复工作。但由于计算机可以直接识别机器语言而无须进行任何翻译,因此其运算效率是所有语言中最高的。

2. 汇编语言

为了克服机器语言难读、难编、难记和易出错的缺点,人们就用与代码指令实际含义相近的英文缩写词、字母和数字等符号来取代指令代码(如加法指令用 ADD 表示),用地址符号或标号代替指令或操作数的地址,这种符号化的编程语言就是汇编语言。即汇编语言是一种用助记符表示的面向机器的计算机语言。由于汇编语言采用助记符来编写程序,比机器语言用二进制代码编程要方便些,因此在一定程度上简化了编程过程。助记符与指令代码一一对应,保留了机器语言的灵活性。汇编语言能面向机器进行编程且能较好地发挥机器语言的特性,可以直接访问系统接口,通过汇编程序翻译成的机器语言程序运行效率高,其目标程序占用内存空间少。

汇编语言通常被应用于底层硬件操作和高要求的程序优化场合,如驱动程序、嵌入式操作系统和实时运行程序的开发等。

3. 高级语言

高级语言(High-level Programming Language)是一种独立于机器,面向过程或面向对象的语言,是较接近自然语言和数学公式的编程语言,基本脱离了机器的硬件系统,用人们更易理解的方式编写程序。一般用高级语言编写的程序称为源程序。Java、C、C++、C#、Pascal、Python、LISP、Prolog、FoxPro、易语言等都是高级语言,但它们的语法、命令格式都不相同。

高级语言与计算机的硬件结构及指令系统无关,它有更强的表达能力,可方便地表示数据运算和程序控制结构,更好地描述各类算法,并且容易学习和掌握。但一般用高级语言编译生成的程序代码比用汇编语言设计的程序代码要长,执行速度也慢。

高级语言设计的程序必须经过编译程序“翻译”成机器语言程序后,计算机才能执行。“翻译”的方法有两种,一种是解释,一种是编译。解释是把源程序翻译一句计算机执行一句;而编译是把源程序翻译成机器指令形式的目标程序,再用链接程序把目标程序链接成可执行程序。

C 语言简介及特点

1.2 C 语言简介

C 语言是目前较流行的高级程序设计语言，具备很强的数据处理能力，广泛应用于各个领域，如系统软件的开发、应用软件的开发、嵌入式系统的开发、低级操作系统上应用程序的开发等。Linux 系统和 UNIX 系统都是用 C 语言开发的。党的二十大报告指出：推动战略性新兴产业融合集群发展，构建新一代信息技术、人工智能、生物技术、新能源、新材料、高端装备、绿色环保等一批新的增长引擎。随着科技的不断发展，C 语言也可以应用于高端设备的嵌入式开发、驱动程序的开发等，在人工智能领域也会大有作为。

C 语言诞生于 1972 年，由美国国际电话电报公司（AT&T）贝尔实验室的 D.M.Ritchie 设计，并首先在一台运行 UNIX 操作系统的 DEC PDP-11 计算机上实现。C 语言诞生至今已有 50 多年的历史，其发展经历了以下几个阶段：

ALGOL 60 → CPL → BCPL → B → C → 标准 C → ANSI C → ISO C

（1）ALGOL 60：一种面向问题的高级语言。ALGOL 60 距离硬件较远，不适合编写系统程序。

（2）CPL（Combined Programming Language，组合编程语言）：CPL 是一种在 ALGOL 60 基础上发展起来的，比 ALGOL 60 更接近硬件的语言，但 CPL 规模大，实现困难。

（3）BCPL（Basic Combined Programming Language，基本组合编程语言）：BCPL 是对 CPL 进行简化后的一种语言。

（4）B 语言：B 语言取自 BCPL 语言的第一个字母，是对 BCPL 简化后得到的一种简单且接近硬件的语言。B 语言精练、接近硬件，数据无类型。B 语言诞生后，UNIX 开始用 B 语言改写。

（5）C 语言：C 语言取自 BCPL 语言的第二个字母，是在 B 语言的基础上为增加数据类型而设计的一种语言。C 语言诞生后，UNIX 开始用 C 语言改写，并被移植到其他计算机系统。

从 C 语言的发展阶段可以看出，C 语言是一种既具有一般高级语言特性（ALGOL 60 带来的高级语言特性），又具有低级语言特性（BCPL 带来的接近硬件的低级语言特性）的程序设计语言。C 语言既有高级语言简单明了、易学易用的特点，又有一般高级语言不具备的低级语言的许多功能，因此，有人称 C 语言是“高级语言中的低级语言”，也有人称 C 语言是“中级语言”，意为兼有高级语言和低级语言的特点。

很多编程语言都深受 C 语言的影响，比如 C++（原先是 C 语言的一个扩展）、C#、Java、PHP、Perl、LPC 和 UNIX 的 C Shell 等。也正因为 C 语言的影响力，掌握 C 语言的人再学其他编程语言时大多能很快上手，触类旁通，很多高校将 C 语言作为计算机教学的入门语言。

1.3 C 语言的特点

C 语言作为一种开发得比较晚的高级语言，吸取了早期高级语言的长处，克服了某些不足，迅速成为一种被广泛使用、非常流行的程序设计语言，被越来越多的程序设计人员和广大用户所熟悉和接受。C 语言之所以有如此旺盛的生命力,能够迅速从实验室走向世界,并在高级语言中的地位日趋上升,是因为它具有一些优于其他语言的特点,主要表现在:

1. C 语言的程序书写自由,简洁灵活,使用方便

C 语言程序书写形式自由,程序简练,源程序短。C 语言有 37 个关键字(其中有 32 个是常用关键字)、9 种控制语句(详见附录)。

2. C 语言拥有丰富的数据类型

C 语言支持多种数据类型,如整型、实型、字符型、布尔型、数组类型、指针类型、结构体类型、共用体类型以及枚举类型等,这些丰富的数据类型使 C 语言能够实现各种复杂的数据结构运算。

3. C 语言的运算符丰富,表达能力强

C 语言共有 34 种运算符,而且把括号、赋值、强制类型转换等都作为运算符来处理,使 C 语言的表达式类型更加多样化。灵活使用各种运算符可以实现其他高级语言难以实现的运算。

4. 语言是结构化的程序设计语言

C 语言具有结构化的控制语句(if-else, switch-case, for, while, do-while 等),并以函数作为程序模块,易于实现程序的模块化设计。

5. C 语言对语法限制不严格,程序设计灵活

C 语言对语法的检查不严格,允许编程人员有较大的自由度。例如,对数组下标不做越界检查,由程序编写者自己保证其正确性。另外,C 语言中的变量类型使用灵活,如整型数据、字符型数据以及布尔型数据在某些情况下可以通用。

6. 用 C 语言编写的程序具有良好的可移植性

C 语言编写的程序不需要修改或只进行少量修改,就可以方便地移植到其他计算机系统中。

7. C 语言可以实现汇编语言的大部分功能

C 语言可以直接操作计算机硬件,如 CPU 内部的寄存器、各种外设 I/O 端口等。C 语言的指针可以直接访问内存的物理地址。C 语言类似汇编语言的位操作,可以方便地检查系统硬件的状态。

8. C 语言适合编写系统软件

由于 C 语言编译后生成的目标代码体积小、质量高,程序执行效率高,因此目前很多系统软件都是基于 C 语言编写的。

综上所述,C 语言是一种简洁明了、功能强大、可移植性好的结构化程序设计语言。当然,C 语言也有不足之处,如运算符多,难用难记;类型转换比较灵活,容易混淆;语法检查不严格,容易出现算法错误;等等。

1.4 C 语言程序的运行

C 语言程序的运行

由于用 C 语言编写的源程序是文本类型的文件,计算机不能直接识别并执行,因此,需要将源程序编译成计算机可以识别的二进制形式的目标文件,并进一步连接生成可执行文件。

C 语言程序的执行过程如下：

源程序 —编辑→ 源程序文件（*.c） —编译→ 目标程序文件（*. obj） —连接→ 可执行程序文件（*.exe） —运行→ 结果

（1）编辑（生成源程序文件 *.c）。

将程序代码通过文本编辑器输入计算机。

（2）编译（生成目标程序文件 *.obj）。

编译就是把高级语言翻译成计算机可以识别的二进制语言。编译程序把一个源程序翻译成目标程序的工作过程分为五个阶段：词法分析、语法分析、语义检查和中间代码生成、代码优化、目标代码生成。分析过程中如果发现语法错误，将给出错误提示信息。

（3）连接（生成可执行程序文件 *.exe）。

连接是将编译生成的 *.obj 文件和其他相关的目标文件以及系统库文件等连接生成一个可以执行的程序。

（4）运行（运行可执行程序文件 *.exe）。

在计算机中需要安装 C 语言开发环境，对用 C 语言编写的源程序进行编辑、编译、连接和运行，而该开发环境依赖于操作系统和计算机硬件，即计算机硬件、操作系统和 C 语言开发环境三者共同构成了 C 语言的运行环境。

不同的平台安装有不同的 C 语言集成开发环境，如 Turbo C 是在 DOS 和 Windows 系统平台上学习 C 语言常用的开发工具，现在依然有大量初学者在使用；Visual Studio 中的 Visual C++ 是在 Windows 平台上开发的一个主流的可视化 C/C++ 语言开发环境，现在已经升级到 .net 版本；GCC（GNU Compiler Collection，GNU 编译器套件）是 UNIX 平台上常用的 C 语言开发工具，嵌入式系统的开发常用 GCC 的交叉编译器来完成。本书以 Visual C++ 2010 作为 C 语言的集成开发工具。

编制并运行一个简单 C 语言程序的步骤如下：

1. 项目及解决方案

使用 Visual C++ 2010 编写 C 程序之前，必须先了解项目（Project）的概念。项目有两种含义：一种是指最终生成的应用程序；另一种是创建这个应用程序所需的全部文件的集合，包括各种源文件、资源文件和头文件等。绝大多数较流行的开发工具利用项目对软件的开发过程进行管理。Visual C++ 2010 关于项目的详细信息存储在一个扩展名为 vcproj 的 xml 文件中，该文件存储在相应的项目文件夹中。

解决方案（Solution）的含义是一种将相关的项目和资源聚集到一起的机制。例如，用于企业经营的分布式订单录入系统可能由若干个不同的模块组成，每个模块都为同一个解决方案内的项目，因此，解决方案就是存储与一个或多个项目有关的所有信息的文件夹，即一个或多个项目文件夹是解决方案文件夹的子文件夹。与解决方案中项目有关的信息存储在扩展名为 sln 和 suo 的两个文件中。当创建某个项目时，如果没有选择在现有的解决方案中添加该项目，那么系统将自动创建一个新的解决方案。

2. Visual C++ 2010 集成开发环境

Visual C++ 2010 集成开发环境提供了多项人性化的功能，给程序设计人员带来了极大的方便。其窗口包括工作区窗口、工具箱、解决方案资源管理器和属性窗口等。启动并运行 Visual C++ 2010,进入它的集成开发环境窗口,其具体窗口式样如图 1-1 所示。

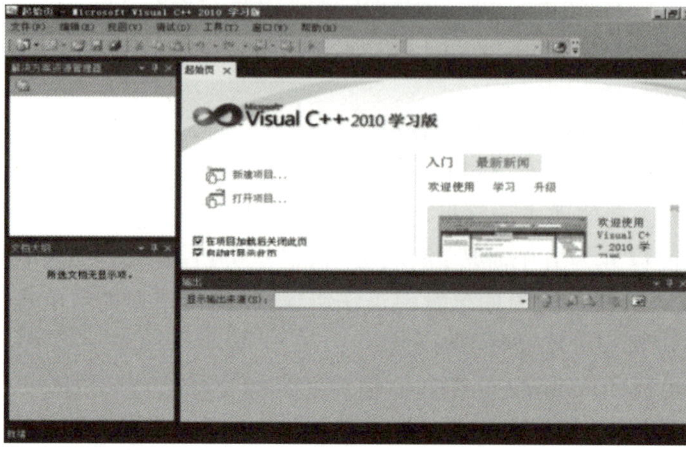

图 1-1 Visual C++ 2010 的集成开发环境窗口

3. 创建项目并输入源程序代码

下面介绍如何利用 Visual C++ 2010 实现项目的创建,并编写第一个 C 程序。

(1) 新建一个 Win32 Console Application 项目。

启动 Visual C++ 2010,选择菜单"文件"下的"新建项目"命令,或者单击图 1-1 起始页选项卡中的"新建项目",弹出"新建项目"对话框,如图 1-2 所示。

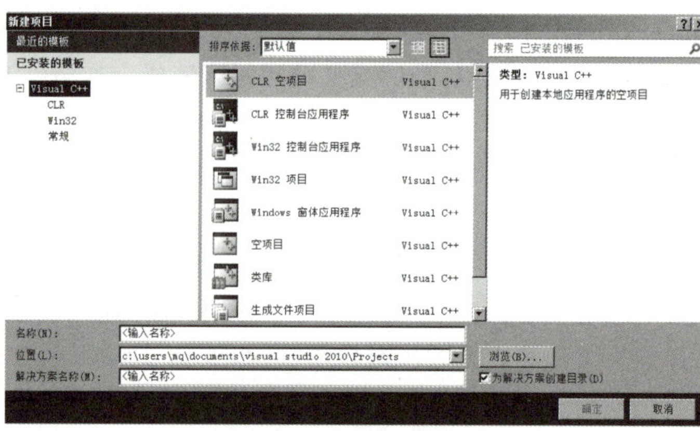

图 1-2 新建项目

"新建项目"对话框中列出了 Visual C++ 2010 支持的所有项目模板,按照类型分为"CLR""Win32"和"常规"三种。其中,"CLR"用于创建在其他应用程序中使用的类的项目,"Win32"用于创建 Win32 控制台应用程序的项目,"常规"用于创建本地应用程序的空项目。选择"Win32"模板,会看到里面包含两种 Win32 项目,如图 1-3 所示,选择"Win32 控制台应用程序",在"名称"文本框中填入项目名称,在"位置"框中选择项目存放的位置(目录或文件夹的位置),解决方案名称默认和项目名相同,也可以修改成其他名称。

单击"确定"按钮,进入 Win32 应用程序向导界面。该界面主要引导用户对创建的项目进行进一步的设置,如图 1-4 所示。单击"下一步"按钮,进入图 1-5 所示的应用程序设置界面。

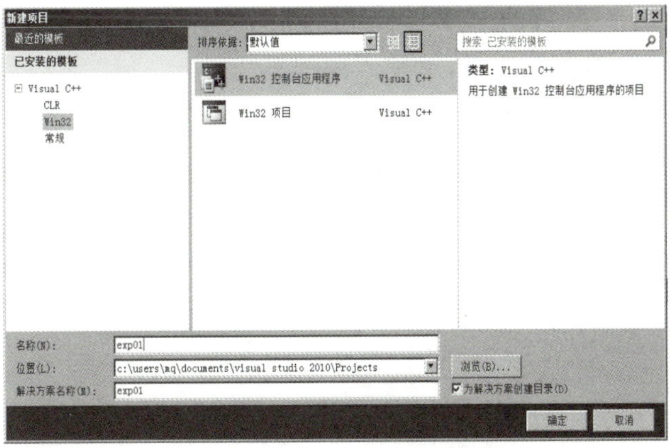

图 1-3　“Win32”模板

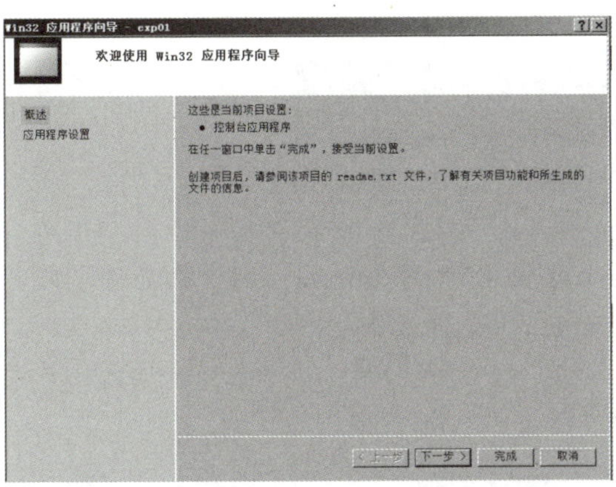

图 1-4　Win32 应用程序向导欢迎界面

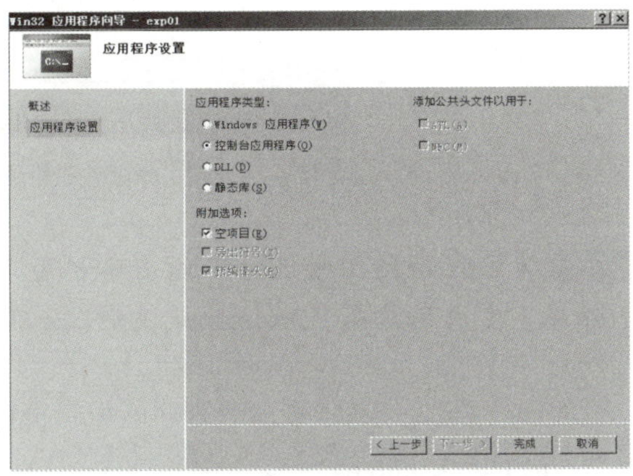

图 1-5　Win32 应用程序向导设置界面

在图 1-5 所示的“附加选项”中选择“空项目”，单击“完成”按钮，即生成一个名为 exp01 的空项目，界面如图 1-6 所示。

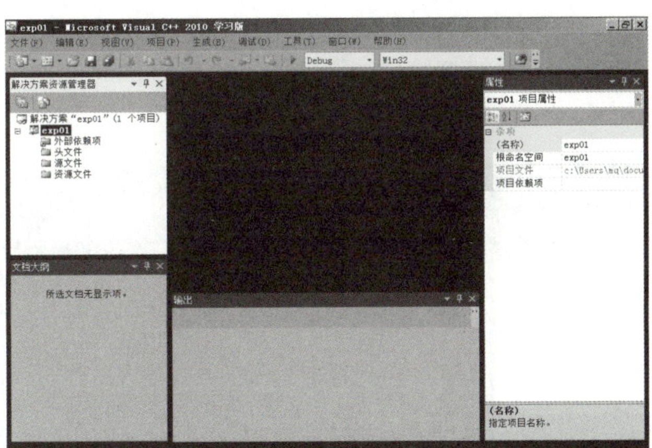

图 1-6　项目 exp01 创建完成的 Visual C++ 2010 集成开发环境窗口

（2）在工作区窗口中查看工程的逻辑架构。

从解决方案资源管理器中可以看到项目的层次关系。最高层是解决方案“exp01”，里面仅包含一个项目 exp01。项目 exp01 中包含四类文件，分别是外部依赖项、头文件、源文件和资源文件。

（3）在项目中新建C源程序文件，并输入源程序代码。

右击图1-6中的“源文件”，在弹出的快捷菜单中选择“添加”下的“新建项”命令，在打开的“添加新项 - exp01”对话框中选择“C++ 文件(.cpp)”选项，在“名称”文本框中为要创建的文件命名（此处将源程序命名为“circle.c”），如图1-7所示。

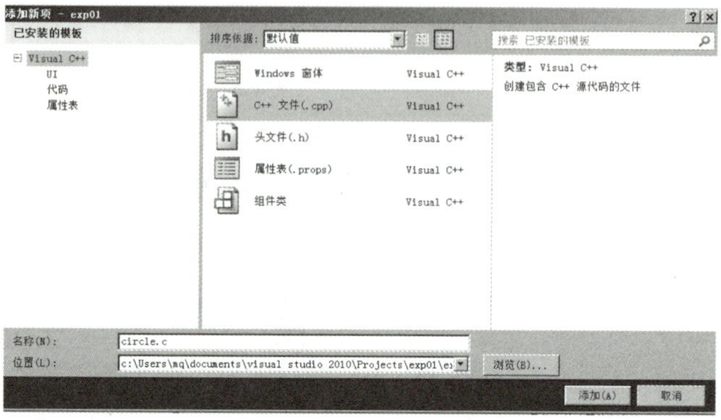

图1-7　在项目 exp01 中新建名为“circle.c”的C源程序文件

注意　为源程序文件命名时不能省略扩展名，若此处输入的是“circle”，则“源文件”文件夹下生成的就是“circle.cpp”文件，而不是“circle.c”文件。

单击“添加”按钮，进入源程序的编辑窗口，通过键盘输入如下源程序代码：

```
#include <stdio.h>
void main()
{
   printf("Hello ,World!\n");
}
```

通过资源管理器窗口可以看到，“circle.c”文件已经被添加到工程文件中的“源文件”目录下了，界面如图1-8所示。

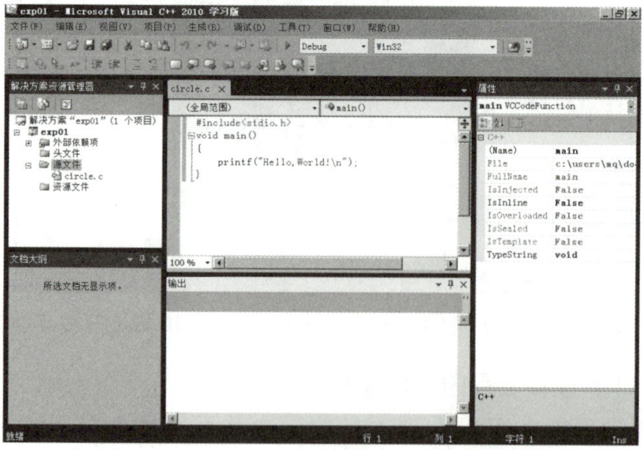

图1-8　在 circle.c 中输入C程序源代码

4. 编译并运行程序

在对程序进行编译和运行前，最好先保存所创建的项目（使用“文件”→“保存”菜单项），以避免程序运行时因系统发生意外而使自己之前的工作付之东流。应让这种做法成为自己的编程习惯。

选择“调试”菜单中的“开始执行”命令或者按快捷键 Ctrl+F5，对程序进行编译、连接和运行。若编译过程中发现错误（error）或警告（warning），将在“输出”窗口中显示错误所在的行以及具体的错误信息或警告信息，可以通过这些信息的提示来纠正程序中的错误或警告。

如果没有错误，则运行结果如图 1-9 所示。其中，“请按任意键继续”是由系统产生的，用户可以浏览输出结果，直到按下任意一个按键时为止。

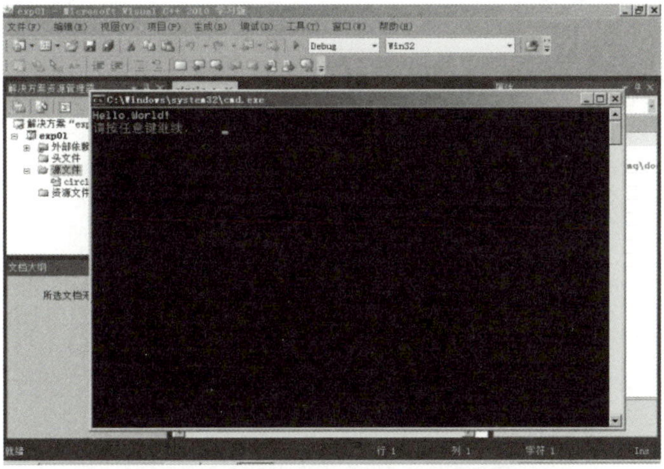

图 1-9　程序 circle.c 的运行结果界面

关于 Visual C++ 2010 集成开发环境的具体介绍和使用，可以参照《C 语言程序设计实验与学习辅导》中的 Visual C++ 2010 使用手册。

习题

1. C 语言的特点是什么？
2. 下列计算机语言中，CPU 能直接识别的是________。
   A. 自然语言　　B. 高级语言　　C. 汇编语言　　D. 机器语言
3. C 语言源程序文件的扩展名是________。
   A. c　　B. exe　　C. ob　　D. db
4. 以下________不是二进制代码文件。
   A. 标准库文件　　B. 目标程序文件　　C. 源程序文件　　D. 可执行文件
5. 以下叙述中正确的是________。
   A. C 语言比其他语言高级
   B. C 语言可以不用编译就能被计算机识别、执行
   C. C 语言以接近英语国家的自然语言和数学语言作为语言的表达形式
   D. C 语言出现得最晚，具有其他语言的一切优点

6. C 语言程序开发的四个步骤是：编辑、________、________、运行。

7. 因为源程序是________类型的文件，所以它可以用具有文本编辑功能的任何编辑程序完成编辑。

8. 编程输出如下字符串。

```
*******************
      very good!
*******************
```

第 2 章　C 程序基础

通过第 1 章的学习，我们对程序设计和 C 语言有了初步的认识，那如何使用 C 语言编写程序？编程时需要使用哪些类型的数据？如何实现这些数据的输入和输出？带着这些问题，让我们一起开始本章的学习。

本章学习目标

☆ 了解 C 程序的基本结构。
☆ 掌握常量和变量的分类及表示方法。
☆ 理解并掌握数据类型的概念及分类。
☆ 掌握 C 程序的输入和输出。

2.1 初识 C 程序

初识 C 程序

通过编写一个简单的 C 程序来了解 C 语言程序的基本结构。编写程序，在屏幕上输出一条简单的问候语“Hello, world!”。

【例 2.1】向屏幕输出：“Hello world!”

```
#include <stdio.h>                          /*预处理命令*/
int main()                                  /*主函数*/
{                                           /*函数体开始*/
  printf("Hello world!\n");                 /*执行语句*/
  return 0;
}                                           /*函数体结束*/
```

运行程序后，屏幕显示结果如下：

```
Hello world!
```

我们再来看一个例子，对比一下这两个程序之间有什么共同之处。

【例 2.2】求两个整数之和。

```c
#include <stdio.h>
int main()
{
   int a,b,sum;
   a=123;b=456;
   sum=a+b;
   printf("sum=%d\n",sum);
   return 0;
}
```

运行该程序后，输出结果为：

```
sum=579
```

通过对比以上两个程序不难发现，它们有着共同的组成结构，如图 2-1 所示，不同的只是函数体中的内容，不同的程序功能需要不同的执行语句去实现。

```c
#include <stdio.h>
int main()
{
   ......                    /*执行语句*/
   return 0;
}
```

预处理命令行	
全局变量声明	（可选）
函数声明	（可选）

int main()
{
声明部分
执行语句
}
	（有且只有一个）

其他函数定义（可选）	

图 2-1　C 程序的基本结构

说 明

1. 预处理命令

预处理命令的功能是告诉编译器预处理程序该为编译做哪些准备工作。C 语言编译器事先设计好了许多常用的函数供程序员使用，这些函数称为“库函数”，库函数按功能分类保存在一些扩展名为 h 的头文件中，而头文件的引用是通过 #include 预处理命令来实现的。例 2.2 第 1 行中的“stdio.h”是 C 编译系统提供的一个头文件名（stdio 是“standard input & output”的缩写），里面有一些标准的输入/输出函数声明（如 printf() 和 scanf() 等），通过引用头文件(#include <stdio.h>)，可直接调用声明的一系列函数。添加头文件有两种形式：“#include <stdio.h>”和“#include "stdio.h"”。区别在于查找方式不同：“" "”表示的是首先在包含文件所在的当前目录查找，如果找不到就返回系统目录查找，适合程序员用；“< >”表示的是在系统指定的子目录下查找被包含的文件，适合一般用户用。由于大部分程序需要用到数据的输入和输出，因此编写 C 程序时通常会在最开始使用预处理命令“#include <stdio.h>”将 stdio.h 文件加载到程序中，当然，如果程序中需要使用数学函数时，可以使用“#include <math.h>”将数学函数库加载到程序中，更多的库函数会在后续章节中介绍。

2. 函数

C 程序是由一个或多个函数组成的，函数是用于完成特定功能的程序模块，是构成 C 程序的基本单位，程序的功能就是由不同功能的函数来实现的。C 语言程序中的函数分为库函数和用户自定义函数。库函数是指那些预先编写好的、可以供程序员在编程时直接调用的函数集合，例如标准输入 / 输出函数 printf() 和 scanf() 等，而用户自定义函数则是程序员根据程序需要自行编写的函数，用于实现特定的功能或逻辑。除此之外，还有一个非常特殊且重要的函数——主函数，也就是例 2.1 中的 main() 函数，它是程序执行的入口，可以出现在程序中的任意位置，可以在开头，也可以在结尾，但无论在哪儿，所有 C 程序的执行都是从 main() 中开始并在 main() 中结束的。一个完整的 C 程序中必须有且只有一个主函数，其他函数通过调用来执行，被调用的函数可以是库函数，也可以是用户自定义的函数。

函数由函数首部和函数体两部分组成。格式如下：

```
函数首部
{
  声明部分
  执行语句
}
```

（1）函数首部包括函数返回值类型、函数名、形式参数及其类型的定义和说明，例 2.1 中，int main() 就是函数首部，其中 int 是指函数的返回值为整数类型，此处说明一下，main() 函数的返回值可以是 int 型，也可以定义为 void 型（空类型），这和具体的 C 程序编译平台或编译器相关，在本书后面的程序中，统一采用 int main() 的形式，返回值为 0。main 是函数名，在函数名后面的“()”内进行参数定义，如果没有可以省略，但“()”不能省略。

（2）函数体由最外层一对大括号“{}”中的内容组成，函数中的所有操作都位于函数体内。函数体包括声明部分和执行语句两部分，声明部分可以包括局部变量声明或被调用函数声明，局部变量就是在函数内部使用的数据。执行语句部分由一条或多条语句组成，在 C 语言中，使计算机执行某种操作的命令都是通过语句来实现的，每条语句必须以“;”（分号）结束。例 2.1 中，主函数 main() 中有两条语句，即“printf("Hello world!\n");”和“return 0;”，printf() 函数是 C 语言的库函数，其功能是将程序的输出结果显示在屏幕上，本例中的程序成功运行后将在屏幕上显示“Hello world!”。括号中的“\n”称为换行符，其作用是使光标移到下一行的行首。“return 0”语句是结束函数的执行。

更多的函数内容将在第 6 章做详细介绍。

3. 注释

C 程序中用 /*……*/ 括起来的部分称为注释。注释内容只是为了增强程序的可读性,在编译、运行时不起作用(事实上,C 语言编译器在编译时会跳过注释,目标代码中不会包含注释)。注释可以放在程序中的任意位置,并允许占用多行,只是需要注意“/*”和“*/”的匹配。一般不要嵌套注释。在 C++ 编译器中,允许使用“//”进行单行注释。

4. C 程序的书写规则

(1) C 程序中的大小写英文字母是不等效的,含义不同,关键字必须小写,表示各种名称的标识符可以使用大写字母,但一般使用小写字母。

(2) 一个程序行内可以写一条语句,也可以写多条语句,一条语句也可以写在多行内,但语句后的分号一定不能少。

(3) 程序的编排格式。根据程序的结构采取缩进格式(或称锯齿、犬齿格式)是很有必要的,这样会使程序更加清晰易读。一般情况下,函数体、循环体、if 内嵌语句、switch 内嵌语句等都要缩进。请读者参考本书中的例子编排程序,养成良好的程序设计习惯。

2.2 常量与变量

常量与变量

2.2.1 C 程序中的常见符号

程序设计语言是一种用于编写计算机程序的形式化语言,它由一系列的符号、关键字、语法规则和语义规则等组成。

1. 标识符

在程序中使用的变量名、函数名、标号等统称为标识符。C 语言规定,标识符只能是由字母(A～Z, a～z)、数字(0～9)、下划线(_)组成的字符串,其第一个字符必须是字母或下划线。

在使用标识符时应注意以下几点:

(1) 标准 C 语言不限制标识符的长度,但受各种版本 C 语言编译系统的限制,同时也受具体机器的限制。例如,在某版本 C 语言中规定标识符前八位有效,当两个标识符前八位相同时,则被认为是同一个标识符。

(2) 在标识符中,字母大小写是有区别的。例如,PROGRAM、program 以及 Program 是不同的标识符。

(3) 标识符虽然可由程序员随意定义,但标识符是用于标识某个量的符号。因此,命名应尽量有相应的意义,以便阅读理解,做到“见名知意”。

(4) 标识符的定义不能和 C 语言的关键字重名。

2. 关键字

关键字是 C 语言中预先规定的、具有特殊含义的保留字,用于表示控制结构、数据类型、变量声明等,用户只能按预先规定的含义来使用它们,变量名、函数名等用户自定义标识符不能与关键字相同。C 语言中的常用关键字详见附录 I 。

3. 数据

数据是程序处理的基本对象，用于存储信息、传递参数、进行计算等。数据有常量和变量之分，常量是指在程序运行过程中数值保持不变的量，而变量的值是可以改变的。

4. 运算符及其他符号

运算符用于执行各种操作，比如算术运算符(+、-、*、/、%)、逻辑运算符(&&、||、!)、关系运算符(>、>=、!=……)等。具体的分类和用法将在第 3 章做详细介绍。除了运算符之外，还有一些其他的起分隔作用的符号，如空格、分号等。

2.2.2 常量

前面讲到，数据分为常量与变量。常量是指在程序运行过程中其值保持不变的量，C 语言中有两种常量。

1. 直接常量

字面形式就表示了其值的大小与多少的量称为直接常量，按照数据类型又可以分为整型常量、实型常量、字符型常量等，例如 5、1.23、'a' 等都是直接常量，具体表示形式将在下一小节做详细说明。

2. 符号常量

C 语言中可以用一个标识符来表示一个常量，称为符号常量。使用符号常量的优点是便于程序的修改和阅读。数学中定义的圆周率 π、自然数 e 等，在 C 程序中不能直接使用，但可以定义为符号常量进行引用。符号常量的定义形式如下：

```
#define 符号常量名 常量表达式
```

如：#define PI 3.14

即定义了一个符号常量 PI，从此定义点之后，PI 将一直代表 3.14。

说 明

使用符号常量的好处：一是含义清楚，见名知意；二是修改方便，一改全改。

实际上，符号常量定义就是不带参数宏的定义(详见第 10 章)。

【例 2.3】符号常量的应用。

```
#include <stdio.h>
#define PI 3.14
int main()
{
    float area;
    area=10*10*PI;
    printf("area=%f\n",area);
    return 0;
}
```

输出结果为：

```
area=314.000000
```

注意 （1）在程序中不能再次给符号常量赋值。

（2）习惯上，符号常量名用大写字母表示，变量名用小写字母表示。

2.2.3 变量

变量是在程序设计中用来存储和表示数据的一种概念，与常量不同，变量的值在程序的运行过程中是可以发生改变的。

1. 变量的定义

变量代表计算机内存中的某块存储空间，存储空间中存放的数据就是变量的值。C 语言中的变量要“先定义，后使用”。也就是说，C 语言对程序中将要用到的所有变量做强制定义。

变量的定义形式如下：

```
类型标识符 变量名 1[, 变量名 2, 变量名 3,…];
```

说 明

（1）类型标识符说明了变量所表示数据的类型，以及存储空间的大小。

（2）变量定义时，可以声明多个相同类型的变量，各个变量用“,”分隔。类型说明与变量名之间至少有一个空格间隔。

（3）最后一个变量名之后必须用“;”结尾。

（4）变量名的命名遵守标识符的命名规则。

（5）只有声明过的变量才可以在程序中使用，这样可以方便地检查出变量名的拼写错误。

（6）声明的变量属于确定的类型，编译系统可以对变量的运算进行合法性检查。

（7）编译器可以根据变量的类型为变量确定存储空间，“先定义，后使用”使程序调试效率得到提高。

（8）变量名在程序运行过程中不会改变，但变量的值是可以改变的。

2. 变量初始化

变量定义时为变量赋初值，称为变量初始化，也就是在分配存储空间的同时存入数据。例如：

```
int i=1;                    /*定义 i 为整型变量，初值为 1*/
float f=2.25;               /*定义 f 为单精度变量，初值为 2.25*/
char c='a';                 /*定义 c 为字符型变量，初值为 'a'*/
```

也可将定义变量中的部分变量初始化，如：

```
int a,b,c=1;
```

该声明语句定义了三个整型变量 a、b、c，并将 c 初始化为 1。

变量初始化与变量赋值效果相同，如：

```
int i=1; 等效于 int i; i=1;
```

但实质上两者是不同的。初始化在数据声明部分，而赋值在语句执行部分；赋值操作是一种运算，并且有相应的值，而初始化操作不是。例如，语句“a=b=c=3;”是正确的，而“int a=b=c=3;”则是错误的。

如果几个变量用同一个值初始化，正确的写法为：

```
int a=3,b=3,c=3;
```

注意 没有初始化的变量其初始值是不确定的。

2.3 数据类型

数据是程序处理的对象，总以某种特定的形式存在（如整数、实数、字符），而且不同类型的数据还存在某些联系（如由若干整数构成的整型数组）。数据结构就是指数据的组织形式。C 语言的数据结构是以数据类型来体现的。

C 语言中的数据是有类型的，数据的类型简称数据类型。C 语言提供了丰富的数据类型，例如整型数据、实型数据、整型数组类型、字符数组类型等。不同的语言，数据的组织形式是不同的，即数据的类型也不相同。C 语言的数据类型如图 2-2 所示。

- 数据类型
  - 基本类型
    - 整型
      - 短整型
      - 整型
      - 长整型
    - 实型
      - 单精度实型
      - 双精度实型
      - 长双精度实型
    - 字符型
    - 枚举型
  - 构造类型
    - 数组类型
    - 结构体类型
    - 共用体类型
  - 指针类型
  - 空类型

图 2-2　C 语言的数据类型

其中，基本类型是不可再分割的类型；构造类型是由基本类型组成的更为复杂的类型；空类型主要用于特殊指针变量和无返回值函数的说明。另外，C99 标准中新增加了逻辑类型（或称布尔类型）。

2.3.1 整型数据

数据类型—整型数据

1. 整型常量

编写 C 程序时，整型常量常会涉及不同进制的表示形式。在 C 语言中允许用以下几种进制表示整型常量，见表 2-1。

表 2-1 不同进制整型常量的表示形式

进 制	举 例	特 点
十进制整数	321	只包含 0～9 这十个数，并且不能以 0 开头
八进制整数	0321	必须以 0 开头，只包含 0～7 这八个数
十六进制整数	0x321	必须以 0x 开头，只包含 0～9 或 A～F(a～f)这十六个数

整型常量的后缀可以是 u、U 和 l、L，具体含义如下：

（1）u 或 U 明确说明整型常量为无符号整型数，如 30u。

（2）l 或 L 明确说明整型常量为长整型数，如 123L。

不同进制间的转换详见本节的补充拓展部分。

2. 整型变量

用来保存整数的变量为整型变量。一般用类型说明符 int 定义和说明整型变量。

如：int sum, total;

或写成：int sum;

int total;

（1）整型数据在内存中的存放形式。

数据在内存中以二进制的形式存放，事实上是以数据的补码形式存放。

例如：定义一个整型变量 i=10，则数据在内存中的存放形式如图 2-3 所示。

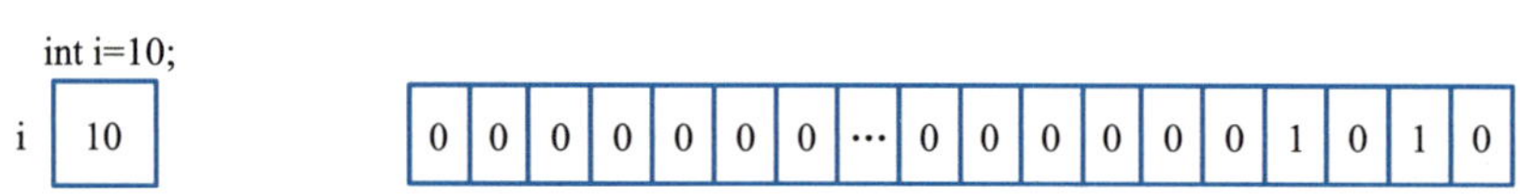

（a）数据存放示意图　（b）数据在内存中实际存放的情况（补码表示）

图 2-3 数据在内存中的存放形式

（2）整型变量的分类。

整型变量的基本类型为 int 型。加上修饰符可以定义更多的整型数据类型。

① 根据表示范围可以分为基本整型(int)、短整型(short int)、长整型(long int)。用长整型可以获得大范围的整数，但同时会降低运算速度。

② 根据是否有符号可以分为带符号(或有符号)整型数(signed，默认，可省略)和无符号(unsigned)整型数两类。带符号整型数存储单元的最高位是符号位(0 表示正，1 表示负)，其余位为数值位。无符号整型数存储单元的全部二进制位用于存放数值，不包含符号位。归纳起来有 6 种整型变量，见表 2-2。

表 2-2 C 语言的整型变量类型

类型标识符	存储空间（字节数）	表示的整数范围
[signed] int	2	-32 768～32 767，即 -2^{15}～$(2^{15}-1)$
	4	-2 147 483 648～2 147 483 647，即 -2^{31}～$(2^{31}-1)$
unsigned int	2	0～65 535，即 0～$(2^{16}-1)$
	4	0～4 294 967 295，即 0～$(2^{32}-1)$
[signed] short [int]	2	-32 768～32 767，即 -2^{15}～$(2^{15}-1)$
unsigned short [int]	2	0～65 535，即 0～$(2^{16}-1)$
[signed] long [int]	4	-2 147 483 648～2 147 483 647，即 -2^{31}～$(2^{31}-1)$
unsigned long [int]	4	0～4 294 967 295，即 0～$(2^{32}-1)$

可见，C 语言将整型变量分成了 6 种类型，类型不同所表示的数值范围也不同，在 Visual C++ 2010 中，有符号整型数的取值范围为 -2 147 483 648～2 147 483 647。C 语言标准没有具体规定各种数据类型所占用的字节数，只要求 long 型数据长度不短于 int 型，short 型数据长度不长于 int 型。具体如何实现，由各 C 编译系统自行决定。如 Turbo C 中，short 型、int 型都是 2 B，而 long 型是 4 B；Visual C++ 2010 中，short 型是 2 B，int 型和 long 型都是 4 B。

以 Visual C++ 2010 编译系统为例，保存整数 13 的各种整型数据类型如图 2-4 所示。

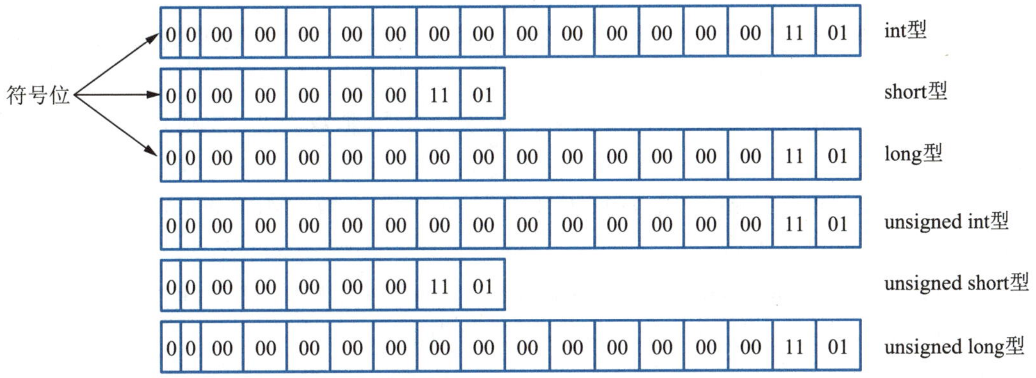

图 2-4 保存整数 13 的各种整型数据类型

（3）整型数据的溢出。

在 Visual C++ 2010 编译系统中，如果将整型数的最大允许值加 1，即 2147483647+1；最小允许值减 1，即 -2147483648-1；会出现什么情况呢？

【例 2.4】整型数据的溢出。

```
#include <stdio.h>
int main()
{
  int a,b;
  a=2147483647;
  b=a+1;
  printf("\na=%d,\ta+1=%d\n",a,b);
```

```
    return 0;
}
```

输出结果为:

```
a=2147483647,   a+1=-2147483648
```

出现这种结果的原因就是超出了整型数的取值范围。超出范围就发生“溢出”,但程序运行时并没有报错,所以编程时要注意数据溢出的情况。

补充拓展:数制间的转换

计算机中的数据都是以二进制形式存储的,以指定的进制形式输出,那么常见的几种进制间是如何相互转换的呢?

1. 相关概念

(1)进位计数制:即用进位的方法进行计数,简称进制。

(2)基数:数制所使用的数码个数。常用“R”表示,称为R进制。如二进制的数码是0、1,那么基数就为2。

(3)位权:指数码在不同位置上的权值。对于一般数制,某一整数位的位权是$R^{位数-1}$,某一小数位的位权则是$R^{-位数}$。

2. 常见的几种进位计数制

(1)十进制(Decimal System):由0、1、2、…、8、9十个数码组成,即基数为10。十进制的特点为:逢十进一,借一当十。

(2)二进制(Binary System):由0、1两个数码组成,即基数为2。二进制的特点为:逢二进一,借一当二。

(3)八进制(Octal System):由0、1、2、3、4、5、6、7八个数码组成,即基数为8。八进制的特点为:逢八进一,借一当八。

(4)十六进制(Hexadecimal System):由0、1、2、…、9、A、B、C、D、E、F十六个数码组成,即基数为16。十六进制的特点为:逢十六进一,借一当十六。

3. 进制间的对应关系

各种进制间的对应关系见表2-3。

表2-3 各种进制间的对应关系

十进制	二进制	八进制	十六进制	十进制	二进制	八进制	十六进制
0	0	0	0	9	1001	11	9
1	1	1	1	10	1010	12	A
2	10	2	2	11	1011	13	B
3	11	3	3	12	1100	14	C
4	100	4	4	13	1101	15	D
5	101	5	5	14	1110	16	E
6	110	6	6	15	1111	17	F
7	111	7	7	16	10000	20	10
8	1000	10	8	17	10001	21	11

4. 数制间的转换

（1）二进制数、八进制数、十六进制数转换为十进制数。

对于任何一个二进制数、八进制数、十六进制数，均可以先写出它的位权展开式，然后再按十进制进行加法计算，将其转换为十进制数。

【例 2.5】将二进制数 1111.11 和十六进制数 A10B.8 转换为十进制数。

$(1111.11)_2=1\times2^3+1\times2^2+1\times2^1+1\times2^0+1\times2^{-1}+1\times2^{-2}=15.75$

$(A10B.8)_{16}=10\times16^3+1\times16^2+0\times16^1+11\times16^0+8\times16^{-1}=41\ 227.5$

注意 在不产生歧义的情况下，可以不注明十进制数的进制，如例 2.5。

（2）十进制数转换为二进制数。

十进制数的整数部分和小数部分在转换时需分别求值后再组合。

整数部分采用除 2 取余法，即逐次除以 2，直至商为 0，得出的余数倒排，即为二进制各位的数码。小数部分采用乘 2 取整法，即每个数位逐次乘 2 取整，每次乘积的整数部分为二进制数各位的数码（参见例 2.6）。

【例 2.6】将十进制数 100.125 转换为二进制数。

步骤一：先对整数 100 进行转换。

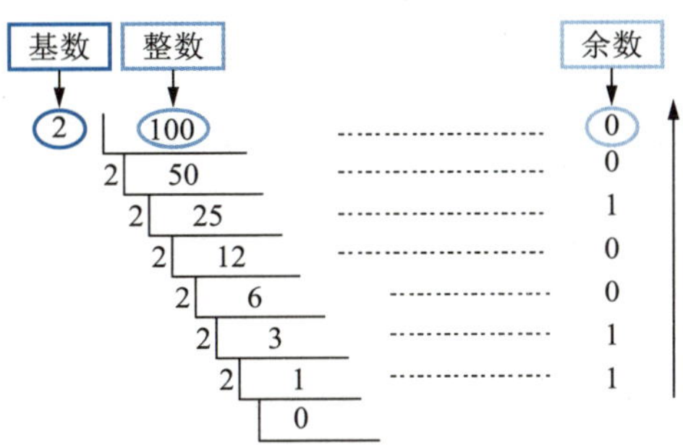

由此得出：100D＝1100100B。

步骤二：对小数部分 0.125 进行转换。

$0.125\times2=0.25 \qquad 0\ldots\ldots a_{-1}$

$0.25\times2=0.5 \qquad 0\ldots\ldots a_{-2}$

$0.5\times2=1 \qquad 1\ldots\ldots a_{-3}$

由此得出，0.125D＝0.001B。

将整数部分和小数部分组合，得出：100.125D＝1100100.001B。

相应地，十进制数转换为八进制数，整数部分除 8 取余，小数部分乘 8 取整；十进制数转换为十六进制数，整数部分除 16 取余，小数部分乘 16 取整。此种方法计算复杂且易错，并不推荐，可以借助二进制数进行转换。

（3）二进制数与八进制数的相互转换。

二进制数转换为八进制数的方法是：将二进制数从小数点开始，对二进制数整数部分向左每 3 位分成一组，不足 3 位的向高位补 0 凑成 3 位；对二进制数小数部分向右每 3 位分成一组，不足 3 位的向低位补 0 凑成 3 位。将每组 3 位二进制数分别转换为八进制数码中的一个数字，连接起来即可。

反之，八进制数转换为二进制数，只要将每一位八进制数转换为 3 位二进制数，再依次连接起来即可。

【例 2.7】将二进制数 11111101.101 转换为八进制数。

$(11111101.101)_2=(011\ 111\ 101.101)_2=(375.5)_8$

（4）二进制数与十六进制数的相互转换。

二进制数转换为十六进制数，方法与二进制数转换为八进制数类似，只要把每 4 位分成一组，再分别转换为十六进制数码中的一个数字，不足 4 位的分别向高位或低位补 0 凑成 4 位，连接起来即可。

反之，十六进制数转换为二进制数，只要将每一位十六进制数转换为 4 位二进制数，再依次连接起来即可。

【例 2.8】将二进制数 10110001.101 转换为十六进制数。

$(10110001.101)_2=(10110001.1010)_2=(B1.A)_{16}$

2.3.2 实型数据

数据类型——实型数据

1. 实型常量

实型常量通常有十进制小数形式和指数形式这两种表示形式，见表 2-4。

表 2-4 实型常量的表示形式

形 式	举 例	特 点
十进制小数	-0.12，2.，.23	由符号位、数字、小数点组成，小数点不可以省略
指 数	0.123e2，123.e-3，1.23e5	（1）字母 e 或 E 之前必须有数字（尾数），e 后面的指数必须为整数，尾数和 e 之间不能有任何分隔符，如 e3、2.1e3.5、.e3、e 都不是合法的指数形式。 （2）规范化的指数形式。在字母 e 或 E 之前的小数部分，小数点左边应当有且只能有一位非 0 数字。用指数形式输出实数时，将按规范化的指数形式输出，如 2.3478e2、-3.0999E5 都属于规范化的指数形式

2. 实型变量

（1）实型数据在内存中的存放形式。

实型数据（float 型）一般在内存中占 4 字节（32 位）。与整数存储方式不同，实型数据是按照指数形式存储的。系统将实型数据分为小数部分和指数部分，并分别存放。实型数据在内存中的存放如图 2-5 所示。

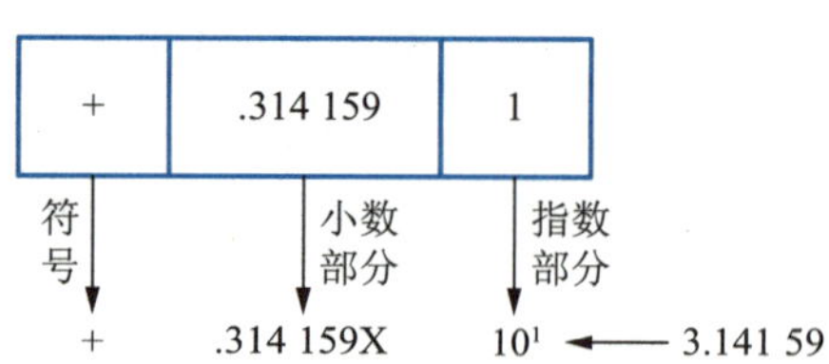

图 2-5 实型数据在内存中的存放

标准 C 语言没有规定用多少位表示小数部分，多少位表示指数部分，由 C 编译系统自行决定。例如，很多编译系统以 24 位表示小数部分，8 位表示指数部分。小数部分占的位数多，则实型数据的有效数字就多，精度也高；指数部分占的位数多，则表示的数值范围就大。

（2）实型变量的分类。

C 语言中，将实型即浮点型分为单精度实型（float）、双精度实型（double）和长双精度实型（long double）三类，但是 ANSI C 并没有规定每种数据类型的长度、精度和数值范围。表 2-5 列出了 Visual C++ 2010 中实型数据的长度、精度和数值范围，不同的系统可能会有差异。

表 2-5　C 语言的实型变量类型

类型标识符	存储空间（字节数）	精度（有效数字）	表示的实数范围
float	4	6～7	-3.4×10^{38}～3.4×10^{38}
double	8	15～16	-1.7×10^{308}～1.7×10^{308}
long double	16	18～19	$-1.2\times10^{4\,932}$～$1.2\times10^{4\,932}$

（3）实型数据的舍入误差（注意和整型数据的溢出进行对比）。

由于实型变量是用有限的存储单元存储的，因此其提供的有效数字是有限的，有效位以外的数字将被舍去，由此可能会产生一定的误差。

【例 2.9】实型数据的舍入误差（实型变量有效数字后面的数字无意义）。

```
#include <stdio.h>
int main()
{
    float a,b;
    a=123456.789e5;
    b=a+20;
    printf("a=%f,b=%f\n",a,b);          /*以实数形式输出*/
    printf("a=%e,b=%e\n",a,b);          /*以指数形式输出*/
    return 0;
}
```

输出结果为：

```
a=12345678848.00000, b=12345678848.00000
a=1.234568e+010, b=1.234568e+010
```

由此可见，由于实型数据存在舍入误差，所以使用时要注意：

① 不要试图用一个实型数据精确地表示一个大整数（记住：浮点型数是不精确的）。

② 实型数据一般不判断“相等”，而是判断接近或近似。

③ 避免直接将一个数值很大的实数与一个数值很小的实数进行相加、相减，可能会“丢失”数值很小的实数。

④ 根据实际要求选择使用单精度还是双精度。

数据类型——字符型数据

2.3.3　字符型数据

1. 字符常量

字符常量是用单引号括起来的单个字符。如 'A'、'a'、'$'、' '（空格符）等。字符常量在内存中存储的是其 ASCII 码值。常用 ASCII 码与字符对照详见附录 II。

字符常量有两种表示方法：一种是一般的表示形式，如 'B'、'b'、'$'、' '（空格符）等；另一种是转义字符表示形式，即用"\"加数字来表示。C 语言中用"\"加字母来表示一些常见的、不能显示的 ASCII 字符，如 \0、\t、\n 等，称为转义字符。常用的转义字符见表 2-6。

表 2-6　转义字符

字　符		含　义
控制字符	'\n'	换　行
	'\t'	水平制表
	'\b'	退　格
	'\r'	回车（不换行）
特殊字符	'\''	单引号
	'\"'	双引号
	'\\'	反斜杠
	'\0'	空字符，通常作为字符串的结束标志
所有字符	'\ddd'	1～3 位八进制 ASCII 码值所代表的字符 例如 '\012' 表示 '\n'，'\101' 表示 'A'
	'\xhh'	1～2 位十六进制 ASCII 码值所代表的字符 例如 '\x0A' 表示 '\n'，'\x41' 表示 'A'

2. 字符变量

字符变量是用来存放字符数据的，每个字符变量只能存放一个字符。所有编译系统都用一个字节来存放一个字符，或者说，一个字符变量在内存中占 1 字节。

字符变量使用关键字 char 来声明，例如"char c;"定义了一个字符变量 c。

字符型数据在内存中是以 ASCII 码的形式进行存储的，占 1 字节，如图 2-6 所示。

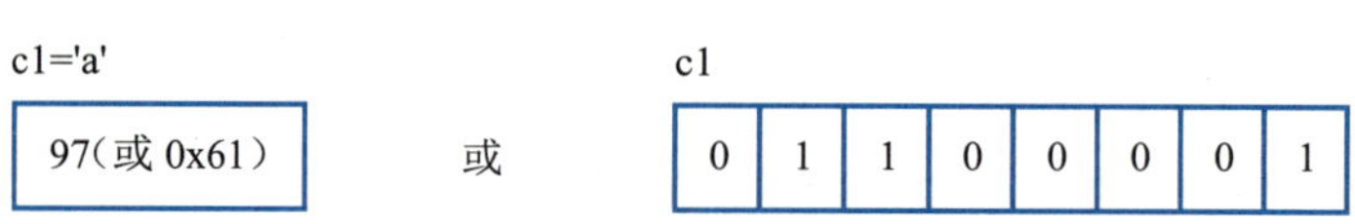

图 2-6　字符数据在内存中的存储

由于字符型数据以 ASCII 码的形式进行存储，与整数的存储形式类似，因此字符型数据和整型数据在一定数值范围内可以通用，具体表现为：

（1）可以将整型变量赋值给字符变量，也可以将字符变量赋值给整型变量。

（2）可以对字符型数据进行算术运算，相当于对它们的 ASCII 码值进行算术运算。

（3）一个字符型数据既可以以字符形式输出（ASCII 码对应的字符），也可以以整数形式输出（直接输出 ASCII 码）。

注意　尽管字符型数据和整型数据之间可以通用，但是字符型数据只占 1 字节，存储整数时取值范围只能为 0～255（无符号）或 -128～127（有符号）。

【例 2.10】给字符变量赋整数值(字符型、整型数据通用)。

```
#include <stdio.h>
int main()                              /*字符 'a' 的各种表示方法*/
{
    char c1='a';
    char c2='\x61';                     /*注意:'\x..', '\...'*/
    char c3='\141';
    char c4=97;
    char c5=0x61;                       /*注意:0x.., 0...*/
    char c6=0141;
    printf("\nc1=%c,c2=%c,c3=%c,c4=%c,c5=%c,c6=%c\n",c1,c2,c3,c4,c5,c6);
    printf("c1=%d,c2=%d,c3=%d,c4=%d,c5=%d,c6=%d\n",c1,c2,c3,c4,c5,c6);
    getchar();
    return 0;
}
```

输出结果为:

```
c1=a, c2=a, c3=a, c4=a, c5=a, c6=a
c1=97, c2=97, c3=97, c4=97, c5=97, c6=97
```

整型数据转换为字符型数据的过程:整型数→机内表示(两个字节)→取低 8 位赋值给字符变量。

综上所述,学习 C 语言中的数据类型时,须注意以下几点:

(1) 不同的数据类型有不同的取值范围。

如有符号的整型数据取值范围为 -2 147 483 648～2 147 483 647,即 -2^{31}～$(2^{31}-1)$,单精度实型数据的取值范围为 -3.4e38～3.4e38。

(2) 不同的数据类型可以进行不同的操作。

如整型数据可以进行取余操作,实型数据则不可以;整型数据、字符型数据可以进行判断相等与不相等的运算,而实型数据则不行。

(3) 不同的数据类型即使有相同的操作,有时含义也不同。

如指针数据自增 1 与整型数据自增 1 含义是不同的。

(4) 不同的数据类型在计算机中可能出现的错误不同。

如整型数据的溢出错误,单精度实型数据的精度丢失(有效数字位数不够)错误等。

(5) C 语言的数据类型可以构造复杂的数据结构。

如使用结构体数组可以构造顺序表,使用指针类型、结构体类型可以构造线性链表(栈、队列)、树和图。

(6) C 语言中的数据有变量与常量,它们分别属于上述这些数据类型。

2.3.4　数据类型转换

1. 自动类型转换

在 C 语言中进行算术运算时,一般要求参与运算的操作数的数据类型完全一致,经过运算后，其值与操作数具有相同的数据类型。

如果操作数的数据类型不一致，必须先进行转换，使操作数的数据类型一致，然后再进行运算，得到相应类型的值。这种转换是由系统自动进行的，即数据类型的自动转换。

自动转换应遵循以下规则：

（1）若参与运算的操作数的类型不同，则要先转换为同一类型，再进行运算。

（2）转换按数据长度增加的方向进行，以保证精度不降低。如 int 型和 long 型数据进行算术运算时，要将 int 型数据转换为 long 型数据再进行运算。

若两种数据类型的字节数不同，转换为字节数高的类型；若两种类型的字节数相同，且一种有符号，一种无符号，则转换为无符号类型。

（3）所有的实型运算都是以双精度进行的，即使仅含 float 单精度量运算的表达式，也要先转换为 double 型，再做运算。

（4）char 型数据和 short 型数据参与运算时，必须先转换为 int 型。

（5）在赋值运算中，如果赋值运算符两边的操作数类型不同，赋值运算符右边操作数的类型将转换为左边操作数的类型。如果右边操作数的数据类型长度比左边长，则会将超出的部分舍弃，这样会降低数据精度，丢失的部分按四舍五入向前舍入。

例如有表达式 32767+2L，32767 为 short int 型，2 为 long int 型，则系统将根据 32767 得到一个等值的长整型值与 2 做加法运算，从而得到一个长整型的结果 32769。

如果在某运算中出现 float 型数据，不管另外一个操作数是什么类型，float 型必先转换为 double 型，然后同另外的操作数进行运算；以此类推，如果有 char 型或 short 型，必先转换为 int 型，然后再做运算。

2. 强制类型转换

强制类型转换是指将某一数据的数据类型强制转换为指定的某种数据类型。这里的转换同数据类型的自动转换不同，表达式中数据类型的自动转换是根据转换规则自动进行的，而强制类型转换是转换为用户指定的类型。强制类型转换是用强制转换运算符进行的，组成的对应运算表达式的一般形式为：

```
(类型名)(表达式)
```

强制转换运算符优先级比算术运算符高。例如：

```
(double)a          /*将 a 转换为 double 型*/
(int)(x+y)         /*将 x + y 的值转换为整型，即取整数部分*/
(float)x+y         /*将 x 转换为单精度型*/
```

同表达式中数据类型的自动转换一样，强制类型转换也是临时转换，对原始运算对象的类型没有影响。

2.4 数据的输入与输出

从前面学习的程序中可以看出，几乎每一个 C 程序都包括数据的输入与输出。这里的输入与输出都是以计算机为主体而言的，所有程序中数据的输入与输出都需要通过输入/输出设备来完成。C 语言本身不提供输入与输出语句，数据的输入与输出操作是由 C 标准函数库中的函数来实现的，如 printf() 函数和 scanf() 函数。当然，用户也可以自己编制能够实现输入与输出功能的自定义函数。

C 语言函数库中有一些标准的输入/输出函数，以标准的输入/输出设备为输入/输出对象，比如 getchar()、putchar()、printf()、scanf()、puts()、gets() 等，本章先介绍 4 个最基本的输入/输出函数。

前面讲过，在使用 C 语言库函数时，要在程序开头用预处理命令“#include”引入相关头文件。比如在使用标准输入/输出函数时要用到“stdio.h”文件，那么，在源文件开头就需要使用以下预处理命令：

```
#include <stdio.h>   或   #include "stdio.h"
```

2.4.1 格式化输入/输出函数

在 C 程序中用来实现格式化输入/输出的是 scanf() 函数和 printf() 函数。使用时，必须根据指定的格式来输入/输出数据。

数据的格式化输出——printf() 函数

1. 格式化输出函数——printf()

（1）printf() 函数的一般调用形式：

```
printf("格式控制", 输出表列);
```

功能：按照指定的格式，向输出设备（终端显示器）输出若干个任意类型的数据。

说 明

函数参数包括如下两部分：

①“格式控制”是用双引号括起来的字符串，也称为“格式控制字符串”，它指定输出数据项的类型和格式。

格式控制字符串由格式字符串和非格式字符串组成。格式字符串是以“%”开头的字符串，“%”后面是各种格式字符，说明输出数据的类型、形式、长度、小数位数等。“%d”表示按十进制整型输出，“%ld”表示按十进制长整型输出，“%c”表示按字符型输出等。非格式字符串在输出时原样输出，一般在显示中起提示说明或注释作用。

② 输出表列中是各个输出项，格式字符串和各输出项在数量和类型上一一对应。

“输出表列”是需要输出的一些参数，可以是表达式，其个数必须与格式控制字符串所说明的输出参数个数一样，各个参数之间用“,”分开，且顺序要一一对应，否则会出现意想不到的错误。

例如，假设 a=3，b=4，那么“printf("a=%d b=%d",a,b);”输出“a=3 b=4”。其中“%d”是格式说明，表示输出两个整数，分别对应变量 a、b，“a=”“b=”是普通字符，原样输出。

(2) 格式字符。

不同类型的数据进行输出时应当使用不同的格式字符。

格式字符的一般形式为:

%[标志][输出最小宽度][.精度][长度]类型格式符

其中方括号"[]"中的项为可选项。

说 明

格式字符各项功能介绍如下:

① 类型格式符:类型格式符用来表示输出数据的类型,其字符和功能见表2-7。

表2-7 类型格式符

类型格式符	功 能	类型格式符	功 能
d	以十进制形式输出有符号整数(正数不输出符号)	f	以小数形式输出单、双精度实数
o	以八进制形式输出无符号整数(不输出前缀0)	e/E	以指数形式输出单、双精度实数
x/X	以十六进制形式输出无符号整数(不输出前缀0x/0X)	c	输出单个字符
u	以十进制形式输出无符号整数	s	输出字符串
g/G	以%f、%e中较短的输出宽度输出单、双精度实数		

② 标志字符:标志字符有-、+、空格、#四种,其功能见表2-8。

表2-8 标志字符

标志字符	功 能
-	结果左对齐,右边填空格
+	输出符号(正号或负号)
空格	输出值为正时冠以空格,为负时冠以负号
#	对c、s、d、u类型无影响;对o类型,在输出时加前缀0;对x类型,在输出时加前缀0x;对e、g、f类型,当结果有小数时才输出小数点

③ 输出最小宽度(m):用十进制整数m来表示输出的最小宽度。若输出数据的实际位数大于指定的宽度,则按实际位数输出;若输出数据的实际位数小于指定的宽度,则加空格补齐。

④ 精度(.n):精度字符以"."开头,后跟十进制整数n。如果输出的是数字,精度表示小数的位数;如果输出的是字符串,则表示输出字符的个数;如果实际位数大于所定义的精度数,则截去超出的部分。

⑤ 长度:长度字符为h、l两种。

在格式字符的一般形式中,类型格式符是必不可少的,也是输出数据时经常用到的,下面详细介绍表2-7中的类型格式符。

神奇的格式控制符

① "d"格式符。用来输出十进制整数。有以下几种用法:

➢ %d:按照数据的实际长度输出。

➢ %md:m指定输出数据的最小宽度(整数)。如果数据的位数小于m,则左端以空格补齐(右对齐);如果数据的位数大于m,则按照实际位数输出。例如:

```
x=123;y=45678;
printf("%4d,%4d",x,y);
```

输出结果为: 123, 45678。

➢ %-md:m指定输出数据的最小宽度(整数)。如果数据的位数小于m,则右端以空格补齐(左对齐);如果数据的位数大于m,则按照实际位数输出。例如:

```
x=123;y=45678;
printf("%-4d,%4d",x,y);
```

输出结果为:123 , 45678。

➢ %ld:输出长整型数据,也可以指定宽度%mld。例如:

```
long x=1234567;
printf("%ld,%9ld",x,x);
```

输出结果为:1234567,   1234567。

② "o"格式符。以八进制形式输出整数。注意是将整数从计算机内存储的二进制形式转换为对应的八进制形式输出,此时内存中数值的每一位,包括符号位,都会参与转换,因此输出的数据是无符号的。例如:

```
int x=-1; printf("%d,%o",x,x);
```

-1的原码为:10000000 00000000 00000000 00000001。

-1在内存中以补码的形式存放(此时的最高位为符号位):

1 1 1 1 1 1 1 1	1 1 1 1 1 1 1 1	1 1 1 1 1 1 1 1	1 1 1 1 1 1 1 1

用%d输出时,结果为-1,用%o输出时,按内存中实际的二进制数每3位一组构成八进制形式,因为八进制整数是不带负号的,所以此时最高位不是符号位,而是数值本身,转换形式如下:

$$(11,111,111,111,111,111,111,111,111,111,111)_2=(37777777777)_8=(ffffffff)_{16}$$

输出结果为:-1,37777777777。

"o"格式符与"d"格式符一样,也有%mo、%lo等输出方法。

③ "x"格式符。以十六进制形式输出整数。与o格式一样,没有符号位。

例如,上例中-1以"x"格式输出:

```
int x=-1;
printf("%x",x);
```

输出结果为:ffffffff。

"x"格式符与"o"格式符、"d"格式符一样,也有%mo、%lo等输出方法。

④ "u"格式符。用来以十进制形式输出unsigned型数据,即无符号数。

一个有符号整数可以用"%u"的格式输出;反之,一个 unsigned 型数据也可以用"%d"的格式输出。例如:

```
int x=-1;
printf("%u",x);
```

输出结果为:4294967295。

⑤"c"格式符。用来输出一个字符。一个整数只要它的值在 0～255 范围内,也可以用字符形式输出;反之,一个字符型数据也可以用整数形式输出。

【例 2.11】字符型数据的输出。

```
#include <stdio.h>
int main()
{
    char c='A';
    int i=65;
    printf("%c,%d\n",c,c);
    printf("%c,%d\n",i,i);
    printf("%3c",c);
    return 0;
}
```

运行结果为:

```
A,65
A,65
  A
```

"c"格式符也可以指定字符宽度,如 %mc。

⑥"s"格式符。用来输出一个字符串。有以下几种用法:

➢ %s:输出字符串。

➢ %ms:输出的字符串占 m 列。如果字符串长度大于 m,则字符串全部输出;如果字符串长度小于 m,则左端以空格补齐(右对齐)。

➢ %-ms:输出的字符串占 m 列。如果字符串长度大于 m,则字符串全部输出;如果字符串长度小于 m,则右端以空格补齐(左对齐)。

➢ %m.ns:输出占 m 列,但只取字符串左端 n 个字符,左端以空格补齐(右对齐)。

➢ %-m.ns:输出占 m 列,但只取字符串左端 n 个字符,右端以空格补齐(左对齐)。

⑦"f"格式符。用来输出实数(包括单精度、双精度,单精度、双精度格式符相同),以小数形式输出。有以下几种用法:

➢ %f:不指定宽度,使整数部分全部输出,并输出 6 位小数。需要注意的是,并非全部数字都是有效数字,单精度实数的有效位数一般为 7 位(双精度为 16 位)。

➢ %m.nf:指定数据占 m 列,其中有 n 位小数。如果数值长度小于 m,则左端以空格补齐(右对齐)。

➤ %-m.nf:指定数据占 m 列,其中有 n 位小数。如果数值长度小于 m,则右端以空格补齐(左对齐)。

⑧ “e” 格式符,以指数形式输出实数。可以用以下形式:

➤ %e:不指定输出数据所占的宽度和小数位数,由系统自动指定,如 6 位小数,指数占 5 位,其中 e 占 1 位,指数符号占 1 位,指数占 3 位。数值按照规格化指数形式输出(小数点前必须有且只有 1 位非 0 数字)。如 1.234567e+002 (双精度)。

➤ %m.ne 和 %-m.ne:m 为总的宽度,n 为小数位数。

⑨ “g” 格式符。根据数值的大小输出实数,自动选 f 格式或 e 格式(选择输出时占宽度较小的一种),且不输出无意义的 0(小数末尾 0)。

【例 2.12】用 printf() 函数输出各种数据。

```
#include <stdio.h>
int main()
{
    char c,s[20]="Hello,Comrade";
    int a=1234,i;
    float f=3.141592653589;
    double x=0.12345678987654321;
    i=12;
    c='\x41';
    printf("a=%d\n",a);              /*结果输出十进制整数 a=1234*/
    printf("a=%6d\n",a);             /*结果输出 6 位十进制数 a=  1234*/
    printf("a=%2d\n",a);             /*a 超过 2 位,按实际值输出 a=1234*/
    printf("i=%4d\n",i);             /*输出 4 位十进制整数 i=  12*/
    printf("i=%-4d\n",i);            /*输出左对齐 4 位十进制整数 i=12*/
    printf("f=%f\n",f);              /*输出浮点数 f=3.141593*/
    printf("f=%6.4f\n",f);           /*输出 6 位其中小数点后 4 位的浮点数 f=3.1416*/
    printf("x=%lf\n",x);             /*输出长浮点数 x=0.123457*/
    printf("x=%18.16lf\n",x);        /*输出 18 位其中小数点后 16 位的长浮点数
                                       x=0.1234567898765432*/
    printf("c=%c\n",c);              /*输出字符 c=A*/
    printf("c=%x\n",c);              /*输出字符的 ASCII 码值 c=41*/
    printf("s[]=%s\n",s);            /* 输出数组字符串 s[]=Hello,Comrade*/
    printf("s[]=%6.9s\n",s);         /*输出最多 9 个字符的字符串 s[]=Hello,Com*/
    return 0;
}
```

对于此程序的详细解析参见《C 语言程序设计实验与学习辅导》相应章节内容。上述程序输出的地址值在不同计算机上可能不同，下面是 Visual C++ 2010 编译输出结果：

```
a=1234
a=    1234
a=1234
i=    12
i=12
f=3.141593
f=3.1416
x=0.123457
x=0.1234567898765432
c=A
c=41
s[]=Hello, Comrade
s[]=Hello, Com
```

补充拓展：补码

计算机中的数值都是用补码的形式存储的，那如何表示补码呢？

补码的表示方法是：正数的补码就是其本身；负数的补码是在其原码的基础上，符号位不变，其余各位取反，最后 +1（即在反码的基础上 +1）。例如：以一个字节的数值为例，+1、-1 的补码分别为：

$$[+1]=[00000001]_{原}=[00000001]_{反}=[00000001]_{补}$$

$$[-1]=[10000001]_{原}=[11111110]_{反}=[11111111]_{补}$$

对于负数，无法直接通过补码来获得其数值，通常也需要转换为原码再计算其数值。

【思考】为什么计算机中的数值要用补码表示？

【解答】这里引入一个概念——模数。比如钟表，其模数为 12，即每到 12 就重新从 0 开始，数学上称作取模或求余（mod），例如：14%12=2。

如果某时刻的正确时间为 6 点，而手表指向的是 8 点，该如何把表调准呢？有两种方法：一是把表逆时针拨 2 个小时；二是把表顺时针拨 10 个小时，即 8−2=6，(8+10)%12=6，也就是说，在此模数系统中有 8−2=8+10。

这是因为 2 与 10 对模数 12 互为补数。由此可以得出结论：在模数系统中，A−B 或 A+(−B) 等价于 $A+[B]_{补}$，即 8−2=8+(−2)=8+10。我们把 10 称作 −2 在模 12 下的补码。这样用补码来表示负数就可以将加减法统一成加法来运算，简化了运算的复杂程度。

采用补码进行运算有两个好处，一是统一加减法；二是可以让符号位作为数值直接参与运算，而最后仍然可以得到正确的结果。

2. 格式化输入函数——scanf()

（1）scanf() 函数的一般调用形式：

```
scanf("格式控制", 地址表列);
```

数据的格式化输入——scanf() 函数

功能：按照指定的格式，从输入设备（如键盘）输入若干个指定类型的数据。

说明

格式控制字符串的作用与 printf() 函数相同，但不能显示非格式字符串，也就是不能显示提示字符串。地址表列中给出各变量的地址，地址是由地址运算符“&”与变量名组成的。例如，&a、&b 分别表示变量 a 和变量 b 的地址。这个地址就是编译系统在内存中给变量 a 和变量 b 分配的地址。

与其他语言不同的是，C 语言中使用了地址这个概念，在编程过程中应该把变量的值和变量的地址这两个不同的概念区分开。变量的地址是 C 编译系统自动分配的，用户不必关心具体的地址。在赋值表达式中给变量赋值，如 a=567，赋值运算符左边是变量名，不能写地址，而 scanf() 函数在本质上也是给变量赋值，但要求写变量的地址，如 &a，这两者在形式上是不同的。

【例 2.13】用 scanf() 函数输入数据。

```
#include <stdio.h>
int main()
{
    int a,b,c;
    printf("input a,b,c\n");
    scanf("%d%d%d",&a,&b,&c);
    printf("a=%d,b=%d,c=%d",a,b,c);
    return 0;
}
```

在本例中，由于 scanf() 函数本身不能显示提示字符串，故先用 printf() 函数在屏幕上输出提示，请用户输入 a、b、c 的值。用户输入“7 8 9”后按下回车键，此时系统将结果显示在屏幕上。在 scanf() 函数的格式字符串中，由于没有非格式字符，因此在输入时要用空格、Tab 键或回车键作为两个输入数值之间的间隔。

用户输入 7、8、9 三个数据的方法如下：

输入：7 8 9 ↙

或

7 ↙

8 ↙

9 ↙

输出结果为：

```
a=7,b=8,c=9
```

对于此程序的详细解析参见《C 语言程序设计实验与学习辅导》相应章节内容。

（2）格式字符。

输入不同类型的数据时，应当使用不同的格式字符。

格式字符的一般形式为:

```
%[*][输入数据宽度][长度]类型格式符
```

说明

各项格式字符功能介绍如下:

➤ 类型格式符:类型格式符用于表示输入数据的类型,包括的格式符与 printf() 函数中的类似,这里不再赘述。

➤ "*":用于表示该输入项读入后不赋予相应的变量,即跳过该输入值。如"scanf ("%d%*d%d",&a,&b);",当输入为"123"时,把 1 赋予 a,2 被跳过,3 赋予 b。

➤ 输入数据宽度 m:与 printf() 函数中的宽度符 m 不同,这里其作用是限定输入数据的最大宽度,即只读取指定宽度的数据,超出的部分将被忽略或截掉。如"scanf("%5d",&a);",当输入"12345678"时,把 12345 赋予 a,其余部分被截掉。

➤ 长度:长度格式字符有 h、l 两种(与 printf() 函数中相同)。

使用 scanf() 函数还必须注意以下几点:

① scanf() 函数中没有精度控制,如"scanf("%5.2f",&a);"是非法的。不能试图用此语句输入小数部分为两位的实数。

② scanf() 函数地址表列中要求给出的是变量的地址,若给出变量名则会出错。如"scanf("%d",a);"是非法的,应改为"scanf("%d",&a);"。

③ 输入多个数值数据时,若格式控制字符串中没有非格式字符作输入数据之间的间隔,则可用空格、Tab 键或回车键作间隔。编译系统在遇到空格、Tab 键、回车键或非法数据(如:对"%d"输入"12A"时,A 即为非法数据)时,即认为该数据输入结束。

④ 在输入字符型数据时,若格式控制字符串中没有非格式字符,则认为所有输入的字符均为有效字符。如:

```
scanf("%c%c%c",&a,&b,&c);
```

输入为"d e f"时,则把"d"赋予 a," "赋予 b,"e"赋予 c。

只有当输入为"def"时,才能把"d"赋予 a,"e"赋予 b,"f"赋予 c。

如果格式控制字符串中用空格间隔,如"scanf("%c %c %c",&a,&b,&c);",则输入时各数据之间可加空格。

⑤ 如果在格式控制字符串中有非格式字符,则应在对应位置上输入与这些字符相同的字符。如"scanf("%d,%d,%d",&a,&b,&c);",输入形式应为"1,2,3"。

注意 1和2之间要用逗号(在 scanf() 函数的格式控制字符串中,逗号属于非格式字符),与 scanf() 函数中格式控制字符串中的逗号相对应。

再如"scanf("a=%d,b=%d",&a,&b);",输入形式应为"a=1,b=2"。

同样,在 scanf() 函数的格式控制字符串中"a=,b="也是非格式字符,应以"a=,b="的形式输入数据,与格式控制字符串相对应。

【例 2.14】输入三角形的三个边长，求三角形的周长和面积。公式：area= $\sqrt{s(s-a)(s-b)(s-c)}$，其中 $s=(a+b+c)/2$。

```
#include <stdio.h>
#include <math.h>
int main()
{
    float a,b,c,s,area;
    printf("Please input a,b,c:");
    scanf("%f,%f,%f",&a,&b,&c);
    s=(a+b+c)/2;
    area=sqrt(s*(s-a)*(s-b)*(s-c));
    printf("a=%7.2f,b=%7.2f,c=%7.2f\n",a,b,c);
    printf("s=%7.2f\n",s);
    printf("area=%7.2f\n",area);
    return 0;
}
```

对于此程序的详细解析参见《C 语言程序设计实验与学习辅导》相应章节内容。

2.4.2　字符输入 / 输出函数

字符输入/
输出函数

除了格式输入/输出函数外，C 函数库还提供了专门用于输入/输出字符的函数。

1. 字符型数据输出函数——putchar()

putchar() 函数的一般形式：

```
putchar(字符型表达式);
```

功能：向终端（显示器）输出一个字符（可以是可显示的字符，也可以是控制字符或其他转义字符）。

例如：

“putchar('y');”表示输出小写字母 y。

“putchar('\n');”表示换行。输出控制字符时只执行控制功能，不在屏幕上显示。

“putchar('\101');”表示输出大写字母 A。“\101”是转义字符，代表 ASCII 码为 101（八进制数）的字符“A”。

“putchar(x);”表示输出字符变量 x 的值。

2. 字符型数据输入函数——getchar()

getchar() 函数的一般形式为：

```
getchar();
```

功能：从终端（键盘）输入一个字符，以回车键确认。getchar() 函数没有参数，返回值就是输入的字符。执行时，等待用户输入一个或多个字符并显示在屏幕上（回显），按回车键后读取一个字符，多余的字符由其后的 getchar() 函数读取。

【例 2.15】使用字符输入/输出函数编写程序,输入一个字符并显示出来。

```
#include <stdio.h>
int main()
{
    char ch;
    printf("Input a character\n");
    ch=getchar();
    putchar(ch);
    return 0;
}
```

程序运行时,屏幕上会出现“Input a character”,此时可以从键盘输入一个字符(比如字符“a”),然后按回车键,就会在屏幕上看到输出的字符“a”。

使用 getchar() 函数时应注意以下几个问题:

① getchar() 函数只能接收单个字符,输入数字也按字符处理。输入多于一个字符时,只接收第一个字符。

② 使用该函数前必须包含头文件“stdio.h”。

③ 在 Visual C++ 2010 中运行包含本函数的程序时,将进入 cmd 窗口,等待用户输入,输入完毕按回车键,将显示输出结果,并出现提示“Press any key to continue”,按任意键后,退出 cmd 窗口。

④ 例 2.15 程序中最后两行代码可用下面两行代码中的任意一行代替:

```
putchar(getchar());
printf("%c",getchar());
```

习题

1. 什么是变量?什么是常量?并说出符号常量与符号变量的区别。
2. 一个完整的 C 程序至少要有一个________数。
3. 标准库函数不是 C 语言本身的组成部分,它是由________提供的功能函数。
4. C 程序以________为基本单位,整个程序由________组成。
5. 函数体以符号________开始,以符号________结束。
6. 每条语句最后都有一个________,表示语句________。
7. 以下描述中,正确的是________。
   A. 主函数中的大括号必须有,而子函数中的大括号是可有可无的
   B. 一个 C 程序行只能写一条语句
   C. 主函数是程序启动时唯一的入口
   D. 函数体包含了函数头
8. 以下说法正确的是________。
   A. C 程序总是从第一个函数开始执行

B. 在 C 程序中，要调用函数必须在 main() 函数中定义

C. C 程序总是从 main() 函数开始执行

D. C 程序中的 main() 函数必须放在程序的开始部分

9. C 语言的注释形式是______。

A. * … *　　B. (…)　　C. { … }　　D. /* … */

10. 指出下列标识符中不合法的用户标识符。

_abc　　If　　5ab　　a1　　#2　　sum−1　　shift_1　　void

11. 指出下列哪些数值表示形式是不合法的。

.0　　01　　oxff　　0xabc　　028　　1*e−2　　0x19　　e−2.0　　12.　　2e2

12. 已知语句“double a;”，使用 scanf() 函数输入一个数值并赋给变量 a，正确的函数调用是______。

A. scanf("%ld",&a);　　B. scanf("%d",&a);

C. scanf("%7.2f",&a);　　D. scanf("%lf",&a);

13. 已知语句“int a,b;”，用语句“scanf("%d%d",&a,&b);”输入 a、b 的值时，不能作为输入数据分隔符的是______。

A. ,　　B. 空格　　C. 回车　　D. Tab

14. 写出下面程序的运行结果。

```
#include <stdio.h>
int main()
{
   char c1='a',c2='b',c3='c',c4='\101',c5='\116';
   printf("a%cb%c\tc%c\tabc\n",c1,c2,c3);
   printf("\t\b%c%c",c4,c5);
   return 0;
}
```

15. 写出下面程序的运行结果。

```
#include <stdio.h>
int main()
{
   char ch1='N', ch2='E', ch3='W';
   putchar(ch1); putchar(ch2); putchar(ch3); putchar('\n');
   putchar(ch1); putchar('\n'); putchar('E'); putchar('\n'); putchar(ch3); putchar('\n'); return 0;
}
```

16. 写出下面程序的运行结果。

```
#include <stdio.h>
int main()
{
```

```
    int a=15;
    float b=138.3576278;
    double c=35648256.3645687;
    char d='p';
    printf("a=%d,%5d,%o,%x\n",a,a,a,a);
    printf("b=%f,%lf,%5.4lf,%e\n",b,b,b,b);
    printf("c=%lf,%f,%8.4lf\n",c,c,c);
    printf("d=%c,%8c\n",d,d);
    printf("%s,%5.3s\n","COMPUTER","COMPUTER");
    return 0;
}
```

17. 下面程序中用 scanf() 函数输入数据,使 a=3, b=7, x=8.5, y=71.82,请写出键盘上的输入内容。

```
#include <stdio.h>
int main()
{
    int a,b;
    float x,y;
    scanf("a=%d,b=%d",&a,&b);
    scanf("%f %e",&x,&y); return 0;
}
```

18. 从键盘输入一个小写字母,要求输出该小写字母对应的大写字母及对应大写字母的 ASCII 码值,并输出与其相邻的两个大写字母及其对应的 ASCII 码值。

第3章 运算符和表达式

C语言提供了丰富的运算符，用于对不同的数据进行处理运算，并得到处理结果。表达式是将一系列的运算对象用运算符连接起来的式子，这些式子经过运算后会有一个确定的值。

本章学习目标

☆ 掌握C语言常用运算符的含义。
☆ 掌握各种常见运算符的使用。
☆ 掌握不同表达式值的计算方法。
☆ 理解各种运算符的优先顺序。

3.1 算术运算

3.1.1 算术运算符

算术运算符和算术表达式

C语言中提供了5种算术运算符，见表3-1。

表3-1 算术运算符

算术运算符	说 明	优先级	功 能
+	取正或加法	优先级相同(低)	取正值运算或做加法运算，如+3，5+3
-	取负或减法		取负值运算或做减法运算，如-3，5-3
*	乘 法	优先级相同(高)	乘法运算，如5*3
/	除 法		除法运算，如5/3
%	模运算		又称求余数运算，如5%3的值为2

注意 (1) +、- 运算符做正、负运算时为一元(单目)运算符，只有一个操作对象，做加、减运算时为二元(双目)运算符，有两个操作对象。

（2）除法运算符“/”为二元运算符。参与运算的量均为整型时，结果为整型，舍去小数，例如 5/2=2。如果运算量中有一个为实型，结果为双精度实型。

（3）求余运算符“%”为二元运算符。参与运算的量必须为整型，否则编译会报错。求余运算的结果等于两个数相除后的余数。

（4）除法运算结果的正负和一般的算术运算一样，符号相同为正，相异为负；求余运算结果的正负和被除数符号相同。例如，−3/16=0，16/−3=−5，−3%16=−3，16%−3=1。

3.1.2 算术表达式

用算术运算符和括号将运算对象（即操作数）连接起来的符合 C 语言语法规则的式子，称为算术表达式。运算对象可以是常量、变量、函数等。

例如，a*b/c−1.5+'a' 是一个合法的 C 语言算术表达式。

注意 C 语言算术表达式的书写形式与数学表达式的书写形式有一定的区别。

（1）C 语言算术表达式的乘号（*）不能省略。例如，数学表达式 b^2-4ac 在 C 语言中应该写成 b*b−4*a*c。

（2）C 语言表达式中只能出现字符集允许的字符。例如，数学表达式 πr^2 在 C 语言中应该写成 PI*r*r（其中 PI 是已经定义的符号常量）。

（3）C 语言算术表达式只能使用圆括号改变运算的优先顺序（不能使用 {}、[]）。圆括号可以多层嵌套，但左右括号必须配对，运算时从内层括号开始，由内向外依次计算表达式的值。

所谓表达式求值，就是按照表达式中各运算符的运算规则和优先级获取运算结果的过程。对于表达式求值，一般要遵循的规则是：

（1）按运算符的优先级高低次序执行。例如，先乘除后加减，如果有括号，要先计算括号内的部分。

（2）如果某个运算对象（或称操作数）两侧运算符的优先级相同，则按 C 语言规定的结合方向（结合性）进行运算。例如，算术运算符的结合方向是从左向右，即在执行“a−b+c”时，变量 b 先与减号结合，执行“a−b”；计算结果再与 c 相加进行求和运算。除赋值运算符外，绝大部分二元运算符的结合方向都是从左向右，即左结合性，而绝大部分一元运算符的结合方向是从右向左，即右结合性。

如求算术常量表达式“9%(5−4)*10+1”的值，求值顺序为：先计算 5−4 的值为 1，再计算 9%1 的值为 0，0*10 的值为 0，最后计算 0+1 的值为 1，所以表达式的值为 1。

3.1.3 自增自减运算

C 语言的自增自减运算符用于增加或减少某个变量的值，运算符有 ++ 和 −−，见表 3-2。

表 3-2　自增自减运算符

自增自减运算符	说　明	功　能
++	自增运算符	使变量的值增 1，如 i++ 是使变量 i 的值加 1，即 i=i+1
−−	自减运算符	使变量的值减 1，如 i−− 是使变量 i 的值减 1，即 i=i−1

注意 自增和自减运算符的运算对象都为变量，不能是常量或表达式，且在书写时中间不能有空格。自增、自减运算有两种形式。

（1）前置运算：++i，--i。

（2）后置运算：i++，i--。

两个运算符均为一元运算符，优先级高于一般的二元运算符，与负号运算符优先级相同，与大多数一元运算符一样遵循右结合性（即从右向左）。

以自增运算为例，前置运算 ++i 及后置运算 i++ 对于变量 i 号的作用是一致的，即相当于执行表达式 i=i+1，但变量 i 的值并不是表达式 ++i 或 i++ 的值。

【例 3.1】举例说明前置运算 ++i 及后置运算 i++ 对于变量 i 的影响。

```
#include <stdio.h>
int main()
{
    int i=1,j;
    j=++i;
    printf("i=%d, j=%d \n",i, j);
    return 0;
}
```

运算结果为：

```
i=2,j=2
```

将上面程序中的 ++i 改为 i++：

```
#include <stdio.h>
int main()
{
    int i=1,j;
    j=i++;
    printf("i=%d, j=%d\n",i, j);
    return 0;
}
```

运算结果为：

```
i=2,j=1
```

可见，前置运算表达式的值为变量增加或减少 1 之后的值，即先改变变量的值，再由变量的值得到表达式的值；而后置运算表达式的值为变量增加或减少之前的值，即先由变量的值得到表达式的值，再改变变量的值。

使用自增自减运算符，还要注意以下几点：

（1）自增自减运算的运算对象只能是变量，不能为常量或表达式，如 5++ 和 (a+b)-- 为非法表达式。

(2) C语言编译系统在处理表达式时总是从左向右扫描，将尽可能多的字符组成一个合法运算符，如“a+++b”等效于“(a++)+b”，为合法表达式；而“a+++++b”等效于“((a++)++)+b”，则为非法表达式(因为“++”操作符的操作对象不能为表达式)。

(3) 负号与自减运算符的优先级相同，结合顺序为“从右向左”，如表达式“-i--”等效于“-(i--)”，是一个合法表达式。

一般来说，在书写表达式时，为增强程序的可读性，应根据实际情况，能加括号的地方尽量加上括号。

3.2 赋值运算

赋值运算符和赋值表达式

3.2.1 赋值运算符

所谓赋值，就是将某一个表达式的值传送给指定变量的操作。在C语言中，赋值不仅仅是一种操作，还是一种运算，这是同其他语言明显不同的地方。C语言中的赋值符号“=”就是赋值运算符。

3.2.2 赋值表达式

用赋值运算符连接起来的表达式，称为赋值表达式。赋值表达式的一般形式为：

变量 赋值运算符(=)表达式

表达式左边只能是变量，不能为常量或表达式；右边可以是变量、常量或任意表达式。

例如：
```
x=5;
y=(float)5/2;
```

任何一个表达式都有一个值，赋值表达式也不例外。赋值运算符左边变量的值，就是赋值表达式的值。例如，a=5这个赋值表达式，变量a的值5就是表达式的值。

在混合运算表达式中，赋值运算符的优先级低于算术运算符；结合顺序为从右向左，这与算术运算符相反，与大部分一元运算符相同。

例如，根据赋值运算符的结合顺序，表达式“x=y=z=5”等效于“x=(y=(z=5))”，即整个赋值表达式的值为5，变量x、y、z的值也为5。

赋值运算是将一个表达式的值赋给一个变量，但是，如果赋值运算符两侧的数据类型不一致，在赋值时要进行数据类型转换。当然，这种转换一般是在整型、实型或字符型之间进行的。

赋值转换是指在给变量赋值之前，将赋值运算符右边表达式的类型转换为与左边变量类型一致的数据类型。具体措施如下：

(1) 将实型数据赋值给整型变量，舍弃小数部分。

例如，i为整型变量，则赋值运算i=3.14的值为3，i的值也为3，3以整数形式保存在变量i中。

(2) 将整型数据赋值给实型变量，数值不变，但将以实数形式存放到实型变量中，即增加小数部分(小数部分的值为0)。

例如，f为单精度float型变量，则赋值运算f=25的执行过程是：先将25转换为

25.00000（7 位有效数字），再将其存放于 f 中。如果将其赋值给双精度型变量，执行过程类似。

（3）将一个 double 型数据赋值给 float 型变量，如果没有超出 float 型数据的表示范围，则截取 double 型数据的前 7 位有效数字存放到 float 型变量中。如：

```
float f;
double d;
d=12.3456789;
f=d;
```

则 f 的值为 12.345679。但如果有：

```
d=12.345e100;
f=d;
```

则 f 的值用指数形式表示为 1.234500e+101。

（4）将一个 float 型数据赋值给 double 型变量，数值不变，有效位数扩展到 16 位后再进行赋值运算。

（5）将整型、长整型或无符号整型、无符号长整型数据赋值给存储单元较小的整型（包括有符号和无符号的 2 字节短整型及字符型）变量时，只是简单地取出整型、长整型（包括无符号）数据的低字节，再进行赋值运算，所以数据极有可能因超出存储范围而发生溢出。

【例 3.2】将长整型数据赋值给基本整型变量。

```
#include <stdio.h>
int main()
{
    int a;
    short int i;
    a=32769;
    i=a;
    printf("i=%d\n", i);
    return 0;
}
```

运行结果为：

```
i=-32767
```

很明显，32 769 已超过 short int 所能表示的最大整数 32 767，导致结果溢出。

（6）将所占存储空间较小的整型数据赋值给所占存储空间较大的整型变量时不会造成数据丢失。只是在将有符号的负整数值赋给无符号的整型变量时，无符号的整型变量将对最高位的 1 做不同的解释（即原来当符号，现在当实际数据的一部分），最终表现出的十进制值不一样，赋值转换的结果在数据表现上没有变化，是安全的（不溢出）。

3.2.3 复合赋值运算

复合赋值运算符是由赋值运算符和其他二元运算符构成的。复合赋值运算的一般形式为：

变量 二元运算符 = 表达式

复合赋值运算符在书写时，二元运算符与“=”之间不能加空格。如：“a+=3”读作“a 加赋值 3”，等价于“a=a+3”。以此类推，“x%=3”等价于“x=x%3”；“x*=y+8”等价于“x=x*(y+8)”。

可以与“=”一起组成复合赋值运算的运算符为二元算术运算符和二元位逻辑运算符。复合赋值运算符共有 10 种：+=，-=，*=，/=，%=，<<=，>>=，&=，|=，^=。

表达式中所有的复合赋值运算具有同简单赋值运算一样的优先级与结合顺序。复合赋值运算表达式的值即为最终赋给变量的值。如：“a+=3”的值为“a+3”；“x%=3”的值为“x%3”；“x*=y+8”的值为“x*(y+8)”。

复合赋值运算符对初学者来说，使用起来可能不太习惯，但却十分有利于编译处理，能提高编译效率并产生质量较高的目标代码。

3.3 关系运算

关系运算又称比大小运算，用于比较两个值的大小，返回的结果为 true 或 false。在关系运算中用到的运算符称为关系运算符。

3.3.1 关系运算符

关系运算符和关系表达式

C 语言中提供了以下 6 种关系运算符，见表 3-3。

表 3-3 关系运算符

关系运算符	说 明	优先级	功 能
<	小 于	优先级相同（高）	左边运算量小于右边运算量时结果为“真”，否则为“假”
<=	小于或等于		左边运算量小于或等于右边运算量时结果为“真”，否则为“假”
>	大 于		左边运算量大于右边运算量时结果为“真”，否则为“假”
>=	大于或等于		左边运算量大于或等于右边运算量时结果为“真”，否则为“假”
==	等 于	优先级相同（低）	两侧运算量相等时结果为“真”，否则为“假”
!=	不等于		两侧运算量不相等时结果为“真”，否则为“假”

注意 （1）关系运算符的结合顺序是从左向右。

（2）与其他运算符的优先级关系：

关系运算符的优先级低于算术运算符，但高于赋值运算符。即

算术运算符→关系运算符→赋值运算符

（3）C 语言中用“1”（或非 0）代表关系成立，即“真”；用“0”代表关系不成立，即“假”。

（4）需要注意的是，关系运算中表示相等关系的运算符是“==”而不是“=”（C 语言中此符号为赋值运算符），二者的含义完全不同。

3.3.2 关系表达式

用关系运算符将两个或两个以上运算量连接起来的式子，称为关系表达式。这里的运算量可以是常量、变量、函数和表达式。

例如，a>b+c、x>3、a==b、(a>b)<(c>d) 都是合法的关系表达式。

关系表达式的值为逻辑值，即逻辑“真”和逻辑“假”。表示比较的结果时，用“1”代表逻辑“真”，“0”代表逻辑“假”。

例如，已知 x=1，y=2，z=3，则：

（1）表达式“x>=y”比较的结果为“假”，即表达式的值为 0。

（2）表达式“y<z==x”的值为“1”，因为“<”的优先级高于“==”，所以该表达式等价于“(y<z)==x”，先求“y<z”的值为 1，再与“==”右边的 x 进行比较，由于“1==1”，因此表达式的值为“真”（即 1）。

（3）关系表达式的值还可以参与其他类型的运算，如算术运算、逻辑运算等。例如，表达式“(x<y)+z”的值为 4，由于 x<y 的值为 1，因此表达式的值为 1+3=4。

（4）将（3）中的表达式改为“s=x<y+z”，根据运算符的优先级顺序，应先计算“y+z”的值为 5，再计算表达式“x<5”的值为真，最后将表达式的值赋给 s，所以 s 的值为 1（即先进行算术运算，再进行关系运算，最后进行赋值运算）。

当一个关系表达式中出现两个关系运算符时，要注意与数学表达式的区别。

例如，关系表达式“0<=x<=8”并不是通常意义下的数学表达式“0≤x≤8”。根据关系运算符从左向右的结合顺序，应先计算“0<=x”，其结果只能为 0 或 1，然后再计算 0 或 1 是否小于或等于 8，显然无论 x 如何取值，关系表达式的值均为 1。所以，不能用这种关系表达式来表示 x 的取值范围。那么在 C 语言中，要判断 x 的取值是否在 0 到 8 之间应该如何表示呢？这里就需要用到接下来要学习的逻辑表达式。

3.4 逻辑运算

逻辑运算符用于连接两个或多个关系表达式，返回的结果为 true 或 false。在 C 语言中，可以使用逻辑运算符和逻辑表达式来表达复杂的条件。

逻辑运算符和逻辑表达式

3.4.1 逻辑运算符

C 语言提供了三种逻辑运算符，见表 3-4。

表 3-4 逻辑运算符

逻辑运算符	说 明
&&	逻辑与
||	逻辑或
!	逻辑非

注意 “&&”和“||”为二元运算符,“!”为一元运算符。

1. 逻辑运算规则

逻辑运算符的操作对象是逻辑量(0为“假”和非0为“真”),运算结果也是逻辑量,即0(表示“假”)或1(表示“真”)。因此,逻辑运算的规则比较简单,见表3-5。

表3-5 逻辑运算规则

x	y	x&&y	x||y	!x	!y
0(假)	0(假)	0(假)	0(假)	1(真)	1(真)
0(假)	1(真)	0(假)	1(真)	1(真)	0(假)
1(真)	0(假)	0(假)	1(真)	0(假)	1(真)
1(真)	1(真)	1(真)	1(真)	0(假)	0(假)

由表3-5可知:

(1)“&&”表示当且仅当两个运算量的值都为“真”时,运算结果才为“真”,否则运算结果就为“假”。

(2)“||”表示当且仅当两个运算量的值都为“假”时,运算结果才为“假”,否则运算结果就为“真”。

(3)“!”表示当运算量的值为“真”时,运算结果为“假”;当运算量的值为“假”时,运算结果为“真”。

例如,假定x=5,则表达式“(x>=0) && (x<10)”的值为“真”,表达式“(x<-1) || (x>6)”的值为“假”。

2. 逻辑运算符的优先级和结合性

(1)逻辑非的优先级最高,逻辑与次之,逻辑或最低,即优先级从高到低依次为!(非)→ &&(与)→ ||(或)。

(2)结合顺序不同,“!”的结合顺序为从右向左,“&&”和“||”的结合顺序为从左向右。

3. 与其他运算符的优先级关系(从高到低)

! → 算术运算符 → 关系运算符 → && → || → 赋值运算符 → 逗号运算符

3.4.2 逻辑表达式

用逻辑运算符将运算量连接起来的式子称为逻辑表达式。运算量可以是常量、变量或表达式,一般是关系表达式。例如,下面的表达式都是逻辑表达式:

```
(x>=0)&&(x<10), (x<1)||(x>5), !(x==0)
```

在C语言中,可用逻辑表达式表示多个条件的组合。例如:

```
(year%4==0)&&(year%100!=0)||(year%400==0)
```

是一个判断某年份是不是闰年的逻辑表达式。又如,若要判断变量ch是不是字母,可用下面的表达式表示:

```
ch>='A'&&ch<='Z'||ch>='a'&&ch<='z'
```

逻辑表达式的值是一个逻辑量“真”或“假”。C 语言编译系统在表示逻辑运算结果时，用数值 0 表示逻辑“假”，数值 1 表示逻辑“真”。

但在判断一个量是否为“真”时，用 0 代表逻辑“假”；非 0 代表逻辑“真”。例如：

（1）若 x=5，则 !x 的值为 0。因为 x 的值 5 是非 0 值，代表 1（逻辑“真”），进行“非”运算后，即“非 1”，所以结果为 0。

（2）若 x=10，则表达式“x>=1 && x<=31”的值为 1。因为当 x 的值为 10 时，表达式“x>=1”和“x<=31”的值均为 1，此时该表达式相当于“1&&1”，所以结果为 1。

（3）若 x=4，y=5，则表达式“x||y>3”的值为 1。由给定的条件可知，该表达式相当于“1||1”，所以结果为 1。

注意 （1）逻辑运算符两侧的运算量，除了可以是 0 和非 0 的整数外，还可以是其他任何类型的数据，如实型、字符型等。系统最终按照 0 和非 0 来断定它们属于“真”或“假”。例如，表达式“'a'&&'b'”的值为 1。

（2）在逻辑表达式的求解过程中，并不是所有的表达式都被执行，只是在必须执行下一个逻辑表达式才能求出整个表达式的值时，才执行该表达式，这就是逻辑运算中的“短路原则”。例如：

① 在计算形如

```
(表达式 1)&&(表达式 2)&&(表达式 3)&&…
```

的逻辑表达式时，先计算表达式 1，如果其值为逻辑“真”（非 0），就继续计算表达式 2；如果表达式 1 的值为逻辑“假”，就可以判定整个表达式的值为逻辑“假”，其后的表达式不再被计算，以此类推。如：输出下面程序段中变量 b 的值。

```
#include <stdio.h>
int main()
{
   int a=5,b=6,c=1,x=2,y=3,z=4;
   (a=c>x)&&(b=y>z);
   printf("%d",b);
   return 0;
}
```

程序的第 5 行是由逻辑表达式构成的语句，执行时，按照表达式从左向右的结合顺序，先计算表达式“a=c>x”的值为 0，根据短路原则，运算符“&&”后面的表达式将不被执行，所以变量 b 的值没有改变，仍为初始值 6，整个表达式的值为 0。

② 在计算形如

```
(表达式 1)||(表达式 2)||(表达式 3)||…
```

的逻辑表达式时，先计算表达式 1，如果其值为逻辑“假”（0），则继续计算表达式 2，如果表达式 1 的值为逻辑“真”，则可以判定整个表达式的值为逻辑“真”，运算符“||”后面的表达式不再被计算，以此类推。

3.5 位运算

位运算符和位运算

3.5.1 位运算符

位运算符用于对操作数的二进制位进行运算，操作数必须是整数，C 语言有 6 种位运算符，见表 3-6。

表 3-6 位运算符

<table>
<tr><th>位运算符</th><th>含 义</th><th>举例：设 a=10110010，b=01101001，c</th></tr>
<tr><td>~</td><td>按位取反</td><td>~a=01001101</td></tr>
<tr><td><<</td><td>左 移</td><td>a<<2=11001000</td></tr>
<tr><td>>></td><td>右 移</td><td>a>>2=00101100</td></tr>
<tr><td>&</td><td>按位与</td><td>c=a&b=00100000</td></tr>
<tr><td>^</td><td>按位异或</td><td>c=a^b=11011011</td></tr>
<tr><td>|</td><td>按位或</td><td>c=a|b=11111011</td></tr>
</table>

注意 （1）只有“~”为一元运算符，其余全为二元运算符。

（2）复合赋值运算符是位运算符与赋值运算符“=”的结合，“=”要写在位运算符的右边，“~”不能复合。

（3）运算对象只能是整型或字符型数据，不能为实型数据，即运算对象只能是带符号或无符号的 char、short、int 与 long 型。

3.5.2 位运算运算规则

1. 按位与运算（&）

按位与运算符“&”为二元运算符，其功能是将参与运算的两个运算对象对应的二进位进行与运算。只有对应的两个二进位均为 1 时，结果位才为 1，否则为 0。这里的 1 可以理解为逻辑“真”，0 可以理解为逻辑“假”。按位与其实与逻辑上的“与”运算规则一致。参与运算的数以补码的形式出现。

运算规则为：0&0=0　　0&1=0　　1&0=0　　1&1=1

【例 3.3】写出 9 和 5 的补码按位与运算的结果。

```
    00001001          (9 的二进制补码)
&   00000101          (5 的二进制补码)
--------------
    00000001          (1 的二进制补码)
```

【例 3.4】写出 13 和 -4 的补码按位与运算的结果。

```
    00001101          (13 的二进制补码)
&   11111100          (-4 的二进制补码)
--------------
    00001100          (12 的二进制补码)
```

按位与的用途：

（1）特定位清零。

如果想将某个二进制数的特定位清零，只需设置一个新的二进制数，将需要清零的位置为 0，其他位置为 1，然后将两者进行按位与运算即可。

【例 3.5】二进制数最高位清零。

```
    xxxxxxxx          （x 表示非 0 即 1）
&   01111111          （特定位用 0）
-------------
    0xxxxxxx          （高位被清 0，其余位不变）
```

（2）保留指定位。

保留指定位也称屏蔽指定位，设置一个新的二进制数，将要保留的位置 1，其他位清零。对于只有一个字节的数，可以保留其中某几个二进制位。对于一个多字节的数可以保留其中某几个字节，如一个 4 字节的数，保留高位的 3 个字节。

【例 3.6】单字节数取低 4 位或高 4 位。

```
    xxxxxxxx                       xxxxxxxx
&   00001111                   &   11110000
-------------                  -------------
    0000xxxx（取低 4 位）          xxxx0000（取高 4 位）
```

【例 3.7】保留双字节数低字节位上的数。

```
    xxxxxxxx   xxxxxxxx
&   00000000   11111111
-----------------------
    00000000   xxxxxxxx
```

2. **按位或运算（|）**

按位或运算的功能是将参与运算的两个运算对象对应的二进位进行或运算。只要对应的两个二进位有一个为 1，结果位就为 1。参与运算的两个数均以补码出现。

运算规则为：0|0=0　　0|1=1　　1|0=1　　1|1=1

【例 3.8】写出 9 和 5 的补码按位或运算的结果。

```
    00001001          （9 的二进制补码）
|   00000101          （5 的二进制补码）
-------------
    00001101          （13 的二进制补码）
```

【例 3.9】写出 13 和 -4 的补码按位或运算的结果。

```
    00001101          （13 的二进制补码）
|   11111100          （-4 的二进制补码）
-------------
    11111101          （-3 的二进制补码）
```

按位或的用途：

将特定位置为 1（也称置位操作），设置一个新的二进制数，将需要置 1 的位置为 1，其余位不变。

【例 3.10】将双字节数低字节全置 1。

```
    11001101   00001111
|   00000000   11111111
-----------------------
    11001101   11111111
```

【例 3.11】将单字节数 15 的前三位置 1。

```
    00001111
|   11100000
------------
    11101111
```

3. 按位异或运算(^)

按位异或运算的功能是参与运算的两个运算对象对应的二进位进行异或运算,当对应的二进位相异时,结果位为 1,否则结果位为 0。参与运算的数以补码的形式出现。

运算规则为:0^0=0　　0^1=1　　1^0=1　　1^1=0

【例 3.12】写出 9 和 5 的补码按位异或运算结果。

```
    00001001                    (9 的二进制补码)
^   00000101                    (5 的二进制补码)
------------
    00001100                    (12 的二进制补码)
```

按位异或的用途:

(1) 用“1”使特定位翻转。通过按位异或的运算规则可以看出,将一位二进制数和 1 进行异或运算时,结果肯定是与被异或数相反的数。

【例 3.13】将单字节数 15 从高位开始的 1、2、4、6 位翻转。

```
    00001111
^   01101010
------------
    01100101
```

可以看出 15 的 1、2、4、6 位原来分别是 0、0、1、1,按位异或后变成 1、1、0、0。

(2) 无须临时变量就可实现两个数的交换。

前面已经知道,交换两个变量的值时要先定义一个临时变量。先将第一个变量的值赋给临时变量,再将第二个变量的值赋给第一个变量,最后将临时变量的值(现在存储的是第一个变量的值)赋给第二个变量,从而完成数值交换。

【例 3.14】用异或运算完成两个变量值的交换。

```c
#include <stdio.h>
int main()
{
    int a,b,c;
    a=3;
    b=5;
    printf("a=%d b=%d\n",a,b);
    a=a^b;
    b=b^a;
    a=a^b;
    printf("a=%d b=%d\n",a,b);
    return 0;
}
```

程序运行结果如下：

```
a=3 b=5
a=5 b=3
```

本例通过三条语句“a=a^b;b=b^a;a=a^b;”，完成了 a、b 两个变量值的交换，但是使用这种方法交换变量的值可读性不好。

4. 按位取反运算（~）

对一个二进制数的每一位都取反，即 0 变 1，1 变 0。

【例 3.15】 单字节数 21　　00010101
按位取反　　~
得单字节数 234　　11101010

> 注意　“~”为一元运算符，优先级比算术运算符、关系运算符、逻辑运算符和其他运算符都高，例如，~a^b，先进行 ~a 运算，然后进行“^”运算。

5. 左移运算（<<）

左移运算符“<<”为二元运算符，其功能是把运算符“<<”左边的运算数的各二进制位左移若干位，由“<<”右边的数指定移动的位数，左移时高位舍弃，低位补 0。

【例 3.16】 单字节数 21　　00010101　　（21 的二进制数）
左移两位　　21<<2
结果：　　01010100　　（移出两位 0，低位补两个 0）

当左移的移出位是 0 时，左移一位相当于乘 2，左移两位相当于乘 4，左移运算比乘法运算执行速度快得多，尤其是没有浮点运算处理时，常常用左移运算代替乘法运算。

6. 右移运算（>>）

右移运算符“>>”为二元运算符，其功能是把运算符“>>”左边的运算数的各二进制位右移若干位，由“>>”右边的数指定移动的位数。有符号数右移时，符号位将随同其他数据位一起移动。若为正数，最高位补 0，而负数的符号位为 1，最高位补 0 还是补 1 取决于编译系统的规定。Turbo C 和很多系统都规定为补 1。

（1）无符号数。

【例 3.17】 单字节数 21　　00010101
右移 1 位　　00001010　　（低位 1 舍弃，高位补 0）

（2）带符号数。

正数右移高位补 0，负数右移高位补 1。因为正数高位是 0，右移相当于除 2，高位只能补 0。负数用补码表示，高位一定是 1，如果右移补 0 就变成了正数，这显然是不合理的。

【例 3.18】 单字节数 -128　　10000000
右移 1 位　　11000000　　（值为 -64）

3.6 其他运算

其他运算符和表达式

3.6.1 逗号运算符和逗号表达式

C 语言提供了一种特殊的运算符——逗号运算符（顺序求值运算符）。用“,”逗号将两个或多个表达式连接起来进行顺序求值（顺序处理）的式子，称为逗号表达式。

逗号表达式的一般形式为：

表达式 1，表达式 2，…，表达式 *n*

逗号表达式的求解过程是：从左向右，逐个计算表达式的值，直到计算到表达式 *n* 的值。整个逗号表达式的值是表达式 *n* 的值。

例如：逗号表达式 3+5,6+8 的值为 14；

逗号表达式 a=3*5,a*4 的值为 60。

根据运算符的优先级可知，“=”运算符的优先级高于“,”运算符（逗号运算符的优先级最低），所以上面的表达式等价于“(a=3*5),(a*4)”，故整个表达式的值为 60（其中 a=15）。

【例 3.19】写出下列程序的运行结果。

```
#include <stdio.h>
int main()
{
    int x,a;
    x=(a=3,6*3);                /*a=3,x=18*/
    printf("%d,%d\n",a,x);
    x=a=3,6*a;                  /*a=3,x=3*/
    printf("%d,%d\n",a,x);
    return 0;
}
```

运行结果为：

```
3,18
3,3
```

逗号表达式的主要作用是将若干表达式“串联”起来，表示一个顺序的操作（计算），许多情况下，使用逗号表达式的目的是想得到每个表达式的值，而并非一定要得到或使用整个逗号表达式的值。

3.6.2 条件运算符和条件表达式

1. 条件运算符

（1）条件运算符是由“?”和“:”两个符号组成的，有三个运算量，是 C 语言中唯一一个三元（三目）运算符。

（2）条件运算符的优先级与结合性。

条件运算符的优先级高于赋值运算符，但低于逻辑运算符、关系运算符和算术运算符，其结合顺序是从右向左。

2. **条件表达式**

（1）条件表达式的一般形式为：

```
表达式 1? 表达式 2: 表达式 3
```

（2）条件表达式的执行过程。

先计算表达式 1 的值，如果表达式 1 的值为非 0（逻辑“真”），则计算表达式 2 的值，并将它的值作为整个条件表达式的值；若表达式 1 的值为 0（逻辑“假”），则计算表达式 3 的值，并将它的值作为整个条件表达式的值。例如有下列语句：

```
x=(a>b)?a:b;
```

该语句中既有条件运算符又有赋值运算符，根据运算符的优先级顺序先计算条件表达式“(a>b)?a:b”的值，再把结果赋给变量 x。条件表达式的执行过程为：先计算表达式“a>b”的值，若为真，则把 a 的值赋给 x，否则把 b 的值赋给 x。

（3）条件表达式的使用规则。

①“?”和“:”共同组成了条件运算符，不能分开使用。

② 条件表达式也可以嵌套，即条件表达式中又可以包含条件表达式，如“a>b?a:c>d?c:d”条件表达式按照从右向左的结合顺序等价于“a>b?a:(c>d?c:d)”，应先计算最右边的条件表达式，然后依次向左运算。

③ 在条件表达式中，表达式 1 的类型可以与表达式 2 和表达式 3 不同；表达式 2 和表达式 3 的类型也可以不同，此时表达式的类型取决于二者中较高的类型。例如，若 a 为 int 型，b 为 float 型，则表达式“c>5?a:b”中的 c 无论如何取值，表达式的类型都为 float 型。

④ 并不是所有的 if 语句都能用条件表达式取代。只有在 if 语句中内嵌的语句为赋值语句且两个分支都给同一变量赋值时才能取代。例如，if 语句：

```
if(x>y) z=x;
else    z=y;
```

满足上面两种情况，可以用条件表达式“z=(x>y)?x:y”来取代。

【例 3. 20】用条件表达式改写上面的 if 语句。

```
#include <stdio.h>
int main()
{ int x,y;
  printf("Please input two numbers:");
  scanf("%d,%d",&x,&y);
  printf("%d\n",(x>y)?x:y);
  return 0;
}
```

习题

1. C 语言中，要求参与运算的数必须是整数的运算符是________。

A. /　　B. !　　C. %　　D. ==

2. 假设所有变量均为整型，则表达式“(a=2,b=5,a+b++,a+b)”的值是________。

A. 7　　B. 8　　C. 5　　D. 2

3. 假设 a 和 b 均为 double 型变量，且 a=5.5，b=2.5，则表达式“(int)a+b/b”的值是________。

A. 6.500000　　B. 6　　C. 5.500000　　D. 6.000000

4. 若有以下程序段，则变量 c 的二进制值是________。

```
char a=2,b=4,c;
c=a^b>>2
```

A. 00000011　　B. 00010100　　C. 00011100　　D. 00011000

5. 假设“int b=2;”则表达式“(b>>2)/(b>>1)”的值是________。

A. 0　　B. 2　　C. 4　　D. 8

6. 在位运算中，操作数每右移一位，其结果相当于________。

A. 操作数乘以 2　　B. 操作数除以 2　　C. 操作数除以 4　　D. 操作数乘以 4

7. 在位运算中，操作数每左移一位，其结果相当于________。

A. 操作数乘以 2　　B. 操作数除以 2　　C. 操作数除以 4　　D. 操作数乘以 4

8. 假设 a=1，b=2，c=3，求下列赋值表达式的值。

（1）a=b=c=5

（2）a*=5+(c=6)

（3）a=(b+=4)+(c-=6)

（4）a%=(c%=2)

（5）a+=a-=a*=a

9. 写出下面程序的运行结果。

```
#include <stdio.h>
int main()
{
    int i=8,j=9,m,n;
    m=++i;
    n=j++;
    printf("%d,%d,%d,%d\n",i,j,m,n );
    return 0;
}
```

10. 写出下面程序的运行结果。

```
#include <stdio.h>
```

```
int main()
{
    int a=2;
    a%=4-1;
    printf("%d",a);
    a+=a*=a-=a*=3;
    printf("%d",a);
    return 0;
}
```

11. 输入任意三个整数，求它们的和及平均值。

12. 已知圆柱体的底半径 r=1.5，高 h=2.0，求其表面积、体积。要求输出结果保留两位小数。

13. 输入一个华氏温度，要求输出摄氏温度。公式为 c=5/9(F−32)。要求输出要有文字说明，保留两位小数。

第4章 结构化程序设计

从程序流程的角度可将程序分为顺序结构、选择结构、循环结构，这三种基本结构可以构成各种复杂的程序。C语言提供了多种语句来实现这些程序结构。本章主要介绍C语言的一些基本语句以及三种基本的控制结构。顺序结构是一种自上而下顺序执行各条语句的结构，无须进行条件判断，但在实际程序设计中，经常需要根据不同的条件执行不同的操作，或从给定的多种操作中选择其中一种来执行。这就需要使用另一种程序控制结构——选择结构。顺序结构和选择结构能解决大多数实际问题。此外，还经常需要多次处理相同的操作，例如打印5个*，如果利用之前的程序设计需要50条输出语句，代码烦冗且效率低下，这时就要使用另一种程序控制结构——循环结构。

本章学习目标

☆ 了解C语句。
☆ 了解算法，能够说出算法的概念与特征。
☆ 掌握流程图的画法，能够为程序需求画出流程图。
☆ 理解顺序结构程序的执行流程并能编写顺序结构的程序。
☆ 掌握if语句和switch语句的语法结构和使用方法。
☆ 熟练运用if语句和switch语句解决常见分支问题。
☆ 掌握while、do-while和for三种循环语句的语法格式和执行流程。
☆ 熟练运用三种循环语句解决实际问题。

4.1 C语句

一个C程序可以由若干个源程序文件构成，每个源程序文件又由预处理命令、全局变量声明和若干函数组成。其中函数由函数首部和函数体两部分组成，函数的主要功能通过函数体来实现，函数体主要包括局部变量声明和执行语句两部分（函数部分的内容详见第6章），如图4-1所示。

C语言中的语句可以分为5类：控制语句、表达式语句、函数调用语句、复合语句和空语句。

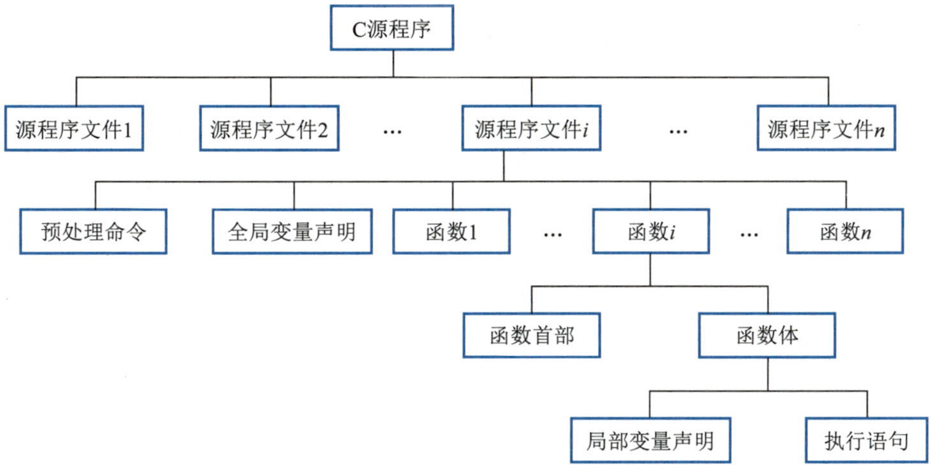

图 4-1　C 语言源程序的构成

1. 控制语句

控制语句是由关键字构成的具有一定控制功能的语句，共有 9 种。

（1）分支语句：if() … else …;

（2）多分支语句：switch() {…};

（3）循环语句：for() …;

（4）循环语句：while() …;

（5）循环语句：do {…} while();

（6）结束本次循环语句：continue;

（7）结束循环语句或 switch 语句的语句：break;

（8）转向语句：goto …;

（9）返回语句：return();

2. 表达式语句

表达式语句由表达式和分号“;”组成。其一般形式为：

```
表达式;
```

表达式语句中最典型的是赋值语句，由赋值表达式加分号构成。例如：

（1）“x=5”是一个赋值表达式，加上分号的“x=5;”是一条赋值语句。

（2）“s=x+y”是一个赋值表达式，加上分号的“s=x+y;”是一条赋值语句。

（3）“a++”是一个表达式，加上分号的“a++;”是一条自增语句，作用是使变量 a 的值加 1。

（4）“a+b;”是加法运算语句，作用是求变量 a 与变量 b 的和，该语句本身是合法的，但是求出的和并没有赋值给另一个变量，导致计算结果无法保留，因此这类语句并无实际意义。

由此可见，任何一个表达式后加上分号“;”就可以构成表达式语句，但构成后的表达式有的有意义，如赋值语句，有的没有实际意义。

3. 函数调用语句

函数调用语句由函数名、实际参数表和分号“;”组成。其一般形式为：

```
函数名(实际参数表);
```

例如：“printf("Hello!")”是一个函数调用，加上分号的“printf("Hello!");”是一条函数调用语句，表示调用库函数 printf，输出字符串“Hello!”。

4. 复合语句

复合语句是用一对大括号“{}”括起来的一条或多条语句，常用在 if 语句或循环体语句中，表示程序需要连续执行的一组语句，例如：

```
{
    x=y+z;
    a=b+c;
    printf("%d,%d",x,a);
}
```

是一条复合语句。

注意　复合语句的内嵌语句都以分号“;”结束，而复合语句本身不必再加分号。

5. 空语句

只由一个“;”组成的语句称为空语句。例如：

```
;
```

空语句不执行任何操作，只是形式上的语句，但也有其存在的意义，比如作为循环语句中的循环体等。例如：

```
while(getchar()!='\n')
    ;
```

表示只要从键盘输入的字符不是回车符，就可以继续输入。

4.2 算　法

算法

编程是一门可展现思维逻辑之美的课程。在编写程序时，应先把问题抽象化，即用逻辑化的方法将要解决的实际问题表达出来，这就是算法。根据算法画出流程图后再编写程序代码。这种解决问题的方法也可以应用到日常的生活、学习中，做事情之前要先制定一套合理可行的方案，根据事情的重要程度和复杂程度进行统筹安排，有目的地按步骤完成，以达到事半功倍的效果。

4.2.1　算法的概念

做任何事情都有一种或多种方法、步骤，解决实际问题用到的方法和步骤就称为算法。

【例 4.1】求 1+2+3+4+5 的值。

可采用下列方法：

步骤 1：先求 1+2，得到结果 3。

步骤 2：将步骤 1 得到的结果 3 再加 3，得到结果 6。

步骤 3：将步骤 2 得到的结果 6 再加 4，得到结果 10。

步骤 4：将步骤 3 得到的结果 10 再加 5，得到结果 15。

这样描述算法虽然是正确的，但不够科学，改进后的算法描述如下：

设 s 表示和，i 表示每个被加的数，则

步骤 1：使 s=0。

步骤 2：使 i=1。

步骤 3：求 s+i，和仍然存放在 s 中，可表示为 s+i→s。

步骤 4：使 i 的值增加 1，即 i+1→i。

步骤 5：如果 i<=5，返回重新执行步骤 3 以及其后的步骤 4 和步骤 5；否则，算法结束。

4.2.2 流程图

在程序设计中，算法有 3 种较常用的表示方法：传统流程图、N-S 图、伪代码法等。其中最常用的是传统流程图，下面简单介绍传统流程图的使用方法。

传统流程图又称框图，就是用各种图形及文字说明算法的图式。用框图表示算法，直观形象，易于理解，不会产生“二义性”。美国国家标准化协会（American National Standards Institute，ANSI）规定了一些常用的流程图符号，如图 4-2 所示。一个传统流程图由三部分组成：操作框，带箭头的流程线，框内外必要的文字说明。

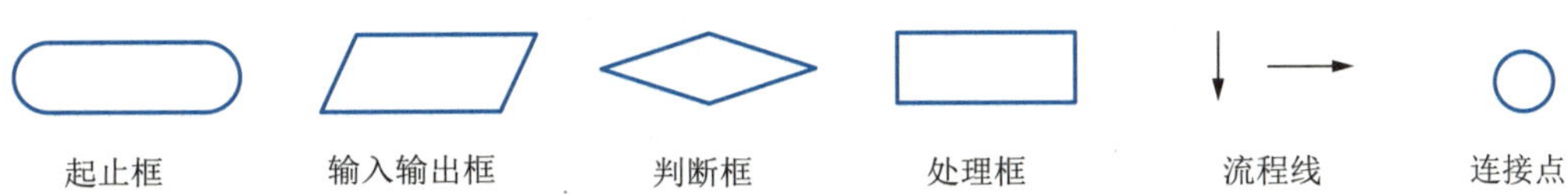

图 4-2 常用传统流程图符号

算法描述有三种基本结构：顺序结构、选择结构和循环结构，分别用图 4-3～图 4-5 所示的传统流程图来表示。

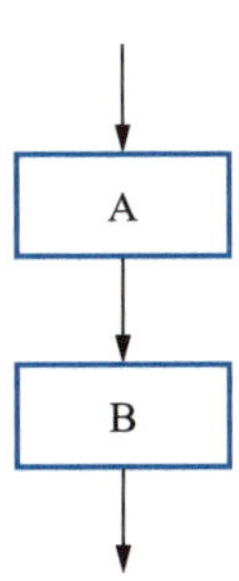

图 4-3 顺序结构的传统流程图

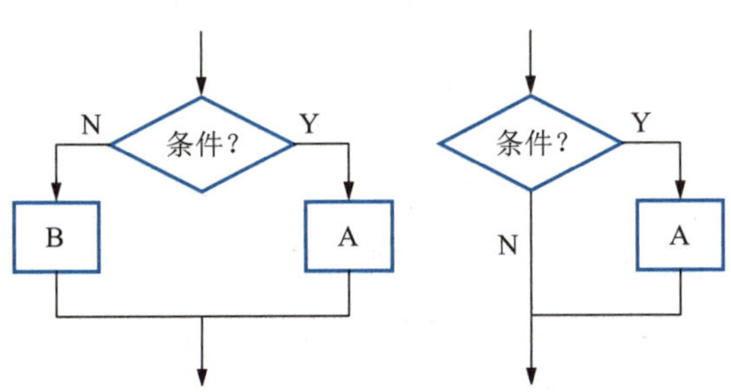

图 4-4 选择结构的传统流程图

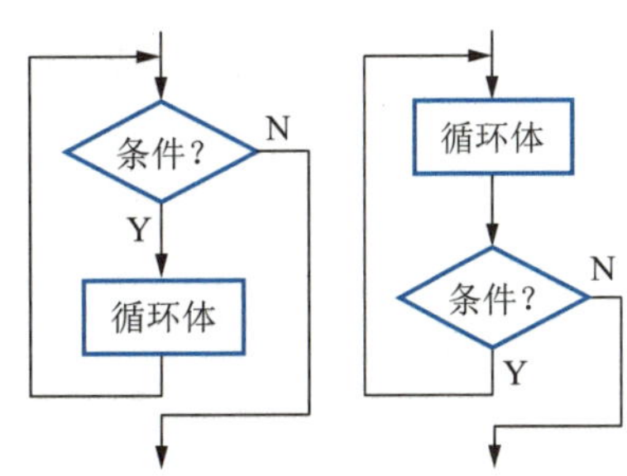

图 4-5 循环结构的传统流程图

通过分析以下问题，了解如何使用传统流程图来描述算法。

【例 4.2】求一个正数 x 的平方、立方和平方根，用传统流程图表示其算法，如图 4-6 所示。

【例 4.3】求 x 的绝对值，用传统流程图表示其算法，如图 4-7 所示。

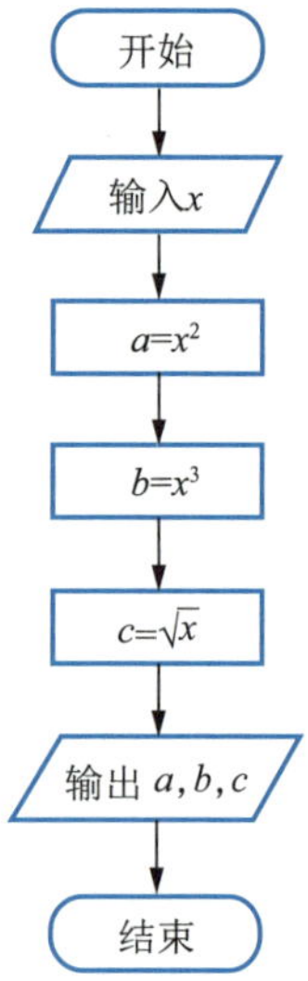

图 4-6　例 4.2 算法的传统流程图

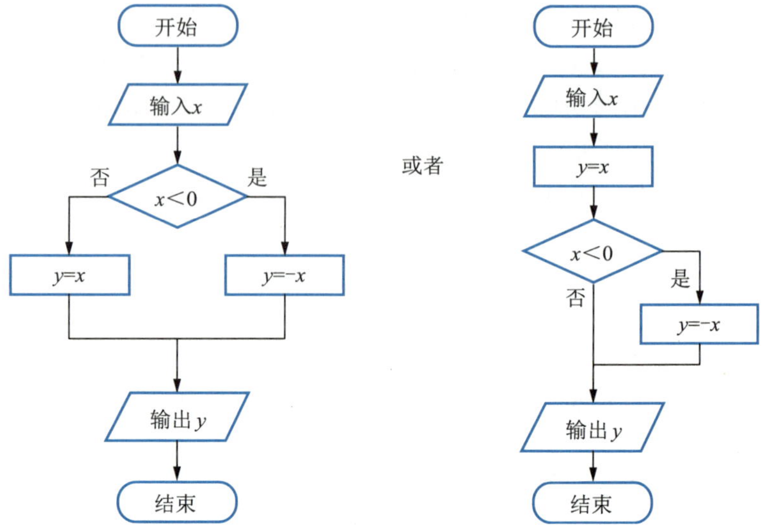

图 4-7　例 4.3 算法的传统流程图

【例 4.4】求 $n!$,用传统流程图表示其算法,如图 4-8 所示。

【例 4.5】找出整数 a、b、c 中的最大数,用传统流程图表示其算法,如图 4-9 所示。

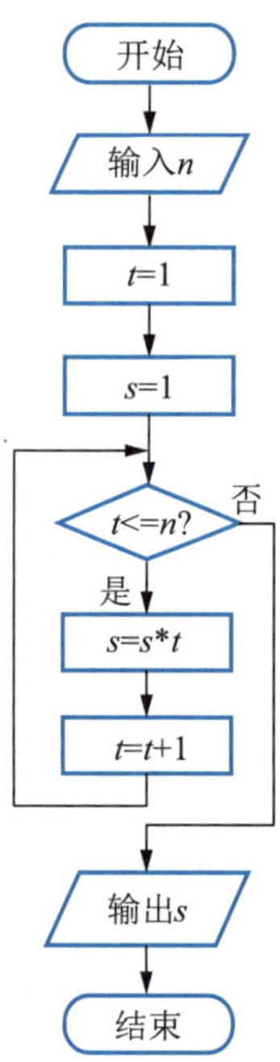

图 4-8　例 4.4 算法的传统流程图

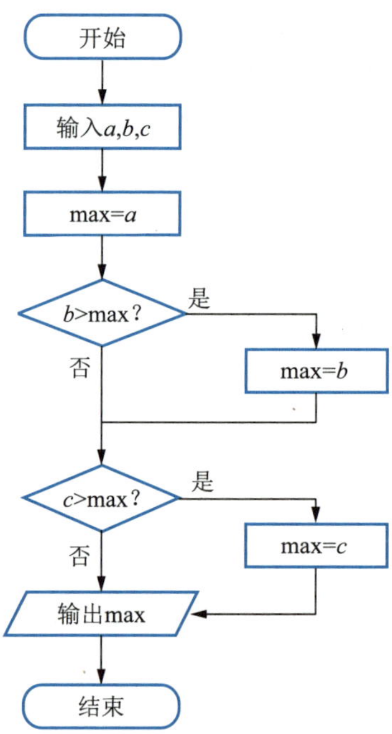

图 4-9　例 4.5 算法的传统流程图

顺序结构

4.3 顺序结构程序设计

顺序结构是程序设计中最常见、最基本的结构,语句按照自上而下的顺序依次执行。顺序结构的程序流程图如图 4-10 所示,它表示先执行程序段 A,再执行程序段 B。如果程序段 B 的执行依赖于程序段 A,那么就不能交换程序段 A 和程序段 B 的顺序。

程序段 A 或程序段 B 可以看成一条语句，也可以看成一个语句块。

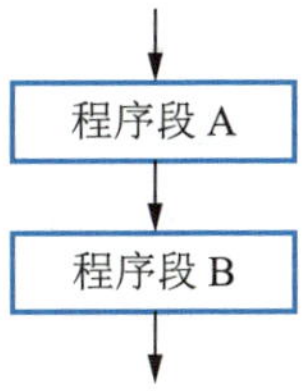

图 4-10　顺序结构的程序流程图

解决日常生活中的实际问题时，需要按照一定的先后次序顺序执行，这都可以归结为顺序结构。例如，数学中给定某公式，根据已知量求未知量。下面介绍几个顺序结构程序设计的例子。

【例 4.6】交换两个变量的值。

分析：定义 x、y 两个变量，用“x=y;y=x;”两条赋值语句并不能交换 x、y 两个变量的值，因为语句“x=y;”是把变量 y 的值赋给变量 x，此时 x、y 的值相同且 x 原来的值已丢失。为了不丢失数据，在交换两个变量的值时要借助一个临时变量 z 来实现，也就是给 x 赋值之前，先将其值保存到 z 中，如图 4-11 所示。

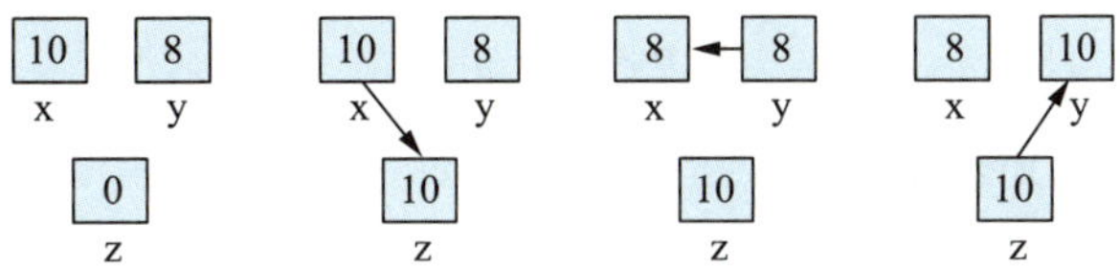

图 4-11　交换算法示意图

参考程序：

```
#include<stdio.h>
int main()
{
   int x,y,z;
   printf("enter  x and y:");
   scanf("%d%d",&x,&y);
   printf("交换前 x=%d,y=%d\n",x,y);
   z=x;                                  /*借助临时变量 z 交换两个变量的值*/
   x=y;
   y=z;
   printf("交换后 x=%d,y=%d\n",x,y);
   return 0;
}
```

程序运行结果为：

```
enter x and y :10 8
交换前 x=10, y=8
交换后 x=8, y=10
```

注意　要注意“z=x; x=y; y=z;”三条语句的先后顺序，如果顺序错了，则得不到正确的结果。读者可以试一下。

党的二十大报告指出：中华优秀传统文化源远流长、博大精深，是中华文明的智慧结晶。

下面利用现代信息技术解决一个我国古代的趣题。

【例 4.7】鸡兔同笼问题。

“鸡兔同笼”是我国古代著名趣题之一。大约在 1 500 年前,《孙子算经》中就记载了这个有趣的问题。书中是这样叙述的:“今有雉兔同笼,上有三十五头,下有九十四足,问雉兔各几何?”这四句话的意思是:有若干只鸡兔同在一个笼子里,从上面数,有 35 个头;从下面数,有 94 只脚。求笼子里鸡和兔各有几只?假设笼子里有 n 个头和 m 只脚,编写程序计算笼子里鸡和兔的数量。

分析:设有鸡 x 只,兔 y 只。先根据题目给定的条件,列出二元一次方程组。

$$\begin{cases} x+y=n \\ 2x+4y=m \end{cases}$$

解得:$x=(4n-m)/2$　　$y=n-x$

参考程序:

```
#include<stdio.h>
int main()
{
    int n,m,x,y;
    printf("请输入头的数量和脚的数量:");
    scanf("%d%d",&n,&m);
    x=(4*n-m)/2;
    y=n-x;
    printf("有鸡 %d 只,有兔 %d 只 \n",x,y);
    return 0;
}
```

程序运行结果为:

```
请输入头的数量和脚的数量:35 94
有鸡 23 只,有兔 12 只
```

4.4 选择结构程序设计

人生常常要面临许多选择,不同的选择可能会导致不同的人生轨迹。面对选择,只要我们能够准确识别,未雨绸缪,积极应变,就一定能从容地应对各种变化,将危机转化为机遇。

在现实生活中,需要进行判断和选择的情况很多,比如:周末下雨,就待在家看书;不下雨,就去爬山;等等。遇到此类问题,就需要用到选择结构(也称为分支结构)。C 语言提供了两种选择语句:一种是 if 语句,用来实现两个分支的选择结构;另一种是 switch 语句,用来实现多分支的选择结构。本节先介绍 if 语句的使用。

4.4.1　if 语句的一般形式

1. if 形式的条件语句

```
if(表达式)
  语句 1
```

功能：如果表达式的值为真，则执行语句 1；如果表达式的值为假，则执行语句 1 后面的语句，如图 4-12 所示。

if 语句

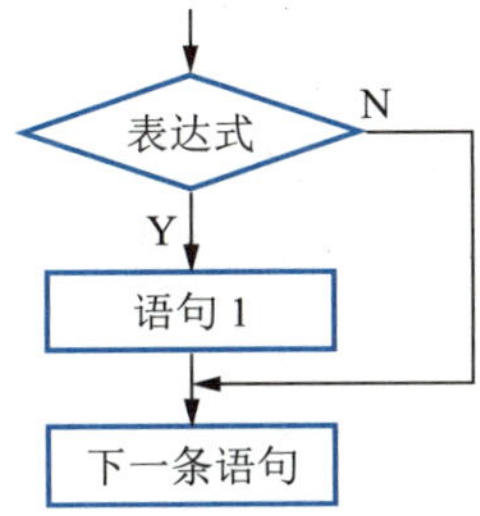

图 4-12　if 形式的条件语句流程图

2. if-else 形式的条件语句

```
if(表达式)
  语句 1
else
  语句 2
```

功能：如果表达式的值为真，则执行语句 1；如果表达式的值为假，则执行语句 2，如图 4-13 所示。

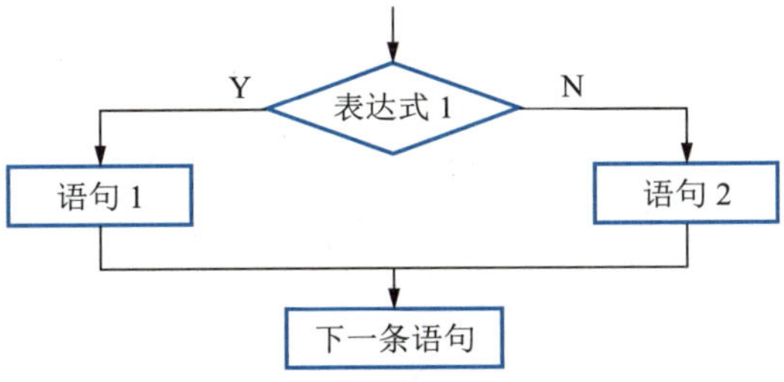

图 4-13　if-else 形式的条件语句流程图

说　明

（1）if 语句中的“表达式”为选择的条件，两边的括号不能省略。

（2）“表达式”可以是关系表达式，逻辑表达式，也可以是数值表达式。

（3）语句 1 和语句 2 可以是一条简单的语句，也可以是一条复合语句，还可以是另一条 if 语句（形成 if 语句嵌套）。

（4）else 子句是 if 语句的一部分，不能单独使用，必须与 if 语句配对使用，但可以省略，形成单向选择的 if 语句。

（5）if 语句中的内嵌语句必须是完整的语句，语句必须以分号“;”结束。

注意 在编写程序代码时，要按照 if 语句的结构，将程序行写成“锯齿”状，即内嵌语句（语句 1 和语句 2）相对于 if 语句向后缩进 2 个或 4 个空格，以清晰地展示程序的结构，适当地增加注释，可以增强程序的可读性。读者编写程序时可参照本书中的程序书写格式，养成良好的程序设计风格。

4.4.2 if 语句的使用

【例 4.8】输入三个整数，使用 if 语句编写程序将这三个整数按从小到大的顺序输出。

分析：定义三个整数 *x*、*y*、*z* 并从键盘输入，先比较变量 *x* 和 *y* 的值，若 $x>y$，将 x、y 中的数进行交换，否则不变；再比较变量 *x* 和 *z* 的值，若 $x>z$，将 *x*、*z* 中的数进行交换，否则不变；最后比较变量 *y* 和 *z* 的值，若 $y>z$，将 *y*、*z* 中的数进行交换，否则不变。最后输出 *x*、*y*、*z* 的值。

参考程序：

```
#include<stdio.h>
int main()
{
   int x,y,z,t;
   printf("please input x,y,z:");
   scanf("%d,%d,%d",&x,&y,&z);
   if(x>y)
   {
      t=x;
      x=y;
      y=t;
   }  /*交换 x,y 的值*/
   if(x>z)
   {
      t=z;
      z=x;
      x=t;
   }  /*交换 x,z 的值*/
   if(y>z)
   {
      t=y;
      y=z;
      z=t;
   }  /*交换 z,y 的值*/
   printf("The result is: %d,%d,%d\n",x,y,z);
   return 0;
}
```

程序运行结果为：

```
Please input x,y,z:3,5,2
The result is:2,3,5
```

【例 4.9】从键盘输入两个整型数，编程比较并输出两个数中的较大值。

分析：输入两个整数 *a* 和 *b*，判断 *a*、*b* 的大小，将较大值赋给 max 并输出。

参考程序 1：

```
#include<stdio.h>
int main()
{
   int  a, b, max;
   scanf("%d,%d", &a, &b);
   if(a>=b)
   {
      max=a;
   }
   else
   {
      max=b;
   }
   printf("max=%d\n", max);
   return 0;
}
```

参考程序 2：

```
#include<stdio.h>
int main()
{
   int  a, b, max;
   scanf("%d,%d", &a, &b);
   /*用条件运算符求两数的较大值*/
   max=a>=b ? a : b;
   printf("max=%d\n", max);
   return 0;
}
```

程序运行结果为：

```
5,8
max=8
```

【例 4.10】输入一个整数，判断它是否能同时被 3 和 5 整除。若能被 3 和 5 整除，输出 Yes；否则，输出 No。

分析：从键盘输入一个整数 *n*，如果 n%3==0 并且 n%5==0，输出 Yes；否则，输出 No。

参考程序：

```
#include <stdio.h>
int main()
{
   int n;
   printf("Please input n:");
   scanf("%d",&n);
   if(n%3==0 && n%5==0)                    /*判断 n 能否同时被 3 和 5 整除*/
```

```
        printf("n=%d    Yes\n",n);
    else
        printf("n=%d    No\n",n);
    return 0;
}
```

程序运行结果为：

```
Please input n:15
n=15    Yes
```

【例 4.11】闰年是历法中的名词，是为了弥补因人为历法规定造成的年度天数与地球公转周期所产生的时间差而设立的，补上时间差的年份就是闰年。在历法制定中，闰年的计算规则比较复杂，在我国古人的智慧积累中，将闰年的计算归结如下：四年一闰，百年不闰，四百年再闰。

从键盘任意输入一个年份 year，编程判断其是否为闰年，如果是闰年，则输出“Yes!”，否则输出“No!”。

分析：闰年需要满足下列两个条件中的任意一个。

（1）能被 4 整除，但不能被 100 整除。

（2）能被 400 整除。

参考程序：

```
#include<stdio.h>
int main()
{
    int  year;
    scanf("%d", &year);
    if(((year%4==0)&&(year%100!=0))||(year%400==0))
    {
        printf("Yes!\n");
    }
    else
    {
        printf("No!\n");
    }
    return 0;
}
```

程序运行结果为：

```
2005
No!
```

【例 4.12】解一元二次方程 $ax^2+bx+c=0$。

分析：设 a、b、c 表示一元二次方程的系数，d 表示判别式的值，$x1$、$x2$ 表示方程式的根，采用求根公式求解的方法。大致算法如下：

（1）输入系数 a、b、c；

（2）求判别式 d 的值；

（3）若 $d>0$，求两个不相等的实数解并输出；

（4）若 $d=0$，求两个相等的实数解并输出；

（5）若 $d<0$，无实数解并输出无解信息；

（6）结束。

参考程序：

```
#include <stdio.h>
#include <math.h>
int main()
{
   float a,b,c,d,x1,x2;
   printf("a,b,c=");
   scanf("%f,%f,%f",&a,&b,&c);
   d=b*b-4*a*c;
   if(d>0)
   {
      x1=(-b+sqrt(d))/(2*a);
      x2=(-b-sqrt(d))/(2*a);
      printf("x1=%f,x2=%f\n",x1,x2);
   }
   if(d==0)
   {
      x1=x2=-b/(2*a);
      printf("x1=%f,x2=%f\n",x1,x2);
   }
   if(d<0)
      printf("No solution!\n");
   return 0;
}
```

对于此程序的详细解析参见《C 语言程序设计实验与学习辅导》相应章节内容。

说 明

解一元二次方程可采用多种方法编程，程序中用了三条独立的 if 语句来设计程序，虽然很容易理解，但并不是最好的实现方式。请读者思考：若将“if(d<0)”部分改为“else”，语法结构是正确的，但结果会怎样呢？

4.4.3 if分支嵌套形式的条件语句

在if语句中又包含一条或多条if语句称为if语句的嵌套。内嵌的if语句既可以嵌套在if子句中，也可以嵌套在else子句中，因而可以有不同形式的嵌套。

if嵌套

1. else-if级联形式的条件语句

```
if(表达式1)                    语句1
  else if(表达式2)             语句2
    else if(表达式3)           语句3
      ⋮                        ⋮
        else if(表达式m)       语句m
          else                 语句m+1
```

功能：如果表达式1的值为真，则执行语句1；如果表达式2的值为真，则执行语句2。

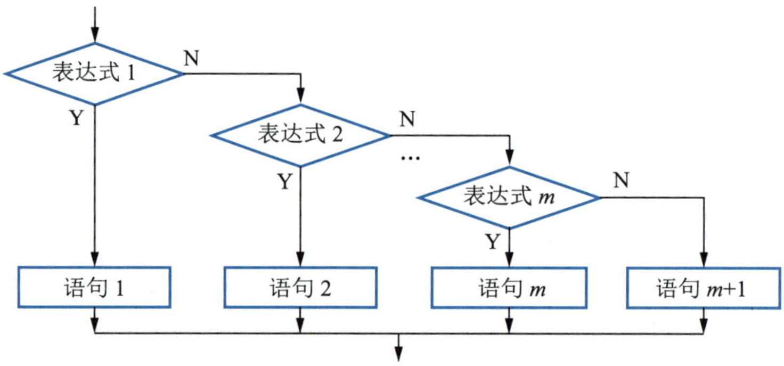

图4-14 else-if级联形式的条件语句流程图

2. if子句中内嵌if语句形式的条件语句

```
if(表达式)
  if(表达式1)    语句1
  else           语句2
else
  语句3
```

3. else子句中内嵌if语句形式的条件语句

```
if(表达式1)
  语句1
else
  if(表达式2)    语句2
  else           语句3
```

另外，if子句和else子句中可以同时内嵌if语句，if子句和else子句中也可以嵌套不含else子句的if语句，等等。例如：

```
if(表达式)
{
```

```
if(表达式 1)
  语句 1
}
else
  语句 2
```

注意 C 语言规定，else 子句总是与其前面最近的不带 else 子句的 if 子句相配对，与书写格式无关，但书写格式可以清楚地表示出其成对关系。因此，本例中，若省略构成复合语句的大括号（“{}”），则 else 将与第二个 if 配对。

【例 4.13】求一个不多于 5 位数的整数的位数。

分析：*x* 表示整数，*n* 表示其位数，可按下列算法求解。

若 $x > 9\,999$，则 $n=5$；

否则若 $x > 999$，则 $n=4$；

否则若 $x > 99$，则 $n=3$；

否则若 $x > 9$，则 $n=2$；

否则 $n=1$；

参考程序：

```
#include <stdio.h>
int main()
{
  int x;
  int n;
  printf("x=");
  scanf("%d",&x);
  if(x>10000||x<0)
    printf("请重新输入 !!!");
  else
  {
    if(x>9999) n=5;
      else if(x>999) n=4;
        else if(x>99) n=3;
          else if(x>9) n=2;
            else n=1;
    printf("n=%d\n",n);
  }
  return 0;
}
```

程序运行结果为：

```
x=7000
n=4
```

对于此程序的详细解析参见《C 语言程序设计实验与学习辅导》相应章节内容。

【例 4.14】编写程序，根据输入的学生成绩给出相应的等级。如：90 分以上的等级为 A，60 分以下的等级为 E，其余的每 10 分为一个等级。

分析：输入学生成绩 g，如果 g 大于等于 90 输出对应等级 A，g 小于 90 且大于等于 80 输出对应等级 B，g 小于 80 且大于等于 70 输出对应等级 C，g 小于 70 且大于等于 60 输出等级 D，g 小于 60 则输出等级 E。

参考程序：

```
#include <stdio.h>
int main()
{
   int g;
   printf("Input g:");
   scanf("%d",&g);
   if(g<0||g>100)
      printf("Input error!\n");
   else
   {
      if(g>=90)
         printf("A\n");
      else if(g>=80)
         printf("B\n");
      else if(g>=70)
         printf("C\n");
      else if(g>=60)
         printf("D\n");
      else
         printf("E\n");
   }
   return 0;
}
```

程序运行结果为：

```
Input g:80
B
```

对于此程序的详细解析参见《C 语言程序设计实验与学习辅导》相应章节内容。

【例 4.15】输入两个整数的值，使用 if-else 语句编写程序比较两个整数的大小。

参考程序：

```
#include <stdio.h>
int main()
{
   int x,y;
   printf("Please input x,y:");
   scanf("%d%d",&x,&y);
   if(x>y)
      printf("x>y\n");
   else
      if(x<y)
         printf("x<y\n");
      else
         printf("x=y\n");
   return 0;
}
```

程序运行结果为：

```
Please input x,y: 4 5
x<y
```

当执行以上程序时，首先从键盘输入两个数并存入变量 x、y 中，然后比较 x 和 y 的大小，即先执行第一个 if 语句，如果 x 大于 y，则输出“x>y”，否则执行第一个 else 后面的语句，即判断 x 是否小于 y，如果 x 小于 y，则输出“x<y”，否则即为 x 等于 y 的情况，执行最后一个 else 语句，输出“x=y”。

4.4.4　switch 语句

switch 语句

switch 条件语句也是一种很常用的选择结构语句，与 if 条件语句不同的是，它要对表达式的值做出判断，决定要执行的程序代码。

在 switch 语句中，switch 关键字后面的是表达式，case 关键字后面的是目标值，当表达式的值和某个目标值匹配时，会执行对应 case 的语句。

1. switch 语句的一般形式

switch 语句的一般形式为：

```
switch(表达式)
{
   case  常量表达式 1: 语句 1;
   case  常量表达式 2: 语句 2;
   ……
```

```
    case  常量表达式 n: 语句 n;
    default: 语句 n+1;
}
```

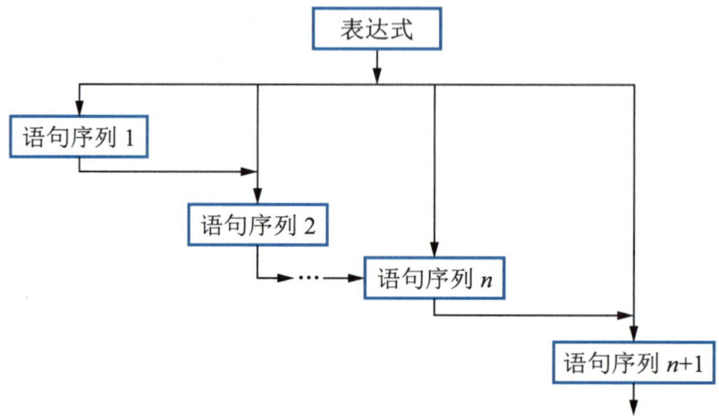

图 4-15 switch 语句流程图

说 明

(1) switch 是 C 语言中的关键字,其后面大括号括起来的部分称为 switch 语句体,该大括号不能省略。

(2) switch 后面的“表达式”可以是整型、字符型或枚举型等,表达式两边的括号不能省略。

(3) case 也是 C 语言中的关键字,与其后面的“常量表达式”合称为 case 语句标号。由于“常量表达式”的值在运行前必须是确定的,不能改变,因此不能是包含变量的表达式,而且其数据类型必须与 switch 后面表达式的类型一致。

(4) case 和“常量表达式”之间一定要有空格,如“case 5:”不能写成“case5:”;常量表达式后面的“:”不能省略。

(5) 每个 case 后面“常量表达式”的值必须各不相同,否则会相互矛盾(即对表达式的同一值,有两种或两种以上的执行方案)。

(6) case 后面的语句可以是一条语句,也可以是多条语句,如果是多条语句也无须用大括号括起来。

(7) case 后面的常量表达式仅起语句标号的作用,并不进行条件判断。系统一旦找到入口标号,就从此标号开始执行,不再进行标号判断,所以必要时加上 break 语句,以避免不必要的计算。

(8) default 也是 C 语言中的关键字,主要在 switch 结构中使用,也可以省略,表示当前面的 case 语句都不满足时所要进行的操作。default 可以出现在语句体中的任何标号位置处。

(9) 多条 case 语句可以共用一组执行语句。如:

```
case 10:
case 9:printf("A\n");  break;
```

表示表达式的值为 10 和 9 时,都执行“printf("A\n"); break;”语句段。

【例 4.16】用 switch 语句改写例 4.14。

```
#include "stdio.h"
int main()
{
   int g,mark;
   printf("Input g:");
   scanf("%d",&g);
   mark=g<0||g>100 ? -1:g/10;
   switch(mark)
   {
      case 10:
      case 9: printf("A\n");
      case 8: printf("B\n");
      case 7: printf("C\n");
      case 6: printf("D\n");
      case 5:
      case 4:
      case 3:
      case 2:
      case 1:
      case 0:printf("E\n");
      default: printf("Input error!\n");
   }
   return 0;
}
```

程序运行结果为：

```
Input g:85
B
C
D
E
Input error!
```

由此可以看出，程序在执行完第 3 个 case 分支后，又执行了下面所有的语句，这显然不符合题目原意。

说 明

为了避免出现这种多余输出的情况，switch 语句通常与跳转语句 break 联合使用。break 在 switch 条件语句中的作用是终止某个 case 并跳出 switch 结构。

对于此程序的详细解析参见《C 语言程序设计实验与学习辅导》相应章节内容。

【例 4.17】用 break 语句修改上面的程序。

```
#include <stdio.h>
int main()
{
   int g,mark;
   printf("Input g:");
   scanf("%d",&g);
   mark=g<0||g>100?-1:g/10;
   switch(mark)
   {
      case 10:
      case 9: printf("A\n");    break;
      case 8: printf("B\n");    break;
      case 7: printf("C\n");    break;
      case 6: printf("D\n");    break;
      case 5:
      case 4:
      case 3:
      case 2:
      case 1:
      case 0:printf("E\n");    break;
      default: printf("E\n");
   }
   return 0;
}
```

程序运行结果为：

```
Input g:85
B
```

对于此程序的详细解析参见《C 语言程序设计实验与学习辅导》相应章节内容。

【例 4.18】输入某年某月，计算该年该月的天数并输出。

分析：要考虑闰年闰月的情况，以及输入非法数据的情况。采用 switch 语句处理多种情况。

（1）判断某年是不是闰年，变量 year 是否为闰年的条件：

能被 4 整除但不能被 100 整除，或能被 400 整除。

（2）2 月的年份为闰年的，输出天数为 29 天，其余则为 28 天。

（3）1 月、3 月、5 月、7 月、8 月、10 月、12 月每月 31 天。

（4）4 月、6 月、9 月、11 月每月 30 天。

参考程序：

```
#include <stdio.h>
int main()
{
  int year,month,days;
  printf("请输入年份和月份, 以空格分隔:\n");
  scanf("%d  %d",&year,&month);
  switch(month)
  {
    case 1:
    case 3:
    case 5:
    case 7:
    case 8:
    case 10:
    case 12:days=31;    break;
    case 4:
    case 6:
    case 9:
    case 11:days=30;    break;
    case 2:
    if((year%4==0&&year%100!=0)||year%400==0)
    {
      days=29;
    }
    else
    {
      days=28;
    }
    break;
    default:printf("输入的月份不合法 !\n");
      break;
  }
  printf("%d 年 %d 月有 %d 天。\n",year,month,days);
  return 0;
}
```

4.5 循环结构程序设计

循环的概念

在设计程序时经常采用循环结构来解决需要重复操作的问题，如累加（重复加一个数的操作）、阶乘（重复乘一个数的操作）、找出一组数中的素数（重复判断一个数是不是素数的操作）等。所谓循环结构，是根据给定条件重复某一操作的程序结构，它是结构化程序设计的三大结构之一，是设计复杂程序的最重要的基本构造单元。由于很多程序中用到循环结构，因此，要熟练掌握循环的概念和循环结构的程序设计方法。C 语言中提供了 while 语句、do-while 语句和 for 语句来实现循环结构。

4.5.1 while 循环

while 循环

所谓“当型循环”，是指当循环条件成立时就执行一次循环体的程序结构，这种循环结构可以用 while 语句来实现。

1. while 语句的一般形式

```
while(条件)
{
  语句
}
```

```
如：n=1,s=0;
    while(n<=100)
    {
      s=s+n;
      n=n+1;
    }
```

```
再如：n=10;
     while(n>0)
       g=g*n--;
```

说 明

（1）while 语句中的“条件”一般是关系表达式或逻辑表达式，也可以是一般表达式。表达式的值非 0 为“真”，表示条件成立；0 为“假”，表示条件不成立。

```
如：s=0;
    n=100;
    while(n) s=s+n--;
```

在循环执行过程中，n 的值每次减 1，当 n 的值为 0 时，while(n) 中条件不成立，结束循环。

（2）while 语句中的“语句”就是多次重复执行的循环体，它可以是一条单行语句，也可以是由多条语句组成的复合语句，特殊情况下也可以是一条空语句。

注意下列两个程序段的区别：

程序段 1：

```
while(n<=100)
{
   s=s+n;
   n=n+1;
}
```

程序段 2：

```
while(n<=100)
   s=s+n;
   n=n+1;
```

程序段 1 的循环体是复合语句，程序段 2 的循环体是赋值语句“s=s+n;”，而“n=n+1;”不是循环体的内容，与书写格式无关。

（3）注意“while(条件)”后加分号的问题，请看下面两个程序段：

程序段 1：

```
while(++n<=100)
   s=s+n;
```

程序段 2：

```
while(++n<=100);
   s=s+n;
```

这两个程序段是不同的，程序段 1 的循环体是“s=s+n;”，而程序段 2 的循环体是空语句。

2. while 语句的执行过程

while 语句的执行过程如图 4-16 所示，即先判断循环条件是否成立，若成立（或表达式的值为非 0），则执行一次语句（即循环体），然后继续判断条件是否成立；若条件不成立（或表达式的值为 0），则跳出循环体，继续执行循环体之外的语句。也就是当条件成立时就执行一次循环体，所以称为“当型循环语句”。

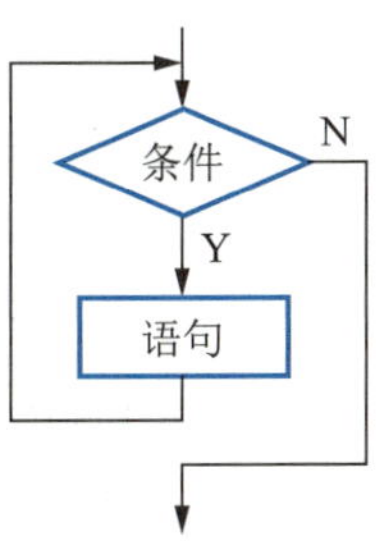

图 4-16 while 语句的执行过程

3. while 语句的使用

当型循环 while 语句是 C 语言中常用的简单实用的循环语句，因为使用频率较高，所以要求熟练掌握其用法。使用 while 语句需要注意以下几点：

（1）while 语句的特点是先判断循环条件是否成立，然后决定是否执行循环体，也就是所说的“先判断，后执行”。

（2）正常情况下，while 语句会在执行过程中逐步改变循环条件，使条件趋向不成立，最后达到不成立，退出循环，所以循环中一定要有改变条件的语句。

（3）若第一次执行时条件就不成立，则循环一次也不执行；若条件永远成立，则会形成“死循环”。这都是不正常的 while 语句，编程时应避免使用，否则会带来意想不到的麻烦。

（4）循环体包含多条语句时，一定要形成复合语句，否则，只将 while 后的第一条语句当作循环体，虽然编译没有语法错误，但肯定会出现逻辑错误。

（5）要特别注意 while 后是否加了分号，若不小心加了分号，虽然编译不会出现语法错误，但是会将空语句作为循环体。

【例 4.19】数学家高斯有一件趣事。在他 10 岁时，数学老师出了一道算术题：求 1+2+3+…+100 的和。在同学们都费心计算时，高斯不到 1 分钟就算出了答案为 5 050。老师对于高斯能这样快速计算出结果而感到吃惊，问其算法，原来高斯经过仔细观察，找到了规律，即一头一尾两个数相加，每次相加的和都为 101，100 个数正好 50 组 101，于是得出 101*50=5 050，而高斯发现的这个规律正是等差数列的对称性。

编写程序，计算 1+2+…+100 的和并输出结果。

分析：这是一个比较经典的求数值累加和的问题，要注意变量的初值。变量 sum 用于存放累加和，赋初值为 0；变量 i 用于存放递增的数值，赋初值为 1。故循环体中 sum 首先存放的是“0+1”的结果，然后 i 加 1 变为 2，把 sum 的值加 2 再放到 sum 中，以此类推，最后 sum 的值就是从 1 加到 100 的和。

该程序的设计方法有很多种，如可以将参考程序 1 中的“sum=sum+i;”改为“sum+=i;”，也可以将“i=i+1;”改为“i+=1;”或“i++;”。while 循环语句的使用也有多种形式，请读者仔细分析 while 语句中的条件和循环体变化，参考程序如下。

参考程序 1：
```
#include <stdio.h>
int main()
{
    int sum=0,i;
    i=1;
    while(i<=100){
        sum=sum+i;
        i=i+1;
    }
    printf("sum=%d\n",sum);
    return 0;
}
```

参考程序 2：
```
#include <stdio.h>
int main()
{
    int sum=0,i;
    i=100;
    while(i>0)
    {
        sum+=i;
        i-=1;
    }
    printf("sum=%d\n",sum);
    return 0;
}
```

参考程序 3：
```
#include <stdio.h>
int main()
{
    int sum=0,i=100;
    while(i)
        sum+=i--;
    printf("sum=%d\n",sum);
    return 0;
}
```

根据本例程序，思考下列问题的编程方法：

（1）求 s=1+3+5+…+99。

（2）求 s=2+4+6+…+100。

（3）求 s=1*2*3*…*n，即 n!。

这类问题的程序结构基本相似，不同的是循环控制变量的初值和增量不同，可以举一反三。

【例 4.20】判断一个数是不是素数。

分析：用 n 表示一个数，判断一个数是不是素数的条件是，除了 1 和它本身外，是否还有能被它整除的数，也就是说判断在 2，3，…，n-1 中有没有能被 n 整除的数，用变量 a 表示能被 n 整除的数的个数，若 a=0，则 n 为素数，否则不是。

参考程序：

```
#include <stdio.h>
int main()
{
   int n,i,a=0;
   printf("n=");
   scanf("%d",&n);
   i=2;
   while(i<=n-1)
   {
      if(n%i==0)
         a=a+1;
         i=i+1;
   }
   if(a)   printf("not\n");
   else   printf("yes\n");
   return 0;
}
```

【例 4.21】求 s=1!+2!+3!+⋯+m!。

分析：用 s 表示阶乘和，g 表示 n!，n 的取值为 1，2，⋯，m。初值 s=0，g=1，n=1，重复计算 g=g*n，s=s+g，n=n+1，直到 n 大于等于 m。

参考程序 1：

```
#include <stdio.h>
int main()
{
   int n,m;
   float g=1,s=0;
   printf("m=");
   scanf("%d",&m);
   n=1;
   while(n<=m){
      g=g*n;
      s=s+g;
      n=n+1;
   }
   printf("s=%f\n",s);
   return 0;
}
```

参考程序 2：

```
#include <stdio.h>
int main()
{
   int n=1,m;
   float g=1,s=0;
   printf("m=");
   scanf("%d",&m);
   while(n<=m)
      s+=g*=n++;
   printf("s=%f\n",s);
   return 0;
}
```

请读者仔细分析表达式“s+=g*=n++”的含义。

4.5.2 do-while 循环

1. do-while 语句的一般形式

```
do
{
  语句
}while(条件);
```

do-while 循环

说 明

（1）do 是 C 语言的关键字，必须和 while 联合使用。

（2）do-while 结构的循环从 do 关键字开始，到 while 关键字结束；且 while 后必须有分号，表示该语句的结束，其他语句成分与 while 语句相同。

2. do-while 语句的功能

先执行一次循环体，再判别条件是否成立，若条件成立（表达式的值为非 0），则返回重新执行循环体，如此反复，直到条件不成立（表达式的值为 0），循环结束，继续执行循环语句后面的语句。其特点是“先执行，后判断”。其执行流程如图 4-17 所示。

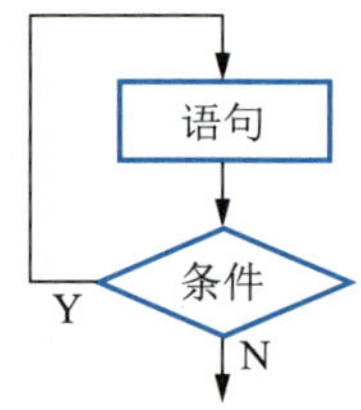

4-17 do-while 语句执行流程图

【例 4.22】用 do-while 语句编程求 $n!$。

分析：用变量 s 表示 $n!$，初值 s=1，变量 i 的取值为 1，2，…，n。初值 i=1，反复计算 s=s*i，i=i+1，直到 i 的值大于等于 n 为止。

参考程序 1：

```
#include <stdio.h>
int main()
{
   int i,n;
   float s=1;
   printf("n=");
   scanf("%d",&n);
   i=1;
   do
   {
      s=s*i;
      i=i+1;
      }while(i<=n);
   printf("s=%f\n",s);
   return 0;
}
```

参考程序 2：

```
#include <stdio.h>
int main()
{
   int i,n;
   float s=1;
   printf("n=");
   scanf("%d",&n);
   i=1;
   do
      s*=i++;
   while(i<=n);
   printf("s=%f\n",s);
   return 0;
}
```

参考程序 3：

```
#include <stdio.h>
int main()
{
   int n;
   float s=1;
   printf("n=");
   scanf("%d",&n);
   do
      s*=n--;
   while(n);
   printf("s=%f\n",s);
   return 0;
}
```

由此可见，参考程序 2 中当循环体只有一条语句时，大括号可以省略，但一般不要省略。参考程序 3 非常精简，请读者仔细分析循环的条件。

3. do-while 语句的使用

do-while 语句与 while 语句的功能类似，二者的区别在于 while 语句是先判断循环条件后执行循环体，而 do-while 语句是先执行循环体后判断循环条件。在一般情况下，对同一个问题的处理，二者得到的结果是一样的，可以互相转换。但如果给出的条件表达式一开始值就为“假”，则得到的结果就不一定相同，因为此时对于 while 语句来说，它的循环体语句一次也不执行，而 do-while 语句至少会执行一次。

注意下面两段程序的不同：

①
```
int main()
{
   int a=-1;
   while(!a)
      a=a*a;
   printf("a=%d",a);
   return 0;
}
```
输出结果为：a=-1

②
```
int main()
{
   int a=-1;
   do
      a=a*a;
   while(!a);
   printf("a=%d",a);
    return 0;
}
```
输出结果为：a=1

比较上面的两个程序段：二者的变量初值相同，循环体相同，表达式也相同，但结果却不同。因为程序①是先判断表达式(!a)的值为“假”，所以循环体一次也不执行就退出了循环，变量 a 的值仍然是初值 -1；而程序②是先执行了循环体语句（即 a=a*a），得到结果为 1，然后再判断表达式的值为“假”，退出循环体，但此时变量 a 已变为 1，所以输出结果为 1。

由此可以看出，do-while 语句比较适用于处理无论条件是否成立，都要先执行 1 次循环体语句组的情况。

4.5.3 for 循环语句

for 循环

for 语句是使用最灵活的循环语句，可以实现循环次数已知的循环，即计数控制的循环，也可以实现 while 和 do-while 语句能实现的循环。

1. for 语句的一般形式

```
for(表达式 1; 表达式 2; 表达式 3)
  语句
```

例如：
```
for(i=1;i<=100;i++)
      s=s+i;
```

说 明

(1) for是C语言中的关键字,三个表达式之间必须用分号“;”隔开。

(2) 三个表达式可以是任意形式的合法的C语言表达式,其中,“表达式1”用于循环变量的初始化;“表达式2”是循环的条件;“表达式3”常用于循环变量的调整。

(3) “语句”就是循环体,可以是一条单行语句,也可以是由多条语句组成的复合语句,与while、do-while循环语句相同。

如:for(i=1;i<=100;i++)
    s=s+i;
	再如:for(i=1;x!=0;i++)
	{
	  sum=sum+x;
	  scanf("%d",&x);
	}

2. for语句的功能及执行过程

(1) 计算“表达式1”。

(2) 计算“表达式2”的值并判断。若值为非0(“真”),执行步骤(3);否则执行步骤(5)。

(3) 执行一次循环体。

(4) 计算“表达式3”的值,然后转向步骤(2)。

(5) 结束循环,执行for语句下面的语句。

for语句的执行过程如图4-18所示。

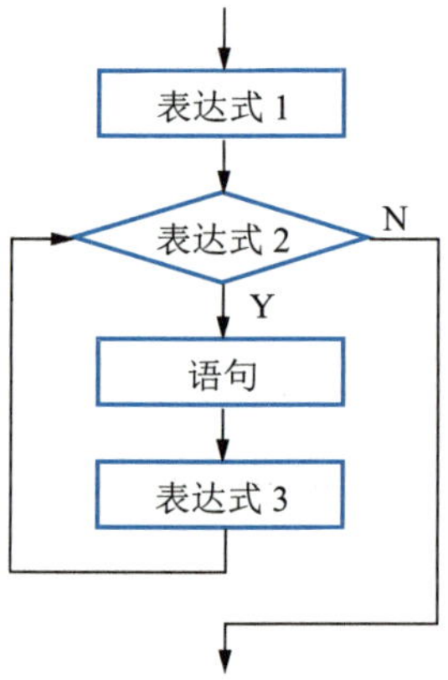

图4-18 for语句的执行过程

【例4.23】用for语句编写程序,求$n!$。

分析:用s表示$n!$,变量i的取值为1, 2, …, n,初值s=1, i=1,重复计算s=s*i(累乘器),i=i+1,直到i的值大于等于n为止。

参考程序1:

```
#include <stdio.h>
int main()
{
   int i,n;
   float s=1;
   printf("n=");
   scanf("%d",&n);
   for(i=1;i<=n;i++)
      s=s*i;
   printf("s=%g\n",s);
   return 0;
}
```

参考程序2:

```
#include <stdio.h>
int main()
{
   int i,n;
   float s;
   printf("n=");
   scanf("%d",&n);
   for(s=1,i=1;i<=n;s*=i++);
   printf("s=%g\n",s);
   return 0;
}
```

请读者仔细分析

for(s=1,i=1;i<=n;s*=i++);

参考程序3:

```
#include <stdio.h>
int main()
{
   int n;
   float s;
   printf("n=");
   scanf("%d",&n);
   for(s=1;n;s*=n--);
   printf("s=%g\n",s);
   return 0;
}
```

请读者仔细分析

for(s=1;n;s*=n--);

由此可见，同一个问题可以用不同的循环语句来编写，且这种循环语句之间可以相互转换，而且在很多问题的处理上，用 for 语句更加简洁、灵活。我们以这个问题为例，再看一下 for 语句和 while 语句在写法上的差别。

用 for 语句描述时：	用 while 语句描述时：

for(i=1;i<=n;i++)
    s=s*i;
	i=1;
	while(i<=n)
	{
	    s=s*i;
	    i=i+1;
	}

【例 4.24】“物不知数”。在《孙子算经》中有题目：今有物不知其数，三三数之剩二，五五数之剩三，七七数之剩二，问物几何。答曰：二十三。术曰：三三数之剩二，置一百四十；五五数之剩三，置六十三；七七数之剩二，置三十。并之得二百三十三，以二百一十减之即得。

含义：有一个数，用 3 除余数为 2，用 5 除余数为 3，用 7 除余数为 2，问这个数是多少。答案是 23。

解法如下：用 3 除余数为 2，则为 140；用 5 除余数为 3，则为 63；用 7 除余数为 2，则为 30。总和为 233，再减去 210 得到结果 23。

编写程序，输出 1 000 以内所有满足“物不知数”条件的数。

分析：根据数据需要满足的条件，推导出实现案例所需要的知识。对 3 取模余数为 2；对 5 取模余数为 3；对 7 取模余数为 2。

参考程序：

```
#include <stdio.h>
int main()
{
   int num;
    printf("1 000 以内，满足“物不知数”条件的数有以下几个：\n");
   for(num=1;num<=1 000;num++)
   {
      if(num%3==2&&num%5==3&&num%7==2)
        {
           printf("%d\n", num);
        }
   }
   return 0;
}
```

程序运行结果为：

```
1 000 以内，满足"物不知数"条件的数有以下几个：
23
128
233
338
443
548
653
758
863
968
```

3. for 语句的使用

（1）for 语句的执行顺序为先判断后执行，与 while 语句相似。

（2）循环体如果包含多条语句，要用大括号括起来。

（3）循环体可以是空语句，但语句后的分号不能省略。如：

```
for(i=1;i<=100;i++);
```

这种情况下，三个表达式正常执行，只是循环体什么也不做，当 i 加到 100 时，循环自动终止。这种循环结构通常是为了实现时间延迟功能。

（4）for 语句中的三个表达式可以部分或全部省略，但是表达式后面的分号不能省略。下面按情况分别进行讨论。

① 省略"表达式 1"，此时应在 for 语句之前完成赋初值工作。其对应的语句形式等同于：

```
表达式 1;
for(; 表达式 2; 表达式 3)
    循环体
```

这样在执行 for 语句时就跳过表达式 1 的计算，直接进行条件表达式的判断。

如例 4.23 参考程序 1 中相应的语句可以改为：

```
i=1;
for(;i<=n;i++)
    s=s*i;
```

② 省略"表达式 2"，相当于"无条件"，即认为表达式 2 的值恒为"真"，这种情况下必须使用其他方法（如 break 语句等）来结束循环；否则，循环将一直进行下去，形成"死循环"。其语句形式等同于：

```
for(表达式 1; ; 表达式 3)循环体
```

③ 省略"表达式 3"。由于表达式 3 的主要作用是对循环条件进行修改，以保证循环能够正常结束，若省略表达式 3，需在循环体中的其他位置添加修改循环条件的语句以完成相同的功能。如例 4.23 参考程序 1 中相应的语句可以修改为：

```
for(i=1;i<=n;)
{
  s=s*i;
  i++;
}
```

实际上，表达式 3 是循环体语句的一部分。

④ 三个表达式全部省略，是 for 语句的一种特别形式：

```
for( ; ; ) 循环体
```

此时 for 语句等同于：

```
while(1) 循环体
```

不难看出，两者均形成了死循环。

⑤ 在 for 语句中，可以使用逗号表达式。如：

```
for(sum=0,i=1;i<=100;i++)  sum+=i;
```

⑥"表达式 2"是循环的条件，可以是一般的表达式，通常是关系（或逻辑）表达式。

总之，for 语句的使用非常灵活，这里只列举了几种常用的情况，在实际使用中还要不断积累、总结。

【例 4.25】用 for 语句改写例 4.20 中的判断一个数是不是素数的程序。

分析：用 for 语句改编程序段。

```
i=2;
while(i<=n-1)
{
  if(n%i==0)
    a=a+1;
  i=i+1;
}
```

从这个程序段中可以看出，"i=2"就是表达式 1，"i<=n-1"就是表达式 2，"i=i+1"就是表达式 3，这样循环体就是 if 语句了。

参考程序：

```
#include <stdio.h>
int main()
{
  int n,i,a=0;
  printf("n=");
  scanf("%d",&n);
  for(i=2;i<=n-1;i++)
    if(n%i==0)
      a=a+1;
```

```
    if(a)   printf("not\n");
    else    printf("yes\n");
    return 0;
}
```

4.5.4 break 语句和 continue 语句

break 语句和 continue 语句

C 语言程序设计中，经常会用到转移控制语句，它的作用是控制程序流程执行方向。这里主要介绍 break 语句和 continue 语句。

1. break 语句

（1）break 语句的一般形式。

```
break;
```

（2）break 语句的功能。

break 语句在 C 语言中的功能主要有两个：一是在 switch 语句中，用于终止 switch 语句的执行；二是在循环体中，强制终止循环的执行，通常与 if 语句联合使用。

【例 4.26】使用 break 语句编写程序，实现判断一个数 *n* 是不是素数。

分析：要判断一个数 *n* 是不是素数，只要找到第一个能被 *n* 整除的数，就可以判断 *n* 不是素数了。

参考程序：

```
#include <stdio.h>
int main()
{
    int n,i;
    printf("n=");
    scanf("%d",&n);
    for(i=2;i<=n-1;i++)
        if(n%i==0)                /*如果 i 能被 n 整除，则提前结束循环*/
            break;
    if(i<n)   printf("not\n");    /*循环结束后若 i<n，则说明循环执行了break 语句提前退出*/
    else    printf("yes\n");
    return 0;
}
```

程序运行结果为：

```
n=5
yes
```

【例 4.27】编写程序计算 50 以内所有奇数的累加和，若和超过 20 则退出循环。

分析：50 以内的奇数为 1，3，5，7，…，47，49 即从 1 开始依次增加 2。使用循环遍历 1 到

50 之间的所有奇数，并将它们累加起来，当累加和大于 20 时，退出循环。

参考程序：

```
#include <stdio.h>
int main()
{
   int i,sum=0;
   for(i=1;i<50;i+=2)
   {
      sum=sum+i;                              /*计算累加和*/
      if(sum>20)
         break;                               /*累加和大于 20 则提前结束循环*/
      printf("%d\n",sum);
   }
   return 0;
}
```

程序运行结果为：

```
1
4
9
16
```

本例中，如果循环体中没有 break 语句，则一直要循环到 i=51，，而此例中只能运行到 i=9，因为这时 sum 的值为 25，满足表达式“sum>20”，故执行后面的 break 语句，提前结束循环。

说 明

break 语句既可以用于循环语句中，又可以用于 switch 语句中，应根据实行情况进行处理。当 break 语句位于循环体中的 switch 语句体中时，其功能是跳出 switch 语句体，而不退出 switch 所在的循环；反之，当 break 语句出现在循环体中，但不在 switch 语句体中时，则在执行 break 语句后，跳出本层循环。

2. continue 语句

（1）continue 语句的一般形式。

```
continue;
```

（2）continue 语句的功能。

continue 语句的功能是结束本次循环，即跳过循环体中下面尚未执行的语句，转而执行下一次循环，而不是终止整个循环（注意与 break 语句区分）。

【例 4. 28】使用 continue 语句输出 1～50 中不能被 3 整除的数。

分析：题目要求将 50 以内不是 3 的倍数的所有数字在屏幕上显示出来。程序执行中变量

i 的值不断增 1，每次增 1 后就判断表达式“i%3==0”是否成立，如果成立，说明此数是 3 的倍数，用 continue 语句结束本次循环，转而进行下一次循环条件的判断。

参考程序：

```
#include <stdio.h>
int main()
{
   int i=0,j=0;
   while(i<50)
   {
      i++;
      if(i%3==0)
         continue;                /*i 能被 3 整除则提前结束本次循环，开始下一次循环*/
      printf("%3d   ",i);
      j++;
      if(j%5==0)                  /*如果 j 能被 5 整除则换行*/
         printf("\n");
   }
   return 0;
}
```

程序运行结果为：

```
  1    2    4    5    7
  8   10   11   13   14
 16   17   19   20   22
 23   25   26   28   29
 31   32   34   35   37
 38   40   41   43   44
 46   47   49   50
```

【例 4.29】使用 continue 语句判断一个数 *n* 是不是素数。

参考程序：

```
#include <stdio.h>
int main()
{
   int n,i;
   printf("n=");
   scanf("%d",&n);
   for(i=2;i<n;i++)
      if(n%i)                     /*如果 i 不能被 n 整除*/
```

```
            continue;                   /*继续判断下一个 i 的情况*/
        else
            break;                      /*否则，i 能被 n 整除，不符合素数定义，提前结束循环*/
    if(i<n)   printf("not\n");
    else   printf("yes\n");
    return 0;
}
```

程序运行结果为：

```
n=5
yes
```

注意 程序中 for 循环体中的“if(n%i)…”相当于“if(n%i!=0)…”。

说明

（1）continue 语句只能在循环语句中使用，通常也要与 if 语句联合使用。

（2）continue 语句在 for 语句和 while、do-while 语句中的使用不同。如果在 for 循环中使用 continue 语句，要跳过循环体中的剩余语句，转去计算表达式 3 的值，然后再对条件表达式进行计算，以决定是否继续执行 for 循环；如果在 while 和 do-while 循环中使用 continue 语句，则要跳过循环体中下面的语句，直接转向循环继续条件的判定。

（3）当一个循环体中包含 switch 语句，而 continue 语句也位于 switch 语句中时，continue 语句只对外面的循环起作用，对 switch 语句没有影响

（4）break 是跳出当前整个循环，continue 是结束本次循环开始下一次循环。

4.5.5　循环嵌套

循环嵌套

1. 循环嵌套的概念

在一个循环体中再定义一个循环，这种结构称为循环嵌套，即多重循环。while、do-while 和 for 这三种循环语句既可以自身嵌套，也可以互相嵌套。其中，for 语句嵌套是较常见的循环嵌套。嵌套可能是两层，也可能是多层。相对来讲，在循环体中嵌套的循环称为内层循环，外部的循环称为外层循环。

几种循环嵌套的形式如下：

（1）while()
{
while()
{}
}
	（2）for(; ;)
	{for(; ;)
	{}
	⋮
	}
		（3）do
		{
		for(; ;)
		{}
		}while();

这里仅列出了几种二重循环嵌套的形式。实际上循环嵌套可以是很多层,而且形式多种多样,但要注意一点,就是每一层循环在逻辑上必须是完整的。

2. 循环嵌套的执行流程

在循环嵌套中,外层循环每执行一次,内层循环就作为外层循环体中的语句完整地执行一遍。循环嵌套的执行流程如图 4-19 所示。

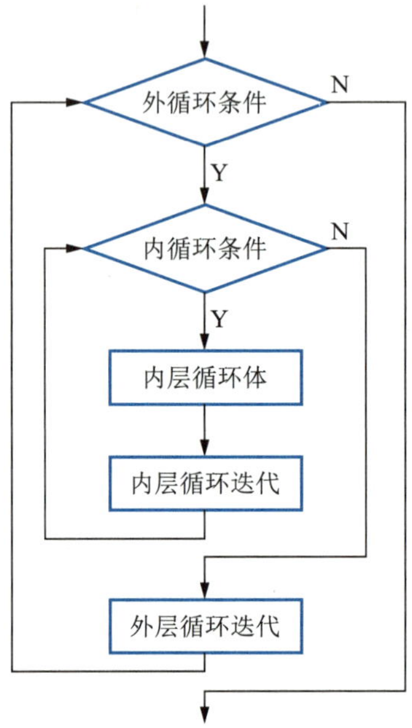

图 4-19 循环嵌套语句的执行过程

【例 4.30】编写程序,打印出九九乘法表。

分析:(1) 九九乘法表一共有 9 行 9 列。

(2) 第 1 行有 1 列……第 9 行有 9 列,行与列之间有对应关系,即第 n 行需要循环输出 n 列。

(3) 由于行、列都需要遍历,因此需要使用两层循环。

(4) 由于行与列之间有对应关系,因此列的遍历受行的限制,列循环需要嵌套在行循环之内。

参考程序:

```
int main()
{
   int i,j;
   for(i=1;i<=9;i++)                          /*控制行的循环,外层 i 循环*/
   {
      for(j=1;j<=i;j++)                       /*控制列的循环,内层 j 循环*/
      {
         printf("%d*%d=%3d\t", j, i, i * j);
      }
```

```
        printf("\n");
    }
    return 0;
}
```

程序运行结果为：

```
1*1=1
1*2=2  2*2=4
1*3=3  2*3=6   3*3=9
1*4=4  2*4=8   3*4=12  4*4=16
1*5=5  2*5=10  3*5=15  4*5=20  5*5=25
1*6=6  2*6=12  3*6=18  4*6=24  5*6=30  6*6=36
1*7=7  2*7=14  3*7=21  4*7=28  5*7=35  6*7=42  7*7=49
1*8=8  2*8=16  3*8=24  4*8=32  5*8=40  6*8=48  7*8=56  8*8=64
1*9=9  2*9=18  3*9=27  4*9=36  5*9=45  6*9=54  7*9=63  8*9=72  9*9=81
```

从输出结果可以看出，外层循环 i 的取值每变化一次，就要完整地执行一次内层循环，如：

当外层循环 i=1 时，内层循环 j 从 1 变化到 1，j=2 时退出 j 循环，外层循环 i 增加 1；
当外层循环 i=2 时，内层循环 j 从 1 变化到 2，j=3 时退出 j 循环，外层循环 i 增加 1；
当外层循环 i=3 时，内层循环 j 从 1 变化到 3，j=4 时退出 j 循环，外层循环 i 增加 1；
当外层循环 i=4 时，内层循环 j 从 1 变化到 4，j=5 时退出 j 循环，外层循环 i 增加 1；
当外层循环 i=5 时，内层循环 j 从 1 变化到 5，j=6 时退出 j 循环，外层循环 i 增加 1；
当外层循环 i=6 时，内层循环 j 从 1 变化到 6，j=7 时退出 j 循环，外层循环 i 增加 1；
当外层循环 i=7 时，内层循环 j 从 1 变化到 7，j=8 时退出 j 循环，外层循环 i 增加 1；
当外层循环 i=8 时，内层循环 j 从 1 变化到 8，j=9 时退出 j 循环，外层循环 i 增加 1；
当外层循环 i=9 时，内层循环 j 从 1 变化到 9，j=10 时退出 j 循环，外层循环 i 增加 1；
当外层循环 i=10 时，退出外层循环。

循环嵌套的典型应用是输出图形。虽然不同的题目要求输出的图形不相同，但它们的设计思想是相似的。

【例 4.31】编写程序，要求输出图 4-20 所示的等腰三角形。

```
     *
    ***
   *****
  *******
 *********
***********
```

图 4-20　等腰三角形

分析：由图 4-20 可知，这里要输出 6 行，每行的字符由空格和星号组成，可以设一个外层循环控制输出的行数，内层循环中再嵌套两个循环，分别控制每行空格数和星号数的输出。

参考程序如下:

```
#include <stdio.h>
int main()
{
    int i,j,k;
    for(i=1;i<=6;i++)                /*外层循环,控制输出的行数*/
    {
        for(j=1;j<=6-i;j++)          /*控制输出空格数的内循环*/
            printf(" ");
            for(k=1;k<=2*i-1;k++)    /*控制输出星号数的内循环*/
                printf("*");
            printf("\n");            /*一行输出完后要换行*/
    }
    return 0;
}
```

4.5.6 循环小结

1. 三种循环的比较

(1) 事先不确定循环次数的情况下适合使用 while 和 do-while 循环;反之,用 for 循环更灵活。

(2) while 语句和 for 语句是先判断循环条件后执行循环体的结构,循环体可能一次也不执行;而 do-while 语句则是先执行一次循环体后判断循环条件的结构,即循环体至少被执行一次。

(3) while 和 do-while 循环结构的循环变量初始化的操作应在 while 和 do-while 语句之前完成,而 for 语句可以在表达式 1 中实现循环变量的初始化。

(4) while 和 do-while 循环结构的结束条件都放在 while 语句后面,循环体中应包含使循环结束的语句;而 for 循环结构的结束条件放在表达式 2 的位置上,使循环结束的操作语句主要放在表达式 3 的位置上。

(5) 这三种循环结构都可以用 break 语句终止循环,用 continue 语句结束本次循环。

【例 4.32】编写程序,求一组数的平均值。

分析:求一组数的平均值,但该组数的数据个数未知。具体实现方法为:边输入数据边统计数据个数,待输入完最后一个数据后,再输入一个“特别的数”(如 -1 等)作为数据的结束标志,表示数据输入结束,即可求得平均值。

用变量 x 存储输入的数据,n 存储数据个数,s 存储数据的累加和,先判断输入的 x 值是否等于 -1,不等于 -1 则进入循环体,执行累加计算,和存储于 s 中,将计数器 n 的值加 1。以此类推,直到输入 x 的值为 -1。循环结束后,s 中包含了所有输入(除 -1)的 x 的累加和,再除以总个数 n,即得到该组数的平均值。

参考程序 1（while 语句）：

```
#include <stdio.h>
int main()
{
   int n=0;
   float x,s=0;
   printf("x=");
   scanf("%f",&x);
   while(x!=-1)
   {
      n=n+1;
      s=s+x;
      printf("x=");
      scanf("%f",&x);
   }
   printf("平均分=%f\n",s/n);
   return 0;
}
```

参考程序 2（do-while 语句）：

```
#include <stdio.h>
int main()
{
   int n=0;
   float x,s=0;
   do
   {
      printf("x=");
      scanf("%f",&x);
      n=n+1;
      s=s+x;
      }while(x!=-1);
   n=n-1;
   s=s-x;
   printf("平均分=%f\n",s/n);
   return 0;
}
```

参考程序 3（for 语句）：

```
#include <stdio.h>
int main()
{
   int n;
   float x,s=0;
   for(n=0;; n++)
   {
      printf("x=");
      scanf("%f",&x);
      if(x==-1) break;
      s=s+x;
   }
   printf("平均分\n",s/n);
   return 0;
}
```

2. 综合应用举例

【例 4.33】打印出所有的水仙花数。所谓水仙花数是指其各位数字的立方和等于该数本身的三位数。例如：$407=4^3+0^3+7^3$，所以 407 就是一个水仙花数。

分析：假设一个三位数，其百位、十位、个位上的数分别用变量 i、j、k 来表示，则该三位数可以表示为“100*i+10*j+k”。根据定义可知，只要看它是否满足“i*i*i+j*j*j+k*k*k==100*i+10*j+k”，只要满足这个条件，它就是水仙花数。由于三位数的取值范围为 100～999，而变化是由个位开始的，然后十位，最后百位，因此可以设三个循环，最外层表示百位的变化（变化最慢），最内层表示个位的变化（变化最快）。

参考程序如下：

```
#include <stdio.h>
int main()
{
   int i,j,k;
   for(i=1;i<=9;i++)                          /*百位数的变化*/
      for(j=0;j<=9;j++)                       /*十位数的变化*/
       for(k=0;k<=9;k++)                      /*个位数的变化*/
         if(i*i*i+j*j*j+k*k*k==100*i+10*j+k)
            printf("%d%d%d\n",i,j,k);         /*将水仙花数输出*/
   return 0;
}
```

程序运行结果为：

```
153
370
371
407
```

【例 4.34】输出 Fibonacci 数列 1，1，2，3，5，8，13，…，的前 20 项。每行输出 6 个数。

通过分析题目，可以发现 Fibonacci 数列有如下特点：

（1）第一项和第二项的值均为 1，从第三项开始每一项的值都是前两项的和。

（2）用 f1、f2 表示数列中的前两项，当前项 f=f1+f2，循环计算 f1=f2，f2=f，再返回去计算当前项 f=f1+f2，直到第 20 项。

参考程序如下：

```
#include <stdio.h>
int main()
{
   int f1,f2,f,i;
   f1=1;f2=1;                        /*给第一项和第二项赋初值 1*/
   printf("\n%6d%6d",f1,f2);         /*输出第一项和第二项*/
   for(i=3;i<=20;i++)
   { f=f1+f2;                        /*第三项为前两项的和*/
      printf("%6d",f);
      if(i%6==0) printf("\n");       /*每行输出 6 个数*/
         f1=f2;                      /*将 f2 的值赋给 f1*/
         f2=f;                       /*将 f 的值赋给 f2,为下一次求和做准备*/
   }
   printf("\n");
   return 0;
}
```

程序运行结果为：

```
     1     1     2     3     5     8
    13    21    34    55    89   144
   233   377   610   987  1597  2584
  4181  6765
```

【例 4.35】百钱百鸡问题：鸡翁一，值钱五；鸡母一，值钱三；鸡雏三，值钱一；百钱买百鸡，则翁、母、雏各几何？

题目含义：公鸡五块钱一只，母鸡三块钱一只，小鸡一块钱三只，100 块钱买 100 只鸡，则公鸡、母鸡、小鸡各多少只？

分析：由于母鸡、小鸡和公鸡的数量相互限制，因此可以使用三层循环嵌套来解决此问题。

（1）定义三个整型变量 cock、hen、chicken 分别表示公鸡、母鸡和小鸡的数量。

（2）第一层 for 循环控制公鸡的数量，第二层 for 循环控制母鸡的数量，第三层 for 循环控制小鸡的数量。

（3）在三层 for 循环中，cock、hen 和 chicken 需要满足两个条件。

cock+hen+chicken=100。

5*cock+3*hen+chicken/3=100。

参考程序：

```
#include <stdio.h>
int main()
{
  int cock, hen, chicken;
  for(cock=0;cock<=20;cock++)                    /*控制公鸡的数量*/
    for(hen=0;hen<=33;hen++)                     /*控制母鸡的数量*/
      for(chick=0;chicken<=100;chicken++)  /*控制小鸡的数量*/
      {
                                                  /*将满足条件的方案，直接输出到控制台上*/
        if((5*cock+3*hen+chick/3.0==100)&&(cock+hen+chicken==100))
        printf(" 公鸡=%2d, 母鸡=%2d, 小鸡=%2d\n",cock,hen,chicken);
      }
  return 0;
}
```

程序运行结果为：

```
公鸡 = 0，母鸡 = 25，小鸡 = 75
公鸡 = 4，母鸡 = 18，小鸡 = 78
公鸡 = 8，母鸡 = 11，小鸡 = 81
公鸡 = 12，母鸡 = 4，小鸡 = 84
```

【例 4. 36】输出 1 000 以内的回文素数。

分析如下：

① 素数：只有 1 和它本身两个因子的自然数。

② 回文数：从左至右读起来与从右至左读起来相同的数，如 11、202、333 等。

③ 回文素数：回文数中的素数。

因此，一是要使用循环结构语句对 1 000 以内所有的整数进行判断；二是要使用选择结构语句判断某数是否为素数以及回文素数。设计步骤如下：

（1）先采用穷举法对 1 000 以内的所有整数进行遍历，并判断其是否为素数，即该整数能否被 1 和它自身之外的其他整数所整除，如果不能，则此数为素数。

（2）如果此数为素数，则继续判断此数是两位数还是三位数。

（3）如果是两位数，则判断其十位和个位是否相同，如果相同则说明此数为回文素数。如果是三位数，则判断其百位和个位是否相同，如果相同则说明此数为回文素数。

（4）最后将所有小于 1 000 的回文素数打印到控制台上即可。

参考程序：

```
#include <stdio.h>
int main()
{
   int num;
   int flag;                        /*flag 用来记录 num 是否为素数，1 代表是，0 代表不是*/
   int i;                           /*内层循环变量*/
   int count = 0;                   /*记录查找到的回文素数个数*/
   printf("1000 以内的回文素数有以下几个：\n");
   for(num=10;num<1000;num++)
   {
      for(i=2;i<num;i++)
      {
         flag=1;                    /*flag 默认为1*/
         if(num%i==0)               /*如果 num 能被其他数整除，表明 num 不是素数*/
         {
            flag=0;                 /*如果不符合素数要求，则把 flag 置为 0*/
            break;                  /*跳出循环*/
         }
      }
      if(flag==1)                   /*判断是不是素数*/
      {
         if(num/100==0)             /*判断是不是两位数*/
         {
            if(num/10==num%10) /*判断十位和个位是否相同*/
            {
               printf("%d\t", num);
               count++;
               if(count%4==0)
                  printf("\n");
            }
         }
         else
         {
```

```
            if(num/100==num%10)                /*判断百位和个位是否相同*/
            {
              printf("%d\t",num);
              count++;
                if(count%4==0)
                  printf("\n");
            }
          }
        }
      }
    return 0;
  }
```

程序运行结果为：

```
1 000 以内的回文素数有以下几个：
 11     101     131     151
181     191     313     353
373     383     727     757
787     797     919     929
```

习题

1. 构成 C 程序的基本结构有哪几种？

2. C 语言选择结构分哪几种？有哪几种方法可实现多重选择？

3. C 语言中终止整个循环的语句是________；结束本次循环的语句是________。

4. C 语言中至少执行一次循环体的循环语句是________；break 语句只能用于循环语句和________语句。

5. C 语言的 if 语句嵌套时，if 与 else 的配对关系是________。

A. 每个 else 总是与其前面最近的不带 else 子句的 if 子句配对

B. 每个 else 总是与最外层的 if 配对

C. 每个 else 与 if 的配对是任意的

D. 每个 else 总是与它上面的 if 配对

6. for 语句的执行顺序是________。

A. 表达式 1→表达式 2→表达式 3→循环体→表达式 1……

B. 表达式 1→表达式 2→循环体→表达式 3→表达式 2……

C. 表达式 1→循环体→表达式 2→表达式 3→表达式 1……

D. 循环体→表达式 1→表达式 2→表达式 3→表达式 2……

7. 下列关于循环语句的描述，不正确的是________。

A. 循环语句由循环条件和循环体两部分组成

B. 循环语句可以嵌套，即循环体中可以用循环语句

C. 循环语句的循环体可以是一条语句，也可以是复合语句，还可以是空语句

D. 任何一种循环语句，它的循环体至少要被执行一次

8. 以下程序的运行结果是________。

```
#include <stdio.h>
int main()
{
    int n='c';
    switch(n++)
    {
        default: printf("error"); break;
        case 'a':
        case 'b':printf("good"); break;
        case 'c':printf("pass");
        case 'd': printf("warn");
    }
    return 0;
}
```

A. pass　　B. warn　　C. pass warn　　D. error

9. 以下关于 switch 语句和 break 语句的描述，正确的是________。

A. 在 switch 语句中必须使用 break 语句

B. 在 switch 语句中，可以根据需要使用或不使用 break 语句

C. break 语句只能用于 switch 语句中

D. break 语句是 switch 语句的一部分

10. 若输入“1298”，以下程序的输出结果为________。

```
#include <stdio.h>
int main()
{
    int n1,n2;
    scanf("%d",&n2);
    while(n2!=0)
    {
        n1=n2%10;
        n2=n2/10;
        printf("%d",n1);
    }
```

```
    return 0;
}
```

A. 1298　　B. 8921　　C. 2189　　D. 2198

11. 以下程序段的输出结果是________。

```
#include <stdio.h>
int main()
{
    int a=3;
    do
    {
        printf("%3d",a-=2);
        }while(!(--a));
        return 0;
}
```

12. 以下程序的输出结果是________。

```
#include <stdio.h>
int main()
{
    int i,sum=0;
    for(i=1;i<6;i++)
        sum+=i;
    printf("%d\n",sum);
    return 0;
}
```

13. 执行以下程序段后，i 的值是________，j 的值是________，k 的值是________。

```
#include <stdio.h>
int main()
{
    int a,b,c,d,i,j,k;
    a=10;b=c=d=5;i=j=k=0;
    for(;a>b;++b) i++;
    while(a>++c) j++;
    do k++;
    while(a>d++);
    printf("%d,%d,%d\n",i,j,k);
    return 0;
}
```

14. 以下程序的输出结果是________。

```
#include <stdio.h>
int main()
{
    int m=2;
    while(m--);
    printf("%d\n",m);
    return 0;
}
```

15. 写出下列程序的运行结果________。

```
#include <stdio.h>
int main()
{
    int a=10,b=0;
    do
    {
        b=b+a;
        a--;
    }while(a>2);
    printf("%d\n",b);
    return 0;
}
```

16. 从键盘输入一个正整数 x:若 x 为奇数,输出 x*2 的值;若 x 为偶数,输出 x/2 的值。

17. 已知银行整存整取存款不同期限的月利率分别为:

$$\text{月利率}=\begin{cases}0.75\% & \text{期限一年}\\0.78\% & \text{期限二年}\\0.81\% & \text{期限三年}\\0.89\% & \text{期限五年}\\0.95\% & \text{期限八年}\end{cases}$$

要求输入本金和期限,求到期时能从银行取出的利息与本金的和。

18. 编写程序,要求输入整数 a 和 b,若 $a^2+b^2>100$,则输出 a^2+b^2 百位以上的数字,否则输出 $a+b$ 的和。

19. 已知 x 的值在 1 至 5 之间,编写程序,根据输入的 x 值,计算 y 的值。x 与 y 的函数关系如下:

$$y=\begin{cases}x+3 & (1\leqslant x<2)\\2\sin x-1 & (2\leqslant x<3)\\5\cos x-3 & (3\leqslant x<5)\end{cases}$$

20. 设计多分支选择结构程序，输入一个考试分数 f：若 f 大于或等于 90，显示“优秀”；若 f 大于或等于 80，显示“良好”；若 f 大于或等于 70，显示“中等”；若 f 大于或等于 60，显示“及格”；若 f 小于 60，显示“补考”。

21. 已知某公司员工的保底薪水为 800 元，某月所接工程的利润 profit（整数）与利润提成的关系如下（计量单位：元）：

profit < 1 000	没有提成；
1 000 ≤ profit < 2 000	提成 15%；
2 000 ≤ profit < 5 000	提成 20%；
5 000 ≤ profit < 10 000	提成 25%；
10 000 ≤ profit	提成 30%。

要求输入工程某月的利润，编写程序计算该员工这个月的薪水。

22. 输入三角形三条边的长度，判断它们能否构成三角形，若能则指出是何种三角形（等边、等腰、直角、一般）；若不能，则输出相应的信息。

23. 设计程序，求 1!+2!+3!+…+10! 的值。

24. 设计程序，求 1−3+5−7+…−99+101 的值。

25. 编写程序，输出以下图形。

```
        #####
       #####
      #####
     #####
    #####
```

26. 编写程序，输出如下所示的下三角九九乘法表。

```
1    2    3    4    5    6    7    8    9
-----------------------------------------
1
2    4
3    6    9
4    8    12   16
5    10   15   20   25
6    12   18   24   30   36
7    14   21   28   35   42   49
8    16   24   32   40   48   56   64
9    18   27   36   45   54   63   72   81
```

27. 编写程序，从输入的若干个大于零的正整数中选出最大值，用 −1 结束输入。

28. 输入 6 名学生 5 门课程的成绩，编写程序，统计每名学生 5 门课程的平均成绩。

29. 编写程序，用公式 $\frac{\pi}{4}=1-\frac{1}{3}+\frac{1}{5}-\frac{1}{7}+\frac{1}{9}-\cdots$，求 π 的近似值，直到最后一个运算量的绝对值小于 10^{-4} 为止。

第5章 数组

前面各章所使用的数据类型，如整型、实型、字符型，都属于基本数据类型，C语言除了提供基本数据类型外，还提供了构造数据类型，它们是数组类型、结构体类型和共同体类型。构造数据类型是由基本数据类型的数据按照一定的规则组成的，所以也称为“导出类型”。

数组概述

在程序设计中，为了处理方便，需要把具有相同类型的若干变量按有序的形式组织起来，这些按序排列的同类数据元素的集合称为数组类型，简称数组。在C语言中，数组属于构造数据类型。一个数组可以分解为多个数组元素，这些数组元素可以是基本数据类型，也可以是构造数据类型。按数组元素的类型可将数组分为数值数组、字符数组、指针数组、结构体数组等。本章主要介绍数值数组和字符数组，其余类型的数组在后面章节中将陆续介绍。

本章学习目标

☆ 掌握一维数组和二维数组的定义和引用方法。
☆ 掌握字符数组的定义和相关操作。
☆ 灵活应用数组解决批量数据的处理问题。

5.1 一维数组

数组就是多个具有相同数据类型的有序数据集合，可用数组名和下标变量表示数组中的元素。在程序中根据需要定义数组，用循环对数组中的元素进行操作，可以有效地处理大批量的数据，大大提高工作效率。

一维数组的定义及一般形式

5.1.1 一维数组的定义与初始化

数组和变量一样，要先定义后使用。

1. 一维数组的定义

定义一维数组的一般形式为：

数据类型 数组名[常量]

例如：int a[5];

上面的语句定义了一个名称为a的一维数组，它由5个元素组成，分别用a[0]、a[1]、a[2]、a[3]、a[4]表示，每个元素的类型都为整型。

可见，所谓的定义数组，就是定义一个数组的类型、名称、维数和大小，并分配存储单元。

说明

（1）类型可以是基本类型，也可以是已定义的自定义类型。

（2）数组和普通变量的命名规则一致。

（3）常量的个数表示数组的维数，常量的值表示数组的大小（长度），即数组元素的个数。例如：

```
int a[6];                /*整型数组，数组名为a，该数组由6个元素组成*/
float b[10],c[20];       /*实型数组b有10个元素，实型数组c有20个元素*/
```

（4）常量要用“[]”括起来。

（5）可以用常量表达式定义数组。例如：

```
#define N 10
……
int x[N],y[N];
```

上面程序段定义了两个一维数组。在实际应用中，较常用的就是一维数组，有时也会用到二维数组和多维数组。

定义数组时应注意以下几点：

（1）数组的类型实际上是指数组元素的类型，同一个数组中所有元素的类型都是相同的。

（2）由于定义数组时“[ ]”内不能用变量，只能用常量或常量表达式，因此C程序中的数组是固定大小的。例如：

```
#define FD 5
int main()
{
  int a[3+2],b[7+FD];
  ……
}
```

是合法的。但是下述说明方式是错误的：

```
int main()
{
  int n;
  scanf("%d",&n);
  int s[n];
  ……
}
```

这里有两处错误：一是函数体中定义部分在前，执行部分在后，不能交叉，这里有交叉；二是不能用变量定义数组，这里用变量定义了数组的大小。

（3）数组名不能与其他变量名重名。例如：

```
int main()
{
   char c;
   int c[10];
   ......
}
```

是错误的。

（4）允许在同一个类型说明中定义多个数组和多个变量。例如：

```
int a,b,c,d,k1[10],k2[20];
```

2. 一维数组的初始化

与一般变量一样，数组在定义时也可以初始化，数组初始化就是给数组元素赋初值。也可以先定义一个数组，然后在程序中用 for 循环为数组输入初值。

常见的一维数组的初始化有以下几种形式：

（1）定义数组时为数组的所有元素赋初值，此时可以省略数组长度。例如：

```
int a[5]={1,2,3,4,5};   或   int a[]={1,2,3,4,5};
```

即在定义数组时将 1，2，3，4，5 的值分别赋给数组元素 a[0]，a[1]，a[2]，a[3]，a[4]。

省略长度时，认为是对所有元素初始化，数值的个数即为数组的长度。

（2）对数组的部分元素赋初值，其余为 0，此时数组长度不能省略。例如：

```
int a[5]={1,2};
```

则 a[0]=1，a[1]=2，其余元素为编译系统指定的默认值 0。

（3）对数组的所有元素赋初值 0。例如：

```
int a[5]={0};   或   int a[5]={0,0,0,0,0};
```

定义数组时如果没有为数组元素赋初值，则使用前只能逐个为元素赋初值。

注意 与变量一样，如果定义数组时不进行初始化，那么数组元素的初始值是不确定的。如定义“int a[5];”，表示 a 为数组在存储空间的初始地址，从该地址开始的 5 个存储单元中所存储的数据是不确定的，编译系统不会为其设置默认值，二维数组也是如此。所以，定义数组一定要为数组元素赋初值，即在定义数组时进行数组元素的初始化，或者在程序中用 for 循环为数组元素赋初值，然后再使用。

```
例如：int a[6],i;
      for(i=0;i<6;i++)
         scanf("%d",&a[i]);
```

5.1.2　一维数组的引用

数组的使用及初始化

数组元素是组成数组的基本单元，对数组的访问是通过访问数组元素实现的。数组元素的表示形式为：

数组名 [下标 1][下标 2]…[下标 *n*]

一维数组元素可以表示为：

数组名 [下标]

数组元素也是一种变量，其标识方法为数组名加下标，也称下标变量，与同类型变量的使用方法相同。在《C 语言程序设计实验与学习辅导》中详细介绍了引用数组的注意事项。

例如：若有定义“int a[10];”，则数组 a 有 10 个元素 a[0]，a[1]，…，a[9]，每个元素的使用方法与整型变量相同，可以进行输入、输出、赋值等运算。

```
如：a[0]=10;
    scanf("%d",&a[1]);
    a[2]=a[0]+a[1];
    printf("%d\n",a[2]);
```

说明

(1) 数组元素即下标变量，即一个与同类型变量使用方法相同的变量。

(2) 下标可以是表达式。下标不同，表示的下标变量也不同。例如：

```
for(i=1;i<=10;i++)
  printf("%d,",a[i-1]);
```

这一点非常重要，读者要好好理解。

(3) 下标取值范围：0 ～(数组长度 -1)，且为整数。

(4) 一维数组就是一个向量，定义时按顺序分配存储单元。

例如：

```
int a[5];
```

内存中分配存储单元的顺序是：a[0]，a[1]，a[2]，a[3]，a[4]。

【例 5.1】求 2+4+…+100 的值。

分析：定义数组 a 用来存储 1 ～ 100 之间的 50 个偶数，即 int a[51]。

参考程序：

```
#include <stdio.h>
int main()
{
  int i,a[51],sum=0;
  for(i=1;i<=50;i++)
```

```
        a[i]=i*2;
    for(i=1;i<=50;i++)
        sum=sum+a[i];
    printf("sum=%d\n",sum);
    return 0;
}
```

程序中数组 a 的下标取值为 0 到 50,实际上没有用到元素 a[0]。

注意 (1) 由于数组元素可以看作是某个类型的变量,因此可以对变量进行的操作也同样适用于数组元素,也就是说,数组元素的使用方法与同类型变量的使用方法相同。

(2) 引用数组元素时,下标不能越界,否则结果难以预料。

例如:

```
int a[3];
```

数组 a 只有 a[0]、a[1]、a[2] 这 3 个元素,a[3] 可用但非数组元素。

(3) 数组元素也称为下标变量。必须先定义数组,才能使用下标变量。在 C 语言中只能逐个地使用下标变量,而不能引用整个数组(字符数组除外,参阅本章 5.3 节)。

例如:使用循环语句输出包含 10 个元素的数组。

```
for(i=0; i<10; i++)
    printf("%d",a[i]);
```

不能试图用一条语句输出整个数组,比如下面的写法是错误的:

```
printf("%d",a);
```

(4) 数组元素和数组定义在形式上有些相似,但两者具有完全不同的含义。

首先,数组定义的方括号中给出的是某一维的长度,而数组元素中的下标是该元素在数组中的位置标识。例如:

```
int a[5];              /*代表该数组由 5 个元素组成*/
s=a[2];                /*代表把该数组的第 3 个元素 a[2] 的值赋值给变量 s*/
```

其次,数组定义时要有数据类型说明,而在引用数组元素时不需要。

最后,定义数组时,"[ ]" 内只能是常量,使用数组元素时下标可以是常量、变量或表达式。

5.1.3 一维数组的应用

典型排序算法

排序问题是一维数组的典型应用之一,就是把一组数据按照从大到小(降序),或者从小到大(升序)的顺序重新排列。设计程序时,一般将需要排序的数据存放在一维数组中,通过不同的算法来实现,这里先介绍两种。

1. 冒泡法排序

冒泡法排序是从数组的第 0 个元素开始，将相邻的两个数组元素进行比较，即比较 a[j] 和 a[j+1] 的值，如果 a[j]>a[j+1]，则交换 a[j] 和 a[j+1] 的值，使较小的数逐渐从后面移到前面，就像水中的气泡逐渐往上冒一样，大数逐渐移到最后。

【例 5.2】采用“冒泡法”对 10 个整数按由小到大的顺序排序。

分析：用数组 a[i]（i=0, 1, …, 9）表示这 10 个数，i、j、t 为中间变量。

排序过程：① 比较第一个数与第二个数，若 a[0]>a[1]，则交换两个数的值；然后比较第二个数与第三个数；以此类推，直至第 n-1 个数和第 n 个数比较完——第一趟冒泡排序结束，最大的数被安置在最后一个元素的位置上。② 对前 n-1 个数进行第二趟冒泡排序，次大的数被安置在第 n-1 个元素的位置上。③ 重复上述过程，直至 n-1 趟排序后结束。

参考程序：

```
#include <stdio.h>
int main()
{
  int a[10],i,j,t;
  for(i=0;i<10;i++)
  {
    printf("No.%d:",i);
    scanf("%d",&a[i]);
  }
  for(i=0;i<9;i++)
    for(j=0;j<9-i;j++)
      if(a[j]>a[j+1])
      {
        t=a[j];a[j]=a[j+1];a[j+1]=t;
      }
  for(i=0;i<10;i++)
    printf("%d",a[i]);
  return 0;
}
```

根据本例程序，请读者思考：如果待排序的数组元素本身是有序的，程序还会执行吗？如果执行的话是没有意义的，那对于排好序的数组元素如何提前结束程序执行呢？

对于上述问题，读者可以参考《C 语言程序设计实验与学习辅导》中的提示来尝试解决。

2. 选择法排序

选择法排序是从第 0 个元素开始，将数组的每个元素同其后面剩余的元素进行比较，并把较小的数逐步向前放。

【例 5.3】采用“选择法”对 10 个整数按由小到大的顺序排序。

排序过程：从第 1 个数开始到第 10 个数找出最小数的下标计入 k，然后与第 1 个数交换；

从第 2 个数开始到第 10 个数找出最小数的下标，然后与第 2 个数交换；以此类推，直到从第 9 个数开始到第 10 个数找出最小数的下标，然后与第 9 个数交换；共查找(10-1)次最小数并交换，排序结束。

参考程序：

```
#include<stdio.h>
int main(void)
{
  int a[10];
  int i,j,t,k;
  for(i=0; i<10; i++)
    scanf("%d",&a[i]);                    /*输入 10 个数*/
  for(i=0; i<9;i++ )
  {
    k=i;                                  /*存储最小值的下标*/
    for(j=i+1; j<10; j++)
      if(a[k]>a[j] ) k=j;
    if(k!=i)
    {
      t=a[i]; a[i]=a[k]; a[k]=t;
    }
  }
    for(i=0; i<10; i++)
    printf("%4d",a[i]);                   /*显示排序后的结果*/
  return 0;
}
```

程序中第二个 for 循环是一个双重循环结构，它是该程序的核心，该程序段较难理解，请读者仔细阅读。

【例 5.4】编写程序，找出一组整数中的最大数。

分析：用变量 *n* 表示数的个数，用一维数组 x[i]（i=1,2,…,*n*）来存储这一组数，用 max 指向这一组数中的最大数。传统流程图如图 5-1 所示。

参考程序：

```
#include <stdio.h>
int main()
{
  int n,i,x[100],max;
  printf("n=");
  scanf("%d",&n);
```

```
    for(i=1;i<=n;i++)
    {
        printf("No.%d:",i);
        scanf("%d",&x[i]);
    }
    max=x[1];
    for(i=2;i<=n;i++)
        if(max<x[i])
            max=x[i];
    printf("max=%d\n",max);
    return 0;
}
```

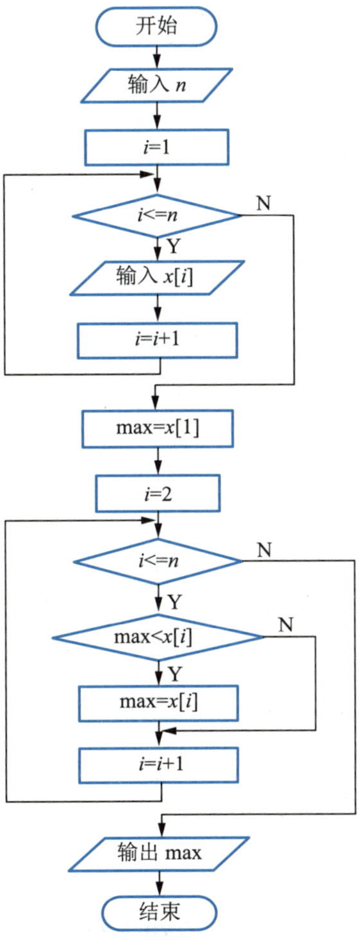

图 5-1 例 5.4 的传统流程图

编写程序前，应在输入语句前尽可能多地给出一些提示，以方便指引用户完成与程序的交互。根据本例程序，请读者思考下列问题的程序设计：

（1）找出一组整数中的最大数及其位置。

（2）找出一组整数中的最大数、最小数及其位置。

对于上述问题的解题思路，可以参考《C 语言程序设计实验与学习辅导》中的提示信息。

【例 5.5】某数列前两项分别是 0 和 1，从第三项开始，每一项是前两项之和，求该数列的前 20 项及其和。

典型例题

分析：用 f[20] 存储该数列前 20 项数据，f[0]=0，f[1]=1，f[i]=f[i-2]+f[i-1]（i=2,3,…,19），若用变量 sum 表示和，则 sum=sum+f[i]。

参考程序：

```
#include <stdio.h>
int main()
{
   int i;
   float sum=0,f[20]={0,1};
   for(i=2;i<20;i++)
      f[i]=f[i-2]+f[i-1];
   for(i=0;i<20;i++)
   {
      printf("%10.2f",f[i]);
      sum=sum+f[i];
   }
   printf("\nsum=%10.2f\n",sum);
   return 0;
}
```

可以将程序中的两条循环语句合并成下面的一条循环语句：

```
for(i=2;i<20;i++)
{
   f[i]=f[i-2]+f[i-1];
   printf("%10.2f",f[i]);
   sum=sum+f[i];
}
```

注意 这样修改后，sum 并没有累加前两项。

5.2 二维数组

5.2.1 二维数组的定义与初始化

二维数组

和一维数组一样，要使用二维数组来存放数据，必须先定义二维数组。

1. 二维数组的定义

```
数据类型 数组名[行数][列数]
```

例如：

```
int b[3][5];
```

定义了一个二维数组 b，它有 3 行，每行有 5 列，共有 3×5 个数组元素。

二维数组就是一个矩阵，如图 5-2 所示，定义时按行分配存储单元。数组 b 中的元素在内存中分配存储单元的顺序依次是：b[0][0]，b[0][1]，…，b[0][4]，b[1][0]，b[1][1]，…，b[1][4]，…，b[2][0]，b[2][1]，…，b[2][4]。

由此可见，二维数组和一维数组类似，可以把二维数组看成一种特殊的一维数组，即二维数组的每个元素又是一个一维数组。对于一维数组和二维数组在内存中的存储方式，参见《C语言程序设计实验与学习辅导》相应章节的内容来加深理解。

b[0][0]	b[0][1]	b[0][2]	b[0][3]	b[0][4]	← 第 0 行，行下标全是 0
b[1][0]	b[1][1]	b[1][2]	b[1][3]	b[1][4]	← 第 1 行，行下标全是 1
b[2][0]	b[2][1]	b[2][2]	b[2][3]	b[2][4]	← 第 2 行，行下标全是 2
↑ 第 0 列	↑ 第 1 列	↑ 第 2 列	↑ 第 3 列	↑ 第 4 列	

图 5-2 数组 b 中的元素表示

2. 二维数组的初始化

二维数组的初始化有以下几种常见形式：

（1）分行给二维数组中的所有元素赋初值。例如：

```
int a[2][4]={{1,2,3,4},{5,6,7,8}};
```

数组各元素为：

$$\begin{pmatrix} 1 & 2 & 3 & 4 \\ 5 & 6 & 7 & 8 \end{pmatrix}$$

（2）不分行给二维数组中的所有元素赋初值。例如：

```
int a[2][4]={1,2,3,4,5,6,7,8};
```

数组各元素为：

$$\begin{pmatrix} 1 & 2 & 3 & 4 \\ 5 & 6 & 7 & 8 \end{pmatrix}$$

（3）给二维数组中的所有元素赋初值，二维数组第一维的长度可以省略，但第二维不能省略。编译程序可根据数据总个数和第二维的长度计算出第一维的长度。例如：

```
int a[][4]={1,2,3,4,5,6,7,8};    或    int a[][4]={{1,2,3,4},{5,6,7,8}};
```

（4）为部分元素赋初值，没有初始化的元素，默认的初始值为 0。例如：

```
int a[2][4]={{1,2},{0,5}};
```

数组各元素为：

$$\begin{pmatrix} 1 & 2 & 0 & 0 \\ 0 & 5 & 0 & 0 \end{pmatrix}$$

注意 与一维数组一样，可以在定义二维数组时对数组元素进行初始化，也可以在程序中用 for 循环为数组元素赋初值，然后再使用。

```
例如：int b[3][4];
    for(i=0;i<3;i++)
      for(j=0;j<4;j++)
        scanf("%d",&b[i][j]);
```

【例 5.6】求一个 3×3 方阵主对角线的元素之和。

分析：用二维数组 a[3][3] 表示方阵，则 s=a[0][0]+a[1][1]+a[2][2]，即 sum=sum+a[i][i]（i=0,1,2）。

参考程序：

```
#include <stdio.h>
int main()
{
  int a[3][3];
  int i,sum=0;
  printf("Please input data:\n");
   for(i=0;i<3;i++)
      scanf("%d%d%d",&a[i][0],&a[i][1],&a[i][2]);
   for(i=0;i<3;i++)
      printf("%d%d%d\n",a[i][0],a[i][1],a[i][2]);
   for(i=0;i<3;i++)
      sum=sum+a[i][i];
   printf("sum=%d\n",sum);
   return 0;
}
```

程序运行结果为：

```
Please input data:
12 34 54 43 12 76 54 10 12
12 34 54
43 12 76
54 10 12
sum=36
```

5.2.2 二维数组的应用

【例 5.7】求矩阵 $\boldsymbol{a}=\begin{bmatrix}3 & 5 & 7\\5 & 8 & 3\end{bmatrix}$ 的转置矩阵 $\boldsymbol{b}$。

参考程序：

```
#include <stdio.h>
int main()
{
  int i,j,a[2][3],b[3][2];
  for(i=0;i<=1;i++)
    for(j=0;j<=2;j++)
    {
      printf("a(%d,%d)=",i+1,j+1);
      scanf("%d",&a[i][j]);                    /*输入两行三列的矩阵*/
      b[j][i]=a[i][j];                         /*将数组元素对应位置进行转置*/
    }
  for(i=0;i<=2;i++)                            /*输出三行两列的转置矩阵*/
  {
    for(j=0;j<=1;j++)
      printf("%d\t",b[i][j]);
    printf("\n");
  }
  return 0;
}
```

程序中用数组 a、数组 b 表示矩阵 ***a*** 及其转置矩阵 ***b***，数组元素的下标与用什么变量表示无关，与其值有关。&a[i][j] 是取数组元素的值。

【例 5.8】学生成绩管理。某班某学期的成绩见表 5-1，求每门课和每名学生的平均成绩。

表 5-1 学生成绩管理表

姓 名	课 程						学生平均成绩
	课程 1	课程 2	课程 3	课程 4	课程 5	课程 6	
张 三	78	86	78	89	90	88	
李 四	86	83	95	82	91	84	
王 五	75	84	92	84	92	79	
张 军	83	92	85	84	93	89	
课程平均成绩							

分析：用变量 m、n 分别表示学生的数量和课程数，用二维数组 a[m+2][n+2] 表示某名学生某门课程的成绩，其中 a[i][j] 表示第 i 名学生的第 j 门课程的成绩（i=1,2,…,m，j=1,2,…,n），a[i][n+1] 表示第 i 名学生的平均成绩，a[m+1][j] 表示第 j 门课程的平均成绩。

参考程序：

```
#include <stdio.h>
int main()
```

```
{
    int m,n,i,j;
    float a[35][10]={0};                       /*定义二维数组,存储多名学生多门课的成绩*/
    printf("m,n=");
    scanf("%d,%d",&m,&n);                      /*输入学生的人数和课程数*/
    for(i=1;i<=m;i++)
        for(j=1;j<=n;j++)
        {
            printf("a[%d][%d]=",i,j);
            scanf("%f",&a[i][j]);              /*输入 m 名学生的 n 门课成绩*/
        }
    for(i=1;i<=m;i++)
    {
        for(j=1;j<=n;j++)
            a[i][n+1]=a[i][n+1]+a[i][j];       /*统计第 i 名学生的总成绩(n 个成绩相加)*/
            a[i][n+1]=a[i][n+1]/n;             /*统计第 i 名学生的平均成绩*/

    }
    for(j=1;j<=n;j++)
    {
        for(i=1;i<=m;i++)                      /*统计第 j 个课程的成绩(m 个成绩相加)*/
            a[m+1][j]=a[m+1][j]+a[i][j];
            a[m+1][j]=a[m+1][j]/m;             /*统计第 j 门课的平均成绩*/
    }
    for(i=1;i<=m+1;i++)
    {
        for(j=1;j<=n+1;j++)
            printf("%10.2f",a[i][j]);          /*输出统计结果*/
        printf("\n");
    }
    return 0;
}
```

请读者分析：结果中 a[m+1][n+1] 元素的值是什么意思，哪来的值？

5.3 字符数组

字符数组

字符数组是用来存放字符型数据的数组。每个数组元素的值都是单个字符，相当于一个字符型变量，占用一个字节的存储空间。之所以把字符数组作为单独的一节来介绍，是因为字符型变量只能存放一个字符，而字符串必须用字符数组来存储。另外，字符数组和其他数组相比，又有许多独特的地方。

5.3.1 字符数组的定义

字符数组定义的一般形式：

```
char 数组名 [常量1][常量 2]…[常量 n]
```

例如：

```
char a[5],char b[3][5];
```

定义了一个一维的字符数组 a，有 5 个元素，分别是 a[0]，a[1]，a[2]，a[3]，a[4]，可以存储 5 个字符型数据。还定义了一个二维的字符数组 b，有 3×5 个元素。

字符数组的定义方法与前面介绍的数组的定义方法一样。字符数组也分为一维字符数组和多维字符数组。一维字符数组用于存放一个字符串，二维字符数组用于存放多个字符串，可以看作是多个一维字符串数组。

由于字符型数据和整型数据可以通用，因此可以定义一个整型数组 int c[5] 来存放字符型数据，但每个数组元素占 4 个字节的内存单元，浪费存储空间。

5.3.2 字符数组的初始化

字符数组的初始化和前面介绍的普通数组的初始化方法一样，既可以在定义数组时对数组元素进行初始化，也可以先定义数组再用循环为数组元素赋初值。

定义数组时对数组元素进行初始化的方法有两种。

1. 用字符型数据初始化数组

例如，一维数组初始化：

```
char c[5]={'h','e','l','l','o'};
```

赋值后各元素的值为：

h	e	l	l	o
c[0]	c[1]	c[2]	c[3]	c[4]

例如，二维数组初始化：

```
char c[4][4]={{'a'},{'a','b'},{'a','b','c'},{'a','b','c','d'}};
```

赋值后各元素的值为：

c[0]	a	\0	\0	\0
c[1]	a	b	\0	\0
c[2]	a	b	c	\0
c[3]	a	b	c	d

注意 (1) 每个字符要用单引号引起来,字符型数据之间用逗号隔开。

(2) 如果初值个数大于数组长度,按语法错误处理。如果初值个数小于数组长度,则只给前面的几个元素赋值,其余的元素自动定义为空字符('\0')。例如:

```
char c[5]={'b','o','y'};
```

赋值后各元素的值为:

b	o	y	\0	\0
c[0]	c[1]	c[2]	c[3]	c[4]

(3) 当初值个数等于数组长度时,可以省略数组长度。例如:

```
char c[ ]={'h','e','l','l','o'};
```

2. 用字符串常量给数组赋值

例如:

```
char c[6]={"hello"};  或  char c[6]="hello";  或  char c[]="hello";
```

都是一样的。都相当于

```
char c[6]={'h','e','l','l','o','\0'};
```

赋值后各元素的值为:

h	e	l	l	o	\0
c[0]	c[1]	c[2]	c[3]	c[4]	c[5]

也可以定义和初始化一个二维数组,例如:

```
char fruit[][7]={"orange","apple","grape","pear"};
```

赋值后各元素的值为:

fruit[0]	o	r	a	n	g	e	\0
fruit[1]	a	p	p	l	e	\0	\0
fruit[2]	g	r	a	p	e	\0	\0
fruit[3]	p	e	a	r	\0	\0	\0

注意 (1) 用双引号把字符串引起来,大括号可以省略。

(2) 系统会在字符串常量的末尾自动加 '\0'(ASCII 码为 0 的空字符)作为字符串的结束标志。在用字符串为数组赋值时,数组长度应至少比字符串长度大 1,否则按语法错误处理。例如:

```
char ch[9]= "people";
```

赋值后各元素的值为:

p	e	o	p	l	e	\0	\0	\0
ch[0]	ch[1]	ch[2]	ch[3]	ch[4]	ch[5]	ch[6]	ch[7]	ch[8]

5.3.3 字符数组的访问

访问字符数组，就是对字符数组元素的引用，方法和其他数组一样。

【例 5.9】输出一个字符串。

参考程序：

```
#include <stdio.h>
int main()
{
   char a[10]={'I',' ','a','m',' ','h','a','p','p','y'};
   int i;
   for(i=0;i<10;i++)
      printf("%c",a[i]);
   printf("\n");
   return 0;
}
```

程序运行结果为：

```
I am happy
```

【例 5.10】输出一个字符串。

参考程序：

```
#include <stdio.h>
int main()
{
   char a[10]={"Student"};
   int i=0;
   while(a[i]!='\0')
      putchar(a[i++]);
   putchar('\n');
   return 0;
}
```

程序运行结果为：

```
Student
```

【例 5.11】运行程序，输出结果。

参考程序：

```
#include<stdio.h>
int main()
{
   int i,j;
```

```
    char a[][6]={{'P','A','S','C','A','L'},{'S','Y','S','T','E','M'}};
    for(i=0;i<=1;i++)
    {
        for(j=0;j<=4;j++)
            printf("%c",a[i][j]);
        printf("\n");
    }
    return 0;
}
```

程序运行结果为：

```
PASCA
SYSTE
```

5.3.4 字符串常量及结束标志

在C语言中，字符型变量只能存放一个字符，而程序中常用到的是字符串，字符串一般作为字符数组来处理。数组的处理与循环密不可分，要想知道循环的次数就必须知道数组的长度，字符数组也不例外，只不过在实际生活中，字符数组的长度与字符串的实际长度是不相等的，而我们更关心的是字符串的实际长度。所以，C语言定义了一个字符串结束标志——'\0'(ASCII码为0的空字符)。存储字符串时总是在字符串的末位自动加一个'\0'，表示该字符串结束，字符串的实际长度就是'\0'前面的字符个数。

例如：

```
char c[5]={'c','h','i','n','a'};
```

没有'\0'，在输出时就得用下面的for语句：

```
for(i=0;i<5;i++)
    printf("%c",c[i]);
```

如果是

```
char c[10]={'c','h','i','n','a','\0'};
```

就可以直接用printf()函数和后面要讲到的格式符%s来输出：

```
printf("%s",c);
```

不输出'\0'，'\0'仅表示字符串结束。

“printf("%s",c);”与下面的程序段效果一样：

```
i=0;
while(c[i]!='\0')
    putchar(c[i++]);
```

对于字符串常量，系统会自动地加一个'\0'作为结束符。例如“hello everyone!”加上空格和标点符号共有15个字符，但在内存中占16字节，最后一个字节'\0'是系统自动加上的。可以说，有了结束标志'\0'后，字符数组的长度就显得不那么重要了，系统可以通过检测'\0'来判定字符串是否结束。但在定义字符数组时，要预先估计字符串的实际长度，保证数组长度始终大于字符串的实际长度。

需要说明的是：字符数组并不要求它的最后一个字符为 '\0'，甚至可以不包含 '\0'，上面的例子“char c[5]={'c','h','i','n','a'};”是合法的，只是这种形式的数组只能用 for 循环来输出，而不能用格式符“%s”输出。是否需要加 '\0' 可根据需要自行决定，由于编译系统会在字符串常量的末位自动加一个 '\0'，因此，为了使处理方法一致，通常会在处理字符数组时人为地加上 '\0'，以便在程序中做统一处理。

5.3.5 字符数组的输入/输出

数组与循环是密不可分的，通常一维数组用单层循环来处理，二维数组用嵌套循环来处理。字符数组既可以和数值数组一样，固定循环次数，也可以不固定循环次数，以 '\0' 作为循环结束的条件。因此，字符数组的输入/输出有两种方法：

1. 用格式符“%c”逐个输入/输出数组元素

【例 5.12】输入/输出数组元素。

```
#include <stdio.h>
int main()
{
    char c[7];
    int i;
    for(i=0;i<7;i++)
        scanf("%c",&c[i]);
    for(i=0;i<7;i++)
        printf("%c",c[i]);
    return 0;
}
```

程序运行结果为：

```
Teacher
Teacher
```

注意 (1) 执行“for(i=0;i<7;i++) scanf("%c",&c[i]);”语句时，正确的数据输入是一次输入 7 个或 7 个以上的字符，然后回车。若输入的数据不足 7 个，则将回车也作为字符数据进行读取，然后继续等待输入。

(2) 在做输入操作时，字符与字符之间不必再加空格，空格会占用 1 字节的存储空间，除非要输入的数据原来就有空格，否则，将会得到不想要的结果。比如在例 5.12 中，想要的结果是“Teacher”，那么就输入“Teacher”；如果输入“T e a c h e r”，那么得到的结果就变成了“T e a c”。

(3) 可以在 printf() 函数中用格式符“%c”输出字符数组元素，也可以用 putchar() 函数输出。

2. 用格式符“%s”实现字符串的输入/输出

若字符串以 '\0' 作为结束标志，用格式符“%s”输入/输出一个字符串变得非常简单。例如字符串的输出：

```
char c[]="teacher";
printf("%s",c);
```

执行时将输出“teacher”，它相当于：

```
int i=0;
char c[]="teacher";
while(c[i]!='\0')
{
    printf("%c",c[i]);
    i=i+1;
}
```

用格式符“%s”输出字符串时，输出的内容是字符数组名。在 C 语言中，数组名表示系统分配给数组存储单元的首地址。“printf("%s",c);”就是从地址 c 单元开始输出一个字符串（即按“%c”格式输出到 '\0' 为止）。

例如：

```
char c[10];
scanf("%s",c);
printf("%s",c);
```

执行结果如下：

```
Teacher
Teacher
```

执行“scanf("%s",c);”时，将读取从键盘输入键盘缓冲区的一个字符串（空格或回车结束一串字符），存储到从 c 开始的内存单元中。

注意 （1）由于数组名代表数组的起始地址，因此在 c 前面不能再加取地址运算符“&”。如果写成“scanf("%s",&c);”，则是错误的。

（2）输入字符串时，空格或回车可作为一个字符串的结束。

如执行“scanf("%s",c);”时输入“tea cher”，则数组 c 得到的是“tea”，并在最后自动加上字符串结束标志 '\0'。

（3）输入时不受字符数组长度的影响，可以突破字符串的长度。

若输入“abc123456789”，将从地址 c 开始存放这个字符串，并在最后加上 '\0'。输出的也是“abc123456789”，但数组 c 仅存放了前 10 个字符。

（4）如果用一个 scanf() 函数输入多个字符串，在输入时用空格分开。如：

```
char a[10],b[10];
```

```
scanf("%s%s",a,b);
```

输入时两个字符串用空格或回车分开。即

```
teacher student
```

或

```
teacher
student
```

（5）如果字符数组中包含一个以上的 '\0'，则遇到第一个 '\0' 时输出就结束。如：

```
char c[8]={ 'a','b','c','\0','d','e'};
printf("%s",c);
```

则数组在内存中的存储状态为：

a	b	c	\0	d	e	\0	\0

输出结果为：abc。

用“%s”格式输入字符时比较难以理解，读者要认真分析，多上机实验。也可以将“scanf("%s",c);”的执行过程理解为：

```
int i=0;
char a,c[10];
while((a=getchar())!='\n'||a!=' ')
{
   c[i]=a;
   i=i+1;
}
```

请读者仔细分析一下执行过程。

5.3.6　字符串处理函数

字符型数组处理函数

C 语言库中有丰富的字符串处理函数，如输入函数、输出函数、合并函数、修改函数、比较函数、转换函数、复制函数、搜索函数等。使用库函数可以大大减轻编程的负担。

字符串输入/输出函数包含在 "stdio.h" 头文件中，其他字符串函数则包含在 "string.h" 头文件中，使用时应用 #include 命令将头文件包含到程序中来。下面介绍几个最常用的字符串函数。

1. **字符串输出函数 puts()**

一般形式：

```
puts(字符数组名)
```

功能：输出字符数组中的所有字符（即字符串）。

```
例如：char c[10]="china";
```

```
    puts(c);
```

“puts(c);”相当于“printf("%s\n",c);”。

与下列程序段功能相同：

```
i=0;
while(c[i]!='\0')
    putchar(c[i++]);
putchar('\n');
```

【例 5.13】用 puts() 函数编写程序，输出一个字符串。

```
#include <stdio.h>
int main()
{
    char ch[]="shandong\njinan";
    puts(ch);
    return 0;
}
```

程序运行结果为：

```
shandong
jinan
```

从程序中可以看出，由于 puts() 函数中可以使用转义字符，因此输出结果为两行。用 puts() 函数输出字符串时遇到 '\0' 结束。puts() 函数完全可以由 printf() 函数代替。但当字符串需要按一定格式输出时，通常使用 printf() 函数。

2. 字符串输入函数 gets()

一般形式：

```
gets(字符数组名)
```

功能：读取从键盘上输入的一个字符串，存入字符数组。本函数的返回值为该字符数组的首地址。

“gets(c);”相当于“scanf("%s",c);”。

【例 5.14】编写程序输入一个字符串，然后再输出。

```
#include <stdio.h>
int main()
{
    char ch[15];
    printf("Input string:");
    gets(ch);
    puts(ch);
    return 0;
```

```
}
```

程序运行结果为：

```
Input string:I am a teacher
I am a teacher
```

从程序中可以看出，当输入的字符串中含有空格时，输出结果仍为全部字符串。这说明 gets() 函数并不以空格作为字符串输入结束的标志，而只以回车作为输入结束标志。这一点与 scanf() 函数不同。

注意 用 puts() 和 gets() 函数只能输出或输入一个字符串，即 puts() 和 gets() 函数的参数只能有一个。“puts(ch1,ch2);” 或 “gets(ch1,ch2);” 都是错误的。

3. 字符串连接函数 strcat()

一般形式：

```
strcat(字符数组名，字符串表达式)
```

功能：把字符串表达式中的字符串连接到字符数组中字符串的后面形成一个新的字符串。本函数的返回值是字符数组的首地址。

【例 5.15】连接两个字符串。

```
#include <stdio.h>
#include <string.h>
int main()
{
    char ch1[20]="Welcome to";
    char ch2[10];
    printf("input your name:");
    gets(ch2);
    strcat(ch1,ch2);
    puts(ch1);
    return 0;
}
```

程序运行结果为：

```
input your name:Beijing
Welcome to Beijing
```

本程序把初始化的字符数组与动态赋值的字符串连接起来。要注意的是，定义字符数组时，数组的长度应足以容纳连接后的字符串。

4. 字符串复制函数 strcpy()

一般形式：

```
strcpy(字符数组名,字符串表达式)
```

功能：把字符串表达式中的值复制到字符数组中，包括字符串结束标志 '\0'。该函数的返回值是字符数组的首地址。

【例 5.16】复制一个字符串。

```
#include <stdio.h>
#include <string.h>
int main()
{
    char ch1[15]= "abcdefghijklmn", ch2[]="C Language";
    strcpy(ch1,ch2);
    puts(ch1);
    printf("\n");
    return 0;
}
```

程序运行结果为：

```
C Language
```

因为字符数组 ch2 的结束标志 '\0' 也一同复制到字符数组 ch1 中，所以 ch1 的值为：

```
"C Language\0lmn\0"
```

在输出 ch1 时遇到第一个 '\0' 则输出结束。

注意 （1）本函数要求字符数组应有足够的空间存放被复制的字符串。

（2）不能用赋值语句将一个字符型常量或字符数组直接赋值给另一个字符数组，只能用 strcpy() 函数将一个字符串或字符数组赋值给另一个字符数组。

如果 ch1 和 ch2 是两个字符数组，那么，“ch1="English";” 和 “ch1=ch2;” 都是错误的；正确的方法是 “strcpy(ch1,"English");” 和 “strcpy(ch1,ch2);”。

（3）也可以使用 strcpy() 函数复制字符串的一部分。如：

```
char c[10]="12345";
strcpy(c,"abc",2);
puts(c);
```

执行结果为：

```
ab345
```

可见，strcpy() 函数可以复制一部分内容（不包括 '\0' ）。

5. 字符串比较函数 strcmp()

一般形式：

```
strcmp(字符数组名1, 字符数组名2)
```

功能：从左向右依次比较两个字符串对应位置的字符，当出现不同字符时比较结束，返回不同字符的 ASCII 码差值。

因此，返回值大于 0 时，字符串 1 大于字符串 2；返回值等于 0 时，字符串 1 等于字符串 2；返回值小于 0 时，字符串 1 小于字符串 2。

本函数中的两个参数可以是字符数组名，也可以是字符串常量。

例如："strcmp("abcedf","abcdef")" 的值为 1，是字符 'e' 与字符 'd' 的 ASCII 码差值。

【例 5.17】比较两个字符串的大小。

```
#include <stdio.h>
#include <string.h>
int main()
{
   int n;
   char ch1[15],ch2[]="China Beijing";
   printf("ch2 :");
   puts(ch2);
   printf("input ch1:");
   gets(ch1);
   n=strcmp(ch1,ch2);
   if(n>0) printf("ch1>ch2\n");
   if(n==0) printf("ch1=ch2\n");
   if(n<0) printf("ch1<ch2\n");
   return 0;
}
```

程序运行结果为：

```
ch2:China Beijing
input ch1:Ajlksjkkd
ch1<ch2
```

本程序将输入的字符串和数组 ch2 中的字符串进行比较，比较结果返回到 n 中，根据 n 的值输出结果。当输入"Ajlksjkkd"时，两个字符串第 1 位的字符分别是"A"和"C"，由 ASCII 码可知"A"小于"C"，故 n=-2<0，输出结果"ch1<ch2"。

6. 测字符串长度函数 strlen()

一般形式：

```
strlen(字符数组名)
```

功能：测字符串的实际长度（不含字符串结束标志 '\0'），并作为函数返回值。

例如："strlen("China")" 的值是 5，而不是 6。

【例 5.18】测一字符串长度。

```
#include <stdio.h>
#include <string.h>
int main()
{
    int n;
    char ch[]="telephone number";
    n=strlen(ch);
    puts(ch);
    printf("The length of the string is %d\n",n);
    return 0;
}
```

程序运行结果为：

```
telephone number
The length of the string is 16
```

5.4 综合应用举例

【例 5.19】输入一个选手的 10 个评分，求最终得分。最终得分为总得分去掉最高分和最低分后的平均分。

程序分析：定义一个数组 score[10]，存储选手的 10 个评分。计算 10 个评分的总分 sum，然后在 score 中找出最高分 max 和最低分 min，最后求得的平均分即为该选手的最终得分。

```
#include<stdio.h>
void main()
{
    float score[10], max, min, sum, avg;
    sum=0;
    for(int i=0; i<10; i++)
    {
        printf("请输入评分 %d:", i+1);
        scanf_s("%f", &score[i]);
        sum+=score[i];                          /*总分*/
    }
    /*求最高分和最低分*/
    max=min=score[0];
    for(int i=1; i<10; i++)
```

```
    {
        if(score[i]>max)
        {
            max=score[i];
        }
        else if(score[i]<min)
        {
            min=score[i];
        }
    }
    avg=(sum-max-min)/(10-2);
    printf("此选手的最终得分为 %.2f", avg);
}
```

【例 5.20】编程实现两个字符串的连接。要求：不使用库函数 strcat()。

```
#include <stdio.h>
int main()
{
    char a[30]="shandong",b[]="jinan";
    int i=0,j=0;
    while(a[i])
        i=i+1;
    while(b[j])
    {
        a[i]=b[j];
        i=i+1;
        j=j+1;
    }
    a[i]='\0';
    puts(a);
    return 0;
}
```

程序运行结果为：

```
shandongjinan
```

也可以将程序简化成下列程序：

```
#include <stdio.h>
int main()
```

```
{
    char a[30]="shandong",b[]="jinan";
    int i=0,j=0;
    while(a[++i]);
    while(b[j])
        a[i++]=b[j++];
    a[i]='\0';
    puts(a);
    return 0;
}
```

特别注意程序中的循环条件,"while(a[++i]);"相当于"while(a[++i]!='\0');",也相当于"while(a[++i]!=0);",即找到字符串的结束位置。后一个循环也是同样的道理。

【例 5.21】编程实现将一个字符串复制到另一个字符串中。要求:不使用库函数 strcpy()。

```
#include <stdio.h>
int main()
{
    char a[]="shandong",b[]="jinan";
    int i=0;
    while(b[i])
    {
        a[i]=b[i];
        i=i+1;
    }
    a[i]='\0';
    puts(a);
    return 0;
}
```

程序运行结果为:

```
jinan
```

【例 5.22】编程比较两个字符串的大小。要求:不使用库函数 strcmp()。

```
#include <stdio.h>
int main()
{
    char a[]="shandong",b[]="shanghai";
    int i=0,n;
    while(a[i]==b[i]&&a[i]!='\0'&&b[i]!='\0')
```

```
        i=i+1;
    n=a[i]-b[i];
    if(n>0) printf("%s>%s\n",a,b);
    if(n==0) printf("%s=%s\n",a,b);
    if(n<0) printf("%s<%s\n",a,b);
    return 0;
}
```

程序运行结果为：

```
shandong<shanghai
```

习题

1. 如果调用 gets() 函数，需要使用预处理命令__________；将字符串 s1 复制到字符串 s2 中的语句是__________。

2. 若有定义“int a[3][4]={{1,2},{0},{4,6,8,10}};”，则初始化后，a[1][1] 的值是______，a[2][2] 的值是______。

3. C 语言中只能逐个引用数组______，而不能一次引用______数组。

4. 二维数组在存储过程中按______存储，字符串用______存储。

5. 下列程序段运行后，屏幕输出为______。

```
char str[]="ab\\cd";
printf("%d",strlen(str));
```

A. 4　　B. 5　　C. 6　　D. 7

6. 下列定义一维整型数组 a 的程序段，正确的是______。

A. int a(10);

B. int n=10,a[n];

C.
```
int n;
int a[n];
scanf("%d",&n);
```

D.
```
#define SIZE 10
int a[SIZE];
```

7. 若二维数组 a 有 m 列，则在 a[i][j] 前的元素个数为______。

A. j*m+i　　B. i*m+j　　C. i*m+j−1　　D. i*m+j+1

8. 有两个字符数组 a、b，则以下正确的输入语句是______。

A. gets(a,b);　　B. scanf("%s%s",a,b);

C. scanf("%s%s",&a,&b);　　D. gets("a"),gets("b");

9. 写出下面程序段的运行结果。

```
char a[7]="abcdef";
char b[4]="ABC";
strcpy(a,b);
printf("%c",a[5]);
```

A. 空格　　B. \0　　C. e　　D. f

10. 写出下面程序的运行结果。

```
#include <stdio.h>
int main()
{
    char str[]="SSSWLIA",c;
    int k;
    for(k=2;(c=str[k])!='\0';k++)
    {
        switch(c)
        {
            case 'I':++k;break;
            case 'L':continue;
            default:putchar(c);continue;
        }
        putchar('*');
    }
    return 0;
}
```

11. 编写程序，使其能输出以下形式的金字塔图案。

```
   *
  ***
 *****
*******
```

12. 把下列值读入数组，再分别求表中各行、各列及所有数的和。

23	83	36	48
28	55	37	56
27	64	85	54

13. 将一维数组 a[10] 中的最大值和最小值分别存放在 max 和 min 两个变量中，并输出 max 和 min。

14. 编写程序，输入一个字符串，将其中的大写英文字母加 3，小写英文字母减 3，然后输出加密后的字符串。

【提示】程序的主要功能是输入字符串，遍历字符串中的字符，并按要求分别修改大小写英文字母，跳过不是英文字母的字符。

15. 编写程序，按下列公式计算 s 的值（其中 $x_1,x_2,\ldots,x_n$ 由键盘输入）。

$$s=\sum(x_i-x_0)(x_i-x_0)\text{（其中 } x_0 \text{ 是 } x_1,x_2,\ldots,x_n \text{ 的平均值）}$$

【提示】输入数组 x 的 n 个元素的值，按公式计算。程序首先输入 n，设 $n<100$，然后输入 n 个数据，接着求它们的平均值，最后按计算公式求出 s，并输出。

16. 编写程序，将一组数按从大到小的顺序排序。

第 6 章 函　数

在编写一个较为复杂的程序时，往往根据功能把整个程序划分为若干个程序段，这些具有一定功能的独立的程序段，称为子程序，也称为过程或函数，在 C 语言中统称为函数。C 语言的函数就是子程序、函数和过程的总称。有了函数，复杂程序的设计就变成了多个简单函数的设计，这样便于编程人员分工合作设计程序、调试程序和维护程序，增强了程序的通用性和可移植性，大大提高了程序开发的效率。

本章学习目标

☆ 掌握函数及其定义方式。

☆ 掌握函数的参数和返回值的使用方法。

☆ 熟练运用函数的调用方法。

☆ 了解变量的作用域及存储类别。

☆ 了解外部函数和内部函数。

6.1 函数概述

函数概述

前面介绍过，C 程序是由函数构成的，函数是构成 C 程序的基本单位，是具有一定功能的模块，构成程序的多个函数中有且只有一个 main() 函数（通常称为主函数），它是程序执行的起点，其他函数都是通过主函数调用执行的。可以说，C 程序的全部功能都是由函数实现的，所以 C 语言也称为函数式语言。

函数的种类有很多，从设计的角度可分为系统提供的库函数和用户自定义的函数。前面章节涉及的 printf()、scanf() 以及关于字符串处理的函数都是库函数，系统以“头文件”的方式提供给用户，所以，在程序中调用库函数时，必须用 #include 命令将对应的头文件包含到程序中来，否则不能调用。用户根据需要自己设计的函数就是自定义函数，如 max() 和 min() 函数。

从返回值的角度可将函数分为无返回值的函数和有返回值的函数。printf()、scanf() 函数等都是无返回值的函数，getchar()、sqrt() 函数等是有返回值的函数。

从参数的角度可将函数分为无参函数和有参函数。printf()、scanf() 函数等都是有参函数，getchar() 是无参函数。

平时所说的函数一般是指自定义函数。自定义函数可以有返回值，也可以无返回值，可以有参数，也可以无参数。本章着重介绍自定义函数的定义形式、调用方式等有关内容。

6.2 函数的定义

函数的定义

库函数是系统定义的，其代码存放在对应的头文件中，可在程序中直接调用。自定义函数是根据函数的格式和功能要求自己定义、编写的函数代码，也可在程序中调用。

函数定义的一般形式：

```
类型  函数名([形式参数说明]) } 函数说明部分
{  声明部分;  }
   执行部分;  } 函数体
}             }
```

【例 6.1】定义求两个数中较大数的函数。

```
float max(float x,float y)
{
    float z;
    z=x>y?x:y;
    return(z);
}
```

函数若有返回值，则函数体中应用 return 语句返回一个表达式作为函数的返回值。

说 明

一个函数（定义）由函数说明（函数首部）和函数体两部分组成。

（1）函数说明部分包括函数类型、函数名称、形式参数类型和名称。

如：float max(float x,float y)

函数类型：就是函数返回值的数据类型，可以是基本数据类型，也可以是构造类型。如果没有返回值，可定义为 void 型（空类型）。

函数名：是一个合法的标识符，用于区分不同的函数，在调用函数时使用。

形参说明：定义函数时，函数首部中括号内的变量（数学上称自变量）称为形式参数，简称形参。“形参说明”要说明每个形参的类型和名称，若省略形参说明，则为无参函数，但“()”不能省略，也可定义成 void 型，如 void main(void)。“形参说明”包括参数的类型及名称，形参之间用逗号“,”分隔。如：

```
float max(float x,float y)
```

每个形参前面都要有类型说明，不同于变量的定义。

（2）函数体：一对大括号“{}”括起来的程序行就是函数体。如果函数有多个“{}”，则最外层大括号括起来的才是函数体，内层是复合语句。函数体一般包括声明部分和执行部分。

① 声明部分：定义本函数所使用的变量并进行有关的声明（如函数声明）。如本例中：

```
float z;
```

② 执行部分：剩余的内容就是执行部分，由若干条语句组成的程序行构成，它是函数的主体，是函数功能的体现。如本例中：

```
z=x>y?x:y;
return(z);
```

函数体的声明部分在前，执行部分在后，两者不能交叉，否则是错误的。函数若有返回值，则函数体中至少有一条return语句，否则函数会返回一个不确定的值。

注意（1）函数说明后面没有分号，初学者往往误加上分号，这是错误的。

（2）在C语言中，函数只能单个定义，不能嵌套定义。

（3）函数的关系是平行的，没有前后、大小、主次之分，main()函数也仅仅表示程序执行的起点和终点，除此之外，和其他函数一样。

定义函数时，如果函数体为空，也是合法的，称之为“空函数”。空函数也有一定的作用，它就像学生在教室占位子一样，占位者随时可以到这里学习；它也像计算机主板上的扩展槽一样，随时可以扩充其功能。

【例6.2】定义函数，求分段函数的值。

$$y=\begin{cases}2x+3 & (x>0)\\ 5 & (x=0)\\ 3x^2+4x-10 & (x<0)\end{cases}$$

算法分析：设函数名为funy，函数的类型为float，形参用x表示，函数值用y表示。

参考程序：

```
float funy(float x)
{
   float y;
   if(x>0)  y=2*x+3;
   else if(x==0)  y=5;
      else  y=3*x*x+4*x-10;
   return(y);
}
```

6.3 函数的参数和返回值

6.3.1 函数的参数

函数的参数

函数的参数根据其作用分为实际参数和形式参数。

实际参数即实参，是函数调用时函数名后面括号中的参数，必须具有确定的值，会被函数内部的代码使用。

形式参数即形参，是函数定义时使用的参数，用来接收调用该函数时传递的数据（实参）。如："float max(int x,int y)" 中的 x，y 是函数 max() 的形参；"float funy(float x)" 中的 x 是函数 funy() 的形参。

函数形参的作用是实现主调函数与被调函数之间的联系，通常将函数所处理的数据、影响函数功能的因素或者函数处理的结果作为形参。形参是在函数首部定义的，定义的方式与变量不同，一是定义的位置不同，形参是在函数首部定义，而变量是在函数体中定义；二是定义的方式不同，形参定义时，每个形参都要有类型说明符，而变量定义时，多个变量可共用一个类型说明符。

6.3.2 函数的返回值

函数的返回值

函数被调用（执行）后将返回一个值到调用函数处，类似于数学上的函数值。函数也可以没有返回值，有没有返回值取决于函数定义时的类型，若为 void 型，则表示函数无返回值。函数的返回值取决于函数体 return 语句后的表达式，下面先介绍一下 return 语句。

return 语句的一般形式：

```
形式 1：return;
形式 2：return 表达式 或 return(表达式);
```

功能：执行形式 1 的 return 语句时，将结束函数的执行，返回到调用处继续执行程序；执行形式 2 的 return 语句时，不仅结束函数的执行，还将表达式的值带回到调用处作为函数的返回值。

一般情况下，形式 1 的 return 语句用在无返回值的函数中，作为函数的出口，见例 6.3（a），可以多处使用 return 语句，设置多个出口，见例 6.3（b），执行哪条条件语句，哪条 return 语句就起作用；也可以没有 return 语句，当函数执行完函数体的所有语句时，会自动结束函数的执行，返回到调用处，一般不建议省略 return 语句。

形式 2 的 return 语句用在有返回值的函数中，表达式的类型和函数的类型要一致，否则会转换为函数的类型。有返回值的函数中没有 return 语句或有 return 语句没有表达式都是错误的。

【例 6.3】无返回值函数示例。

（a）打印一行星号的函数。

```
void funa(int n)
{
```

```
    int i;
    for(i=1;i<=n;i++)
        putchar('*');
    putchar('\n');
    return;
}
```

（b）定义判断一个数能不能被3、5、7整除的函数。

```
void funb(int n)
{
    if(n%3==0)    return;
    if(n%5==0)    return;
    if(n%7==0)    return;
    printf("%d\n",n);
    return;
}
```

【6.4】定义判断一个数是不是素数的函数。

参考函数1：

```
int fun1(int n)
{
    int i,a;
    a=1;
    for(i=2;i<=n-1;i++)
        if(n%i==0)
        { a=0;
          break;
        }
    return(a);
}
```

参考函数2：

```
int fun2(int n)
{
    int i;
    for(i=2;i<=n-1;i++)
        if(n%i==0)
            break;
    return(i<=n-1);
}
```

请读者思考一下，函数的返回值与 n 是不是素数的关系。此处，可将“i<=n-1”改成“i<n”。

参考函数 3：

```
int fun(int n)
{
   int i;
   for(i=2;i<=n-1;i++)
      if(n%i==0)
         return(0);
   return(1);
}
```

也请注意该函数返回值与 n 是不是素数的关系。

函数的调用

6.4 函数的调用

自定义函数定义好以后，就和标准库函数一样，做好了被调用的准备，自定义函数的调用方法和标准库函数的调用是相同的。有返回值的函数调用可以放在表达式中作为运算量参加运算，也可以作为函数调用语句来调用；而无返回值（void 型）的函数只能作为函数调用语句来调用。

6.4.1 函数调用的一般形式

函数调用形式：

```
函数名 ([实参表])
```

作用：函数调用就是将实参表中的实际参数值传递给函数的形参，执行一次函数。执行后返回到调用处继续执行。

例如，把例 6.1 中求两个数中较大数的“float max(float x,float y)”函数作为运算量调用：

```
c=max(a,b)+50;
```

它是将实参 a、b 的值传递给函数的形参 x、y，执行函数 max() 求出 x、y 中较大的数作为函数的返回值，并参加运算，实现将 a、b 的较大数与 50 相加的和赋给变量 c。

再如，将例 6.3 中的“void funa(int n)”函数作为函数调用语句调用：

```
funa(10);
```

执行该函数调用语句时，将打印一行星号（10 个），无返回值。

【例 6.5】定义函数，判断一个数是不是素数。

参考程序：

```
#include <stdio.h>
int main()
{
```

```
    int m;
    int fun(int);
    printf("m=");
    scanf("%d",&m);
    if(fun(m)==1)                               /*函数调用*/
        printf("Yes\n");
    else
        printf("No\n");
    return 0;
}
int fun(int n)
{
    int i;
    for(i=2;i<=n-1;i++)
        if(n%i==0)
            return(0);
    return(1);
}
```

这又是一个判断一个数是不是素数的程序，请读者仔细阅读、分析。

函数调用过程中，被调用的函数称为被调函数，调用被调函数的函数称为主调函数。本例中，函数 fun() 为被调函数，函数 main() 为主调函数。

被调函数可以是自定义函数，也可以是库函数。若为库函数，调用前必须用预编译命令(#include)将对应的“头文件”包含到本程序中。被调函数也可以是其他源文件中的自定义函数，调用前也必须用预编译命令(#include)将该源文件包含到本程序中。如：

file1.c 文件中的内容如下：

```
int max(int x,int y)
{
    int z;
    z=x>y?x:y;
    return(z);
}
int min(int x,int y)
{
    return(x<y?x:y);
}
```

file2.c 文件中的内容如下：

```
#include <stdio.h>
```

```
#include <file1.c>
int main()
{
    int a,b,max,min;
    printf("a,b=");
    scanf("%d,%d",&a,&b);
    max=max(a,b);
    min=min(a,b);
    printf("max=%d,min=%d\n",max,min);
    return 0;
}
```

6.4.2 函数的实参及数据传递方式

函数的参数有实参和形参之分，定义函数时的参数为形参，调用函数时的参数为实参，如“c=max(a,b)+50;”中的 a、b 为实参，“float max(float x,float y)”中的 x、y 为形参。

调用函数时将从主调函数向被调函数传递数据，C 语言中函数参数的传递方式是从实参到形参进行“单向值传递”。所谓单向值传递就是把实参的值赋给形参。

【例 6.6】编写程序，求两个数中的较大者。

参考程序：

```
#include <stdio.h>
float max(float x, float y)
{
    if(x>=y)
        return(x);
    else
        return(y);
}
int main()
{
    float x,y,z;
    printf("x,y=");
    scanf("%f,%f",&x,&y);
    z=max(x,y);
    printf("z=%f\n",z);
    return 0;
}
```

执行“z=max(x,y);”赋值语句时将调用函数 max()，并将实参 x、y 的值传递给 max() 的形参 x、y。可见实参与形参可以重名。

注意 (1) 实参表中的实参用逗号“,”分隔,且实参的顺序、个数和类型要和形参一一对应。类型不同时将把实参强制转换为形参的类型,不能转换时报编译错误。

(2) 无参函数调用时,函数名后的括号不能省略。

(3) 调用函数时,从实参到形参进行单向的值传递。因此,实参可以是表达式,这一点非常重要。例如:

```
d=max(max(a,b),c);
```

是求 a、b、c 的最大值并赋值给变量 d。函数调用是一种简单的表达式,可以作为函数的实参参与运算。

(4) 函数被调用时,系统给形参分配内存单元,函数执行结束时回收内存资源。也就是说,即使在函数中修改了形参的值,也不会影响实参的值。

6.4.3 函数调用的方式

根据函数调用在程序中出现的位置,可将函数调用分为两种方式。

1. 函数调用语句方式

以函数调用语句的方式调用函数,不要求函数有返回值,所以无返回值的函数都是以这种方式调用的。有返回值的函数也可以用这种方式调用,但返回值无效。如:

```
printf("Hello!");
max(3,5);
```

2. 作为运算量调用方式

将函数调用当作运算量参与表达式的运算,就是以运算量的方式调用函数。以这种方式调用的函数都必须是有返回值的函数,否则将出错。如“x=printf("Hello!");”是错误的,而“x=max(max(a,b),c)+10;”是正确的。

函数调用作为函数的实参,实质上也是作为运算量的方式调用的,因为实参也可以是表达式。

6.4.4 函数声明

函数定义后并不一定就能被主调函数调用,若要调用,则应在主调函数中对被调函数进行声明。所谓函数声明,是指向编译系统声明主调函数要调用此函数,并将有关信息(如函数类型、参数类型及个数等)通知编译系统。因为编译系统是从上向下逐行编译的,如果不对函数进行声明,那么当系统编译到函数调用(如 c=max(a,b);)位置时,由于编译系统还没有编译到函数定义的程序段,不知道 max 是不是函数名,也不知道实参和形参的类型和个数是否一致,此时就会出现编译错误。所以应在主调函数中对被调函数进行声明。不管被调函数是标准库函数,还是自定义函数,在调用前都必须是已存在的。

函数声明的一般形式:

形式 1:类型 函数名(类型 1 形参 1, 类型 2 形参 2, …, 类型 n 形参 n);

形式 2:类型 函数名(类型 1, 类型 2, …, 类型 n);

函数声明的作用：在主调函数中声明本函数将要调用外部已经定义好的某类型的函数及其参数的情况。例如：

```
float max(float x,float y);
float max(float,float);
```

该语句的作用是声明在本函数中将要调用已经定义好的名为 max 的单精度实型函数，并且该函数有两个单精度实型的形参。

【例 6.7】编写程序，求 $n!$。

算法分析：设计函数 factorial()，求一个数的阶乘，形参为 int 型，返回值为 float 型。

参考程序：

```
#include <stdio.h>
int main()
{
  int n;
  float g,factorial(int n);
  printf("n=");
  scanf("%d",&n);
  g=factorial(n);
  printf("%d!=%g\n",n,g);
  return 0;
  }
  float factorial(int n)
  {
  int i;
  float f=1;
  for(i=2;i<=n;i++)
     f=f*i;
  return(f);
}
```

程序运行结果如下：

```
n=5
5!=120
```

另外，可以将 factorial() 函数改写成：

```
float factorial(int n)
{
  float f=1;
  while(n)
     f*=n--;
```

```
    return(f);
}
```

请读者仔细阅读、分析该函数。

说明

（1）函数声明行放在函数体的声明部分，可以和变量定义在一起，和变量共享一个类型标识符。

```
如：int main()
    {
        float max(float x,float y),n,i;
        char a,b;
        ……
    }
```

（2）函数声明与函数定义的说明部分虽然形式相似（仅差一个分号），但含义完全不同。函数声明是为了主调函数能够调用被调函数而进行的声明，被调用的函数一定是已存在的；函数定义是为完成某一功能而设计的程序源代码。

（3）函数声明形式1和形式2的效果是相同的，因为编译系统不检查参数名，所以有形参时形参的名字也不必与定义时相同。

例如，函数“float max(float x,float y)”在主调函数中可以这样声明：

```
float max(float x,float y);
```

或这样声明：

```
float max(float a,float b);
```

也可以这样声明：

```
float max(float,float);
```

但不能这样声明：

```
float max();
```

（4）主调函数中声明的被调函数的定义位置可以在主调函数之前，也可以在主调函数之后，甚至可以在其他的源程序文件中（外部函数）。

（5）也可以在函数之外对被调函数进行声明，函数声明之后的所有函数均可以调用已声明的被调函数，不必在主调函数中再次声明。如：

```
float max(float x,float y);
int main()
{
    float n,i;
    char a,b;
```

```
    n=max(10,30);
    ……
}
```

(6) 在主调函数之前定义的被调函数,主调函数中可省略声明,如例 6.6。因为编译系统是从上向下逐行编译的,当编译到函数定义时就已经知道被调函数的信息了,因此可以省略对被调函数的声明。建议初学者尽量用这种方法编写程序,将被调函数放于主调函数之前,这样可以不必对函数进行声明。

综上所述,为了避免遗漏声明或错误声明带来的程序错误,提高程序设计的效率,在程序设计时,关于被调函数的声明,有如下建议:

(1) 在函数之外、程序的最前面对被调函数进行声明,和编译预处理命令(如 #include <stdio.h>)写在一起。

(2) 尽量将被调函数定义在前面,main() 函数定义在最后。

【例 6.8】使用函数编写程序,验证关于偶数的哥德巴赫猜想"(任一大于 2 的偶数都可写成两个素数之和)的正确性。

参考程序如下:

```
#include <stdio.h>
int main()
{
    int n,a,b,w=0;
    int fun(int n);
    do
    {
        printf("n=");
        scanf("%d",&n);
        if(n==4)
            printf("%d=%d+%d\n",n,2,2);
    }while(n<6||n%2!=0);
    for(a=3;a<=n/2;a+=2)
        if(fun(a)==1)
        {
            b=n-a;
            if(fun(b)==1)
            {
                printf("%d=%d+%d\n",n,a,b);
                w=w+1;
            }
```

```
    }
  if(w==0)
    printf("XXXXXX\n");
  return 0;
}
int fun(int n)
{
  int i;
  for(i=2;i<=n-1;i++)
    if(n%i==0)
      return(0);
  return(1);
}
```

请读者自己分析该程序。

6.5 函数的嵌套调用、递归调用

在C语言中，构成程序的一个个函数是并列的、平行的、平等的、独立的模块，通过调用与被调用相关联。函数调用除一般的调用方式外，还有嵌套调用和递归调用两种方式。

6.5.1 函数的嵌套调用

函数的嵌套调用

C语言规定，在一个函数中不能定义另一个函数，但在一个函数中可以调用另一个函数，即函数定义不能嵌套，函数调用可以嵌套。函数的嵌套调用是指在函数a()中调用了函数b()，而在函数b()中又调用了函数c()的调用方式。嵌套调用可以是两层，也可以是三层或多层。

【例6.9】*m*=5时打印出如下所示的图形：

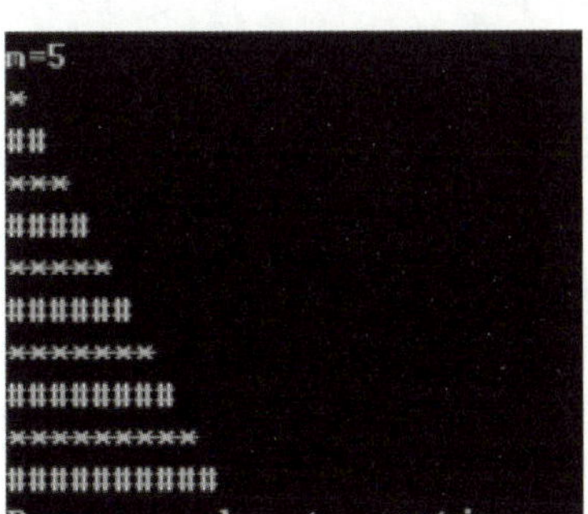

参考程序：

```
#include <stdio.h>
int pstar(int);                    /*函数声明*/
```

```
int pline(int);                    /*函数声明*/
int main()
{
   int m,k=1,i;
   void print(int);                /*函数声明*/
   printf("m=");
   scanf("%d",&m);
   print(m);                       /*函数调用*/
   return 0;
}
void print(int x)                  /*print() 函数定义*/
{
   int i,k=1;
   for(i=1;i<=x;i++)
   {
      k=pstar(k);                  /*函数调用*/
      k=pline(k);                  /*函数调用*/
   }
   return;
}
int pstar(int n)                   /*pstar() 函数定义*/
{
   int i;
   for(i=1;i<=n;i++)
      putchar('*');                /*打印一行**/
   putchar('\n');
   return(n+1);
}
int pline(int n)                   /*pline() 函数定义*/
{
   int i;
   for(i=1;i<=n;i++)
      putchar('#');                /*打印一行 #*/
   putchar('\n');
   return(n+1);
}
```

请仔细分析函数嵌套调用的执行过程。

6.5.2 函数的递归调用

函数的递归调用

递归调用是嵌套调用的一种特殊情况。在调用一个函数的过程中，又直接或间接地调用该函数本身，称为函数的递归调用。递归调用可以分为两种：一种是直接递归调用，另一种是间接递归调用。

例如：→ f() → f() 为直接递归调用；→ f1() → f2() → f1() 为间接递归调用。

如图 6-1 所示，在调用 f() 函数的过程中，又需要调用 f() 函数，即直接调用函数本身，是直接递归调用。而图 6-2 中，在调用 f1() 函数时要调用 f2() 函数，而调用 f2() 函数的过程中又需要调用 f1() 函数，即间接调用函数本身，是间接递归调用。

从图 6-1 和图 6-2 可以看出，递归函数在无休止地直接或间接调用函数自身，而这种无休止的调用会导致程序进入无限循环状态，因此必须在函数内加上终止递归调用的条件，当条件满足时就结束递归调用，逐层返回。下面举例说明递归调用的执行过程。

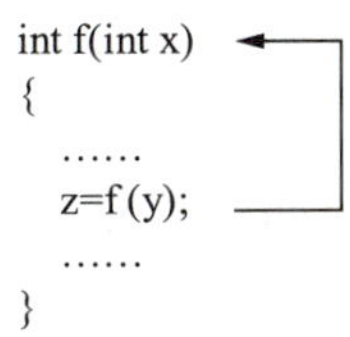

图 6-1 直接递归调用

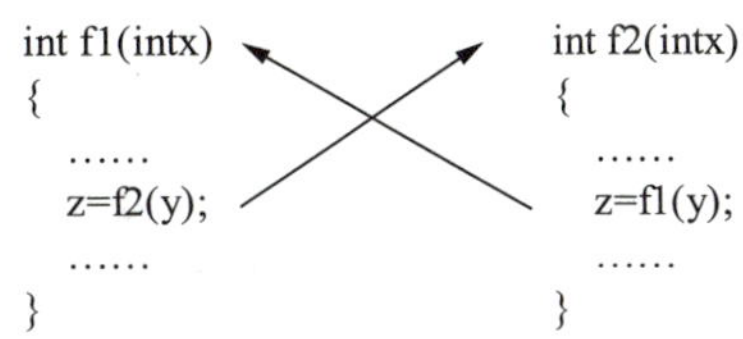

图 6-2 间接递归调用

递归调用过程（两个阶段）：

（1）递推阶段。将原问题不断地分解为新的子问题，逐渐从未知向已知推测，当达到已知条件时（即递归结束条件），结束递推。

（2）回归阶段。从已知条件出发，按照“递推”的逆过程，逐一求值回归，最终到达“递推”开始处，结束递归调用。

【例 6.10】用递归法求 $n!$。

分析：$n!=n*(n-1)*(n-2)*\cdots*2*1=n*(n-1)!$

如：5!=5*4*3*2*1=5*4!

将求阶乘的函数定义为 fun()，则 5!=fun(5)=5*4*3*2*1=5*4!，而 4! 也可以表示成 4!=fun(4)=4*3*2*1=4*3!，因此 5!=5*fun(5-1)!。

图 6-3 为用函数 fun() 求 5! 的过程。

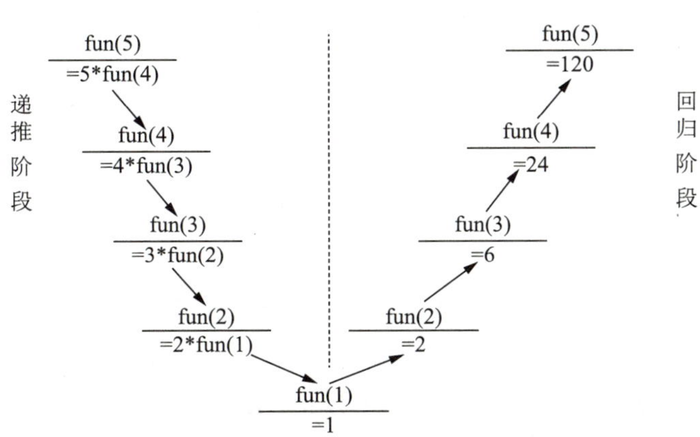

图 6-3 递归法求 5!

如果求 $n!$，只需将 5 换成 n 即可，即 fun(n)=n*fun(n−1)，但还要注意一个隐含条件，就是 0 和 1 的阶乘都是 1，而用函数 fun() 来求 0 和 1 的阶乘很明显是错误的。因此，要把 n 等于 0 和 1 的情况单独计算。

用数学公式表述如下：

$$n!=\begin{cases}1 & (n=0,\ 1)\\ n*(n-1)! & (n>1)\end{cases}$$

用递归公式表示如下：

$$\text{fun}(n)\begin{cases}1 & (n=0,\ n=1)\\ n*\text{fun}(n-1)! & (n>1)\end{cases}$$

程序设计如下：

```
#include <stdio.h>
int fun(int n)                          /*定义求阶乘的递归函数*/
{
   int s;                               /*定义 s 为返回函数值的变量*/
   if(n==0||n==1)
      s=1;
   else
      s=n*fun(n-1);                     /*调用函数本身*/
   return s;                            /*返回函数值*/
}
int main()
{
   int n;
   printf("n=");
   scanf("%d",&n);
   printf("%d!=%d\n",n,fun(n));
   return 0;
}
```

程序运行结果如下：

```
n=6
6!=720
```

6.6 数组作函数参数

数组作函数参数

数组的访问一般是通过访问数组元素来实现的，数组元素的访问与访问同类型的变量一样。因此，数组元素以及参加运算的表达式可以作为函数的实参。另外，数组名也可以作函数的形参和实参。

6.6.1 数组元素作函数的实参

函数的实参可以是表达式。由于数组元素的使用方法与变量相同，因此数组元素以及参加运算的表达式可以作函数的实参，但不能作函数的形参。

【例 6.11】编写程序，求 10 个数中的最大数。

算法分析：函数 max() 是求两个数中的较大数，用数组 a 存储这 10 个数，用变量 m 表示最大数，则重复执行“m=max(m,a[i]);”，即可求出最大数。

参考程序：

```
#include <stdio.h>
int main()
{
   int a[10],i,m,max(int a,int b);
   for(i=0;i<10;i++)
   {
      printf("No.%d:",i+1);
      scanf("%d",&a[i]);
   }
   m=a[0];
   for(i=1;i<10;i++)
      m=max(m,a[i]);
   printf("max=%d\n",m);
   return 0;
}
int max(int a,int b)
{
   int c;
   c=a>b?a:b;
   return(c);
}
```

6.6.2 数组名作函数的参数

不仅简单变量和数组元素可以作函数的参数，数组名也可以作函数的参数，数组名作参数时，实参和形参都必须分别定义，并且类型要一致。此时调用函数时不是进行单向的值传递，而是将实参数组的地址传递给形参数组，也就是说系统将实参数组的存储单元分配给形参数组，使形参数组与实参数组指向相同的存储单元，而不是分配新的存储单元。所以，在被调函数中通过形参数组可以直接访问实参数组的数据，返回主调函数之后，通过实参数组也可以访问形参数组处理过的数据。

【例 6.12】编写程序，求某班某门课程的平均成绩。

分析：设计函数 average() 求一组数的平均数，主调函数中用数组 a 表示某门课程的成绩，调用函数时用数组名 a 作实参，函数 average() 中用数组名 x 作形参。

参考程序：

```
#include <stdio.h>
int main()
{
  int m,i;
  float a[30],aver;
  float average(float x[],int n);
  printf("m=");
  scanf("%d",&m);
  for(i=1;i<=m;i++)
  {
    printf("No.%d:",i);
    scanf("%f",&a[i]);
  }
  aver=average(a,m);
  printf("average=%f\n",aver);
  return 0;
}
float average(float x[],int n)
{
  int i;
  float p=0;
  for(i=1;i<=n;i++)
    p=p+x[i];
  p=p/n;
  return(p);
}
```

本程序定义了一个实型函数 average()，形参为数组名 x 和变量 *n*。在函数 average() 中，求数组 x 的平均值并作为函数的返回值。主函数 main() 中的“aver=average(a,m);”是调用函数 average() 并将返回值赋给变量 aver 的语句；调用函数 average() 时实参为数组名 a 和变量 *m*。

说 明

(1) 数组名作函数参数时，形参、实参数组需要分别定义且类型一致。如本程序中，实参数组 a[30] 和形参数组 x[] 都为 float 型，且在主调函数与被调函数中分别定义。

(2) 形参数组的长度可以与实参数组不同,在调用函数时,编译系统只传送数组地址而不检查形参数组的长度,通过形参数组可以访问实参数组的部分元素或所有元素。

(3) 形参数组的长度也可以不定义,一般用另一个形参来表示数组元素的个数。如形参可以写为:

```
int f(int a[])   或   int f(int a[],int n)
```

其中,形参数组a没有给出长度,而由n的值动态地表示数组的长度。n的值由主调函数的实参进行传送。

若是字符数组,则可以用字符串结束标志确定数组的长度。

(4) 数组名作为函数参数时,形参数组值的改变会影响实参数组值的改变。这和普通变量作函数参数是不同的。用数组名作函数参数时,进行的不是值的传送,即不是把实参数组每一个元素的值都赋给形参数组的元素。因为形参数组并不存在,编译系统不为形参数组分配内存空间。数组名作函数参数时传递的是地址,也就是说把实参数组的首地址赋给形参数组名。实际上形参数组和实参数组为同一数组,共同拥有同一段内存空间。

6.6.3 多维数组名作函数参数

多维数组元素可以作函数的实参,其用法和普通变量作函数实参的用法相同。另外,多维数组名也可以作函数的实参和形参。在被调函数中对形参数组进行定义时,可以指定每一维的大小,也可以省略第一维的大小。如:

```
int array[5][6];   或   int array[ ][6];
```

二者都合法而且等价。但是不能把第二维以及其他高维大小的说明省略。如下面是不合法的定义:

```
int array[ ][ ];
int array[5][ ];
```

另外,在第二维大小相同的前提下,形参数组的第一维可以与实参数组不同,如实参数组定义为:

```
int array[5][10];
```

而形参数组可以这样定义:

```
int array[3][10];   或   int array[8][10];
```

因为二维数组是由若干个一维数组构成的,所以形参数组和实参数组都是由相同类型和大小的一维数组组成的。C编译系统不检查第一维的大小。

【例6.13】有一个3×4的矩阵,编写程序求所有元素的最大值。

分析:先将矩阵中第一个元素的值赋给变量max,然后将矩阵中剩余元素的值分别与max值进行比较,每次比较后都把“大者”存放到max中,全部元素比较完毕后,max的值就是所有元素中的最大值。

参考程序：

```
#include <stdio.h>
int max(int array[][4])
{
    int i,j,k,max;
    max=array[0][0];
    for(i=0;i<3;i++)
        for(j=0;j<4;j++)
            if(array[i][j]>max)
                max=array[i][j];
    return max;
}
int main()
{
    int a[3][4]={{3,1,7,5},{6,8,10,4},{9,2,13,15}};
    printf("max=%d\n",max(a));
    return 0;
}
```

程序运行结果如下：

```
max=15
```

如果将已知矩阵换成任意一个 3×4 矩阵，应该怎样修改程序？请回顾已学过的数组知识，并自己编写程序。

6.7 变量的作用域及存储类别

变量的作用域

6.7.1 变量的作用域

所谓变量的作用域，是指变量在程序中能够访问或使用的范围。根据变量的作用域，把变量分成局部变量和全局变量。

1. 局部变量

函数内部定义的变量及形参都是局部变量，其作用域是本函数，也就是说局部变量只能在本函数中使用，其他函数不能访问。到目前为止，前面介绍的所有程序中的变量和形参都是局部变量，包括 main() 函数中的变量。如：

```
int fun1(char x,float y)
{
```

```
    int a,b,c;
    ……
}
int fun2(char a,float b)
{
    int i,j,k;
    ……
}
int main()
{
    double m,n;
    ……
}
```

函数 fun1() 中的 x、y、a、b、c 是局部变量，其作用域是 fun1() 函数；同样，函数 fun2() 中的 a、b、i、j、k 也是局部变量，其作用域是 fun2() 函数；主函数中的 m、n 也是局部变量。

关于局部变量的几点说明：

（1）函数的形参及内部定义的变量都是局部变量，其作用域是本函数。

（2）不同函数中的局部变量可以重名，但它们表示的是不同的变量，分配不同的存储单元，可以存放不同的数据，互不干扰。

（3）复合语句中也可以定义变量，这种变量也是局部变量，它们的作用域是本复合语句，即在复合语句外不能使用。在这种局部变量起作用的复合语句中，重名的其他局部变量不能使用。例如：

```
float min(float x,float y)
{
    float z;
    {
        float q;
        if(x<y)    q=x;
        else       q=y;
        z=q;
    }
    return(z);
}
```

2. 全局变量

在函数外定义的变量是全局变量，可以定义在所有函数之前，和文件包含命令放在一起，也可以在函数之间定义，还可以在所有函数的最后定义。全局变量的作用域是从定义位置至源文件结束。例如：

```
#include <stdio.h>
int a,b,c;
float fun1()
{
   ……
}
float x,y;
char fun2()
{
   ……
}
char c1,c2;
int main()
{
   ……
}
```

变量a、b、c、x、y、c1、c2都是全局变量，但它们的作用域却不相同。变量a、b、c的作用域是所有函数，变量x、y的作用域是函数fun2()和函数main()，变量c1、c2的作用域是函数main()。可见，全局变量的作用域并不一定是全部函数，那么，怎样在全局变量定义前的函数中使用全局变量呢？

关于全局变量的几点说明：

(1) 若要在全局变量定义前的函数中引用全局变量，则应在函数中使用关键字“extern”对要引用的全局变量进行说明，说明本函数要调用函数之外的已定义好的某全局变量。

例如，上例中要在函数fun1()中调用变量c1、c2，则应在函数fun1()中对c1、c2做如下说明：

```
float fun1()
{
   extern char c1,c2;
   ……
}
```

这样，函数fun1()中就可以调用变量c1、c2了。一般都将全局变量定义在调用它的函数之前或所有函数之前，这样不用说明就可以直接调用全局变量。

(2) 全局变量的使用增加了函数间数据联系的渠道，使主调函数能获得更多的函数处理数据，减少了函数参数的数量，节省了内存资源，减少了参数传递的时间消耗，提高了程序运行的速度。

(3) 使用全局变量虽有很多优点，但也有弊端：① 程序执行过程中，全局变量始终占用存储单元，就像班级的固定教室一样，使资源得不到充分利用。② 全局变量会使被调函数过多地依赖全局变量，降低了函数的独立性、可移植性和可读性。因此，除非必要，一般不要使用全局变量。

（4）当全局变量与局部变量重名时，在局部变量的作用域内，全局变量被“屏蔽”，即不能访问。

6.7.2 变量的存储类型（生存期）

变量的存储类型

变量作用域不同的原因是因变量的存储类型不同。所谓存储类型，是指变量占用内存空间的方式，也称为存储方式。变量的存储方式可分为静态存储和动态存储两种。

静态存储变量通常是在变量定义时分配存储单元并一直保持不变，直至整个程序运行结束。全局变量即属于此类存储方式。动态存储变量是在程序执行过程中才分配存储单元，使用完毕立即释放。典型的例子是函数的形式参数，在函数定义时并不给形参分配存储单元，只是在函数被调用时才分配，函数调用完毕立即释放。如果一个函数被多次调用，则系统反复地分配、释放形参变量的存储单元。从以上分析可知，静态存储变量是一直存在的，而动态存储变量则时而存在时而消失。把这种由于变量存储方式不同而产生的特性称为变量的生存期，生存期表示变量存在的时间。生存期和作用域是从时间和空间这两个不同的角度来描述变量的特性，两者既有联系又有区别。变量属于哪种存储方式，并不能仅从其作用域来判断，还应有明确的存储类型说明。

在 C 语言中，对变量的存储类型说明有以下四种：

（1）auto：自动变量；

（2）register：寄存器变量；

（3）extern：外部变量；

（4）static：静态变量。

自动变量和寄存器变量属于动态存储方式，外部变量和静态变量属于静态存储方式。声明一个变量不仅要说明其数据类型，还应说明其存储类型。因此，变量说明的完整形式应为：

```
<存储类型说明符><数据类型说明符><变量名 1, 变量名 2,…;>
```

例如：

```
static int a,b;                    /*说明 a、b 为静态类型变量*/
auto char c1,c2;                   /*说明 c1、c2 为自动字符变量*/
static int a[5]={1,2,3,4,5};       /*说明 a 为静态整型数组*/
extern int x,y;                    /*说明 x、y 为外部整型变量*/
```

下面分别介绍以上四种存储类型。

1. 自动变量

自动变量的类型说明符为 auto，是 C 语言程序中使用较广泛的一种类型。C 语言规定，函数内未加存储类型说明的变量默认为自动变量，也就是说自动变量可省略的类型说明符 auto。前面各章程序中定义的未加存储类型说明符的变量都是自动变量。例如：

```
int main()
```

```
{
    int i,j,k;
    char c;
    ……
}
等价于：
int main()
{
    auto int i,j,k;
    auto char c;
    ……
}
```

自动变量具有以下特点：

（1）自动变量的作用域仅限于定义该变量的函数或代码块。在函数中定义的自动变量，只在该函数内有效。在复合语句中定义的自动变量只在该复合语句中有效。例如：

```
int kv(int a)
{
    auto int x,y;                        ┐
    {                                    │
        auto char c;   } c 的作用域      │ a,x,y 的作用域
    }                                    │
    ……                                   ┘
}
```

（2）由于自动变量属于动态存储方式，只有在定义该变量的函数被调用时为其分配存储单元，开始它的生存期，函数调用结束后，释放存储单元，结束生存期。因此函数调用结束之后，自动变量的值不能保留。在复合语句中定义的自动变量，在退出复合语句后也不能再使用，否则会报编译错误。例如以下程序：

```
#include <stdio.h>
int main()
{
    auto int a;
    printf("\n input a number:\n");
    scanf("%d",&a);
    if(a>0)
    {
        auto int s,p;
        s=a+a;
```

```
        p=a*a;
    }
    printf("s=%dp=%d\n",s,p);
    return 0;
}
```

s、p 是在复合语句内定义的自动变量，其作用域为该复合语句。但程序中却试图在退出复合语句之后用 printf 语句输出 s 和 p 的值，这显然是错误的。

（3）由于自动变量的作用域和生存期都局限于定义它的个体内（函数或复合语句内），因此不同的个体中允许使用同名的变量而不会混淆。即使在函数内定义的自动变量也可以与该函数内部的复合语句中定义的自动变量同名。

【例 6.14】分析程序并写出运行结果。

```
#include <stdio.h>
int main()
{
    auto int a,s=100,p=100;
    printf("\n input a number:\n");
    scanf("%d",&a);
    if(a>0)
    {
        auto int s,p;
        s=a+a;
        p=a*a;
        printf("s=%d,p=%d\n",s,p);
    }
    printf("s=%d,p=%d\n",s,p);
    return 0;
}
```

程序运行结果如下：

```
input a number:
5
s=10, p=25
s=100, p=100
```

本程序在 main() 函数和复合语句中都定义了自动变量 s、p。按照 C 语言的规定，当复合语句内定义的变量与复合语句外定义的变量同名时，复合语句内定义的变量有效，故 s 的值应为 a+a，p 的值为 a*a。退出复合语句后的 s、p 应为 main() 函数所定义的 s、p，其值在初始化时给定，均为 100。从输出结果可以分析出，两个 s 和两个 p 虽变量名相同，但却是两个不同的变量。

2. 外部变量

外部变量的类型说明符为 extern。在介绍全局变量时已经介绍过外部变量，这里再补充说明外部变量的几个特点：

（1）外部变量和全局变量是对同一类变量的两种不同提法。全局变量是从它的作用域角度提出的，外部变量则是从其存储方式角度提出的，表示变量的生存期。

（2）当一个源程序由若干个源文件组成时，在一个源文件中定义的外部变量在其他源文件中也有效。例如下面的源程序由源文件 F1.C 和 F2.C 组成。

源文件 F1.C：

```
int a,b;                    /*外部变量定义*/
char c;                     /*外部变量定义*/
int main()
{
   ……
}
```

源文件 F2.C：

```
extern int a,b;             /*外部变量说明*/
extern char c;              /*外部变量说明*/
fun c(int x,y)
{
   ……
}
```

在 F1.C 和 F2.C 两个文件中都要使用 a、b、c 三个变量。在 F1.C 文件中把 a、b、c 三个变量都定义为外部变量。在 F2.C 文件中用 extern 将三个变量声明为外部变量，表示这些变量已在其他文件中定义，并把这些变量的类型和变量名告诉编译系统，编译系统不再为它们分配内存空间。

3. 静态变量

静态变量的类型说明符为 static。静态变量属于静态存储方式，但是属于静态存储方式的变量不一定就是静态变量，例如，外部变量虽属于静态存储方式，但不一定是静态变量，只有由 static 定义的变量才称为静态外部变量，也称静态全局变量。自动变量前面已经介绍过它属于动态存储方式，但也可以用 static 将它定义为静态自动变量，也称静态局部变量，从而使存储方式变为静态存储方式。

（1）静态局部变量。

在局部变量说明前加上 static 说明符就构成静态局部变量。例如：

```
static int a,b;
static float array[5]={1,2,3,4,5};
```

静态局部变量属于静态存储方式，具有以下特点：

① 静态局部变量在函数内定义，但不像自动变量那样，当定义它的函数被调用时就存在，

调用结束时就消失。静态局部变量在整个源程序执行期间一直存在。

② 静态局部变量的生存期虽然为整个源程序，但其作用域仍与自动变量相同，即只能在定义该变量的函数内使用该变量。退出该函数后，尽管该变量还继续存在，但不能使用它。

③ 允许对构造的静态局部变量赋初值。在介绍数组初始化时已做过说明。若未赋初值，则由系统自动赋初值 0。

④ 对基本类型的静态局部变量，若在说明时未赋初值，则系统自动赋初值 0。若不为自动变量赋初值，则其值是不确定的。虽然静态局部变量是一种生存期为整个源程序的变量，离开定义它的函数后不能再使用，但如果再次调用定义它的函数时，它又可以继续使用，而且保存了前次调用后修改的值。因此，当多次调用一个函数且要求在调用时保留某些变量的值，可考虑采用静态局部变量。虽然用全局变量也可以达到上述目的，但滥用全局变量会产生内存泄漏、内存碎片等问题，因此尽量采用静态局部变量。

【例 6.15】静态局部变量的应用。

```
#include <stdio.h>
int main()
{
    int i;
    void f();                          /*函数声明*/
    for(i=1;i<=5;i++)
        f();                           /*函数调用*/
    return 0;
}
void f()                               /*函数定义*/
{
    auto int j=0;
    ++j;
    printf("%d\n",j);
    return;
}
```

程序运行结果如下：

```
1
1
1
1
1
```

程序中定义了函数 f()，其中的变量 j 说明其为自动变量并赋初值 0。当 main() 函数中多次调用 f() 函数时，j 均赋初值 0，故每次输出值均为 1。把 j 改为静态局部变量，程序如下：

```
#include <stdio.h>
```

```
int main()
{
   int i;
   void f();
   for(i=1;i<=5;i++)
      f();
   return 0;
}
void f()
{ static int j;
   ++j;
   printf("%d\n",j);
   return;
}
```

程序运行结果如下：

```
1
2
3
4
5
```

由于 j 为静态局部变量，虽未初始化，但系统自动赋初值 0。j 能在每次调用后保留修改的值并在下一次调用时继续使用，因此输出值为累加的结果。读者可自行分析其执行过程。

（2）静态全局变量。

在全局变量（外部变量）的说明之前加 static 关键字就构成了静态全局变量。全局变量本身就是静态存储方式，静态全局变量当然也是静态存储方式。两者在存储方式上并无不同，区别在于非静态全局变量的作用域是整个源程序，当一个源程序由多个源文件组成时，非静态全局变量在各个源文件中都是有效的；而静态全局变量则只在定义该变量的源文件内有效，在同一个源程序的其他源文件中不能使用。由于静态全局变量的作用域是定义它的源文件，因此只能为该源文件内的函数公用，在其他源文件中使用会报编译错误。

从以上分析可以看出，把局部变量改为静态变量后是改变了它的存储方式，即改变了它的生存期；而把全局变量改为静态变量后则是改变了它的作用域，即限制了它的使用范围。因此，static 这个说明符在不同的地方所起的作用是不同的，使用时应注意。

4. 寄存器变量

由于上述各类变量都存放在存储器内，因此当对一个变量频繁读写时，需要反复访问内存储器，花费大量的存取时间。为此，C 语言提供了另一种变量，即寄存器变量，即将变量存放在 CPU 的寄存器中，使用时不需要访问内存，而是直接从寄存器中读写，可以提高程序的存取效率。寄存器变量的说明符是 register。对于循环次数较多的循环控制变量及循环体内反复使用的变量，均可定义为寄存器变量。

【例 6.16】求 1+2+3+…+200 的值。

```
#include <stdio.h>
int main()
{
    register int i,s=0;
    for(i=1;i<=200;i++)
        s=s+i;
    printf("s=%d\n",s);
    return 0;
}
```

本程序循环 200 次，变量 i 和 s 都会频繁读取，因此可定义为寄存器变量。

对寄存器变量还需要说明以下几点：

（1）只有局部自动变量和形参才可以定义为寄存器变量，因为寄存器变量属于动态存储方式。凡需要采用静态存储方式的变量均不能定义为寄存器变量。

（2）在 Turbo C、MS C 等机器上使用的 C 语言，实际上是把寄存器变量当成自动变量处理的，因而速度并未提高。而在程序中允许使用寄存器变量只是为了与标准 C 语言保持一致。

（3）即使能真正使用寄存器变量的机器，由于 CPU 中寄存器的个数是有限的，因此使用寄存器变量的个数也是有限的。

6.8 内部函数和外部函数

函数一旦定义后就可以被其他函数调用。但当一个源程序由多个源文件组成时，在一个源文件中定义的函数能否被其他源文件中的函数调用呢？为此，C 语言又把函数分为两类：内部函数和外部函数。

6.8.1 内部函数

如果在一个源文件中定义的函数只能被本文件中的函数调用，而不能被同一源程序其他文件中的函数调用，这种函数称为内部函数。

定义内部函数的一般形式为：

```
static 类型说明符 函数名(形参表)
```

例如，定义如下内部函数：

```
static int f(int a,int b)
{
    ……
}
```

内部函数也称静态函数。但此处静态（static）的含义不是指存储方式，而是指函数的调用范围只局限于本文件，因此在不同的源文件中定义同名的静态函数不会引起混淆。

说 明

（1）内部函数定义时，static 关键词不能省略。

（2）内部函数又称静态函数，其使用范围仅限于定义它的模块（源文件）。对于其他模块它是不可见的。内部函数常用于以下场合：

① 一些涉及机器硬件、操作系统的底层函数，如果使用不当或错误使用可能带来意想不到的问题。为避免其他程序员直接调用，可以将此类函数定义为静态函数，而开放本模块的其他高层函数，供其他程序员使用。

② 还有一种情况是，程序员认为某些函数仅仅是程序员自己定义模块中其他函数的底层函数，这些函数不能由其他程序员直接调用，此时也常将这些函数定义为静态函数。

（3）不同模块中的内部函数可以同名。其作用域不同，事实上根本就是不同的函数。

6.8.2 外部函数

外部函数是能被任何源文件（模块）中的任何函数所调用的函数。外部函数在整个源程序中都有效。

其定义的一般形式为：

```
extern 类型说明符 函数名(形参表)
```

如定义如下外部函数：

```
extern int f(int a,int b)
{
  ……
}
```

如果定义函数时省略 extern 或 static 关键字，则默认为 extern。在一个源文件的函数中调用其他源文件中定义的外部函数时，应使用 extern 关键字说明被调用的函数为外部函数。例如：

F1.C（源文件一）

```
int main()
{ extern int f1(int i);              /*外部函数说明，表示 f1 函数在其他源文件中已经定义*/
  ……
}
```

F2.C（源文件二）

```
extern int f1(int i)                 /*外部函数定义*/
{
  ……
}
```

习题

1. 函数可以嵌套调用，但是不可以嵌套________；函数直接或者间接的自己调用自己，被称为函数的________。

2. C 语言规定，简单变量作实参时，和它对应的参数之间的传递方式是________；若用数组名作为函数调用的实参，传递给形参的将是数组的________。

3. 按照变量在函数中的作用域，可以将变量分为________和________。

4. C 语言中函数的类型是由________决定的。

A. 定义函数时指定的类型　　B. return 语句中的表达式类型

C. 调用该函数时的实参的数据类型　　D. 形参的数据类型

5. 在源文件中定义的全局变量的作用域是________。

A. 本文件的全部范围　　B. 本程序的全部范围

C. 本函数的全部范围　　D. 从定义该变量开始至本文件结束

6. 在 C 语言中，形参的缺省存储类型是________。

A. auto　　B. register　　C. static　　D. extern

7. 在主函数中任意输入一个整数，设计一函数使其实现如下功能：计算整数的各位数字之和。如输入 31，得出结果为 4。

8. 由键盘任意输入两个整数，自定义两个函数分别求两个整数的最大公约数和最小公倍数，在主函数中利用函数调用完成程序。

9. 已知 $abc+bcc$=1 333，其中 a、b、c 均为一位整数，编写一个函数，求出 a、b、c 分别代表什么数字。

【提示】 a、b、c 为 0～9 内的任意整数，abc、bcc 是分别由三个整数组成的一个三位数。

10. 将 10 名学生的成绩存放在一个一维数组中，编写一个函数，求学生的平均分、最高分和最低分。

11. 求 100～1 000 的所有个位数与十位数之和被 10 除所得余数恰好是百位数的素数（如 293），并求出各位上的数字之和。要求：编写两个被调函数，一个用来求满足条件的素数，另一个用来求各位上的数字之和。

12. 编写一个函数，使输入的一个字符串按反序存放，在主函数中输入和输出字符串。

13. 编写一个函数，由实参传来一个字符串，统计此字符串中字母、数字、空格及其他字符的个数，在主函数中输入字符串，并输出上述结果。

14. 设计一个函数 long repl(int x)，其功能为：将整数 x 转换为相应的二进制数并以长整型数的形式输出。

15. 有 n 个人坐一块，问第 n 个人多大？他说比第 $(n-1)$ 个人大 2 岁。问第 $(n-1)$ 个人多大？他说比第 $(n-2)$ 个人大 2 岁。这样一直问下去，直到问到第一个人时，他说他 10 岁。求第 n 个人的年龄。

【提示】 n 值由主函数输入，利用递归函数调用完成程序。

第7章 指　针

指针是C语言中广泛使用的一种数据类型，也是C语言中一个非常重要的概念，运用指针编程是C语言的主要风格之一。灵活地运用指针，可以有效地表示复杂的数据结构，方便地使用数组和字符串；用指针作参数调用函数，可以得到多个结果；使用指针可以直接处理内存单元地址；等等，这对系统软件开发是非常重要的。指针的概念，极大地丰富了C语言的功能，是最能体现C语言特色的部分，也是C语言的灵魂。正确使用指针编程，可使程序简洁、紧凑、高效。同时，指针也是学习C语言的难点之一。党的二十大报告指出：培育创新文化，弘扬科学家精神，涵养优良学风，营造创新氛围。在学习中，我们要勇于攻坚克难，探索适合自己的学习方法，以正确理解和使用指针。

本章学习目标

☆ 理解指针的概念。
☆ 掌握指针变量的定义和引用。
☆ 熟练使用指针来操作数组和字符串。
☆ 了解指针指向函数的应用。
☆ 了解指向指针的指针。

7.1 地址与指针

地址与指针

7.1.1 地址的概念

为了说清楚什么是指针，必须弄清楚数据在内存中是如何存储，又是如何读取的。

1. 变量的地址

如果在程序中定义了一个变量，在编译时就要给这个变量分配内存单元。系统根据程序中定义的变量类型，分配一定长度的存储空间。例如，在Visual C++系统中，为整型变量(int)分配4字节的存储空间，为单精度实型变量分配4字节的存储空间，为字符型变量分配1字节的存储空间。

内存可划分为若干个存储单元，每个单元可以存放8位二进制数，即1字节。

内存单元采用线性地址编码，每个存储单元具有唯一的编码，即“地址”，相当于旅馆中的房间号。数据存放在地址所标识的内存单元中，相当于旅馆中各个房间里居住的旅客。

假设程序有如下语句：

```
int i,j,k;
```

则编译时系统分配 2000H 到 2003H 共 4 字节的存储空间给变量 i，2004H 到 2007H 的 4 字节给变量 j，2008H 到 200BH 的 4 字节给变量 k。

在程序中，一般通过变量名对内存单元进行存取操作。程序经过编译后已经将变量名转换为变量的地址，对变量值的存取都是通过地址进行的。

2. 变量的访问方式

访问计算机内存中的数据（如变量或数组元素的值），有直接访问和间接访问两种方法。

（1）直接访问。

如“int a=3;”，即将 3 直接存入变量 a 所占的存储单元，如图 7-1 所示，地址为 12ff7c，这种访问为直接访问。

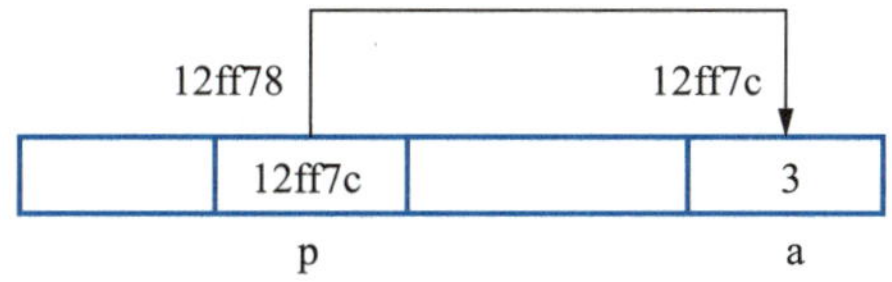

图 7-1 变量在内存中的地址分配

【例 7.1】编写程序，使用直接访问方式访问变量中的数据。

```
#include <stdio.h>
int main()
{
   int a;
   printf("Please input an integer:");
   scanf("%d",&a);
   printf("The output:\n");
   printf("%d\n",a);                /*输出变量 a 的值*/
   printf("%x\n",&a);               /*输出变量 a 的地址*/
   return 0;
}
```

程序运行结果如下：

```
Please input an integer:20
The output:
20
12ff7c
```

该程序在编译时，编译系统为程序中定义的整型变量 a 分配 4 字节的存储空间，分别为 12ff7cH、12ff7dH、12ff7eH 和 12ff7fH。当执行 scanf() 函数时，键盘输入的数据“20”被存放到上述4个地址所代表的存储空间中;当执行 printf() 函数时,从该存储空间中取出数据“20”,并显示在屏幕上。scanf() 函数中的“&a”表示变量 a 所占用的内存空间首字节地址;printf() 函数中的“a”表示存储在变量 a 所在内存空间的数据。

(2)间接访问。

定义一个变量 p,用于存放整型变量 a 的地址,通过 p 访问 a 就是间接访问。那么如何定义 p 呢?如何获取变量 a 的地址呢?又如何通过 p 访问 a 呢?

【例 7.2】编写程序,使用间接访问方式访问变量中的数据。

```
#include <stdio.h>
int main()
{
   int a,*p;
   p=&a;
   printf("Please input an integer:");
   scanf("%d",p);
   printf("The output:\n");
   printf("%d\n",a);
   printf("%x\n",&a);
   printf("%d\n",*p);
   printf("%x\n",p);
   printf("%x\n",&p);
   return 0;
}
```

程序运行结果如下:

```
Please input an integer:3
The output:
3
12ff7c
3
12ff7c
12ff78
```

程序中定义了整型变量 a 和另一个特殊的变量 p,p 中存放的是 a 的地址,表示指针变量 p 指向了变量 a。程序在编译时,编译系统为变量 a 分配了 4 字节的存储空间,其地址从 12ff7cH 到 12ff7fH,而为 p 也分配了从地址 12ff78H 到 12ff7bH 的 4 字节的存储空间,p 中存放的是 12ff7cH,从程序中可以看出,这正是变量 a 的首字节地址。即在执行 scanf() 函数时,从键盘输入的数据将被存放到 p 所指的以地址 12ff7cH 为首地址的内存单元中。当执行 printf() 函数时,“*p”表示访问 p 所指的存储空间 12ff7cH ~12ff7fH 中的值,即变量 a 的值(详见图 7-1)。

7.1.2 指针的概念

变量所分配的内存空间的首字节地址称为该变量的指针。定义指针的目的是通过指针访问内存单元。严格地说,“指针”是地址值,是常量;而“指针变量”是取值为地址的变量,可以被赋予不同的指针值。

既然指针变量的值是一个地址,这个地址不仅可以是变量的地址,也可以是其他数据结构的地址。那么在一个指针变量中存放一个数组或一个函数的首地址有何意义呢?因为数组或函数在内存中都是连续存放的,通过访问指针变量可以获得数组或函数的首地址,也就能找到该数组或函数,所以,如果指针变量中存储了数组或函数的首地址,则凡是出现数组、函数的地方都可以用一个指针变量来表示。这样做会使程序的概念十分清楚,程序本身也精练、高效。

在C语言中,一种数据类型或数据结构往往占用一组连续的内存单元。用“地址”这个概念并不能很好地描述一种数据类型或数据结构,而“指针”虽然本质上是一个地址,但它却是一个数据结构的首地址,是“指向”一个数据结构的,因而概念更为清楚,表达的意义更为明确。这也是引入“指针”概念的一个重要原因。

指针变量的定义和引用

7.2 指针变量的定义和引用

如上节所述,变量所分配的内存空间的首地址称为该变量的指针,而指针变量是专门用来存放变量地址的特殊变量。

指针和指针变量之间的关系是:指针存放在指针变量中,指针变量的值就是指针。当一个指针变量p存放了某个变量a的地址时,就说p指向了变量a,这种“指向”是通过指针实现的。

为了表示指针变量和它所指向的变量之间的关系,在程序中用“*”表示“指向”,例如,p代表指针变量,而 *p 是 p 所指向的变量的值。

因此,若指针 p 指向整型变量 a,则下面两条语句的作用相同:

```
a=5;
*p=5;
```

第二条语句的含义是将5赋给指针变量p所指向的变量,如图7-2所示。

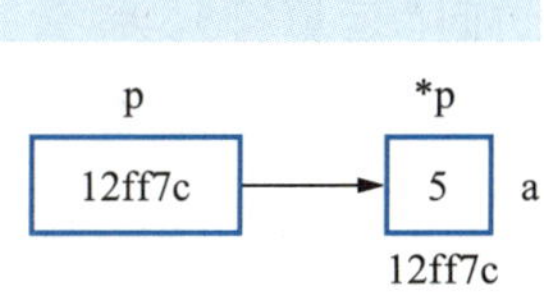

图7-2 p与*p的关系

7.2.1 指针变量的定义

C语言规定,所有的变量在使用前必须先定义,并按指定的类型分配内存单元。指针变量不同于其他类型的变量(如整型、浮点型),它是用来专门存放地址的,所以必须将它定义为“指针类型”。

对指针变量的定义包括三个方面:

(1)指针类型说明,即定义变量为一个指针变量;

(2)指针变量名;

(3)指针所指向变量的数据类型。

其一般形式为：

```
[存储类型] 类型说明符 *变量名 1[,*变量名 2[,…]];
```

其中，“*”是一个说明符（注意此处它不是乘法运算符），表示这是一个指针变量，变量名即为定义的指针变量名，类型说明符表示本指针变量所指向的变量的数据类型。指针和普通变量一样，也有 auto、register、static 和 extern 四种存储类型，它决定了指针的生存周期或作用域；指针定义在程序的不同位置上，决定了指针的使用范围。例如：

```
int *p1;
```

表示 p1 是一个指针变量，它的值是某个整型变量的地址，或者说 p1 指向一个整型变量。至于 p1 究竟指向哪一个整型变量，由向 p1 赋予的地址来决定。再如：

```
int *p2;                /*p2 是指向整型变量的指针变量*/
float *p3;              /*p3 是指向浮点型变量的指针变量*/
char *p4;               /*p4 是指向字符型变量的指针变量*/
```

说 明

（1）指针变量前的“*”表示该变量的类型为指针型变量。在上面的例子中，各指针变量名分别是 p2、p3 和 p4，而不是 *p2、*p3 和 *p4。

（2）一个指针变量只能指向同类型的变量，如 p3 只能指向浮点变量，不能时而指向一个浮点变量，时而又指向一个字符变量。

7.2.2 指针变量的引用

指针变量同普通变量一样，使用前不仅要定义说明，还要被赋予具体的值，未经赋值的指针变量不能使用。而且，指针变量的值只能是地址，不能是任何其他类型的数据，否则将引起错误。在 C 语言中，变量的地址是由编译系统分配的，对用户来说是完全透明的，用户不知道变量的具体地址。

与指针变量有关的运算符有两种，一种是地址运算符，另一种是指针运算符（或称“间接访问”运算符）。

1. 取地址运算符

C 语言中用取地址运算符“&”来表示变量或数组元素的地址。其一般形式为：

```
& 变量名;
```

这种形式在函数 scanf() 中已经大量使用过。使用时变量或数组本身必须预先说明。

对“&”运算符的两点说明如下：

（1）“&”是一个一元运算符，其优先级和结合性均与其他一元运算符相同，在变量或数组元素前加“&”，可以得到该变量或数组元素的地址。需要注意的是，常量或表达式前不能加“&”。例如，20 或“a+b”这样的常量或表达式不能进行“&”运算，对数组名也不能进行“&”运算，因为数组名代表的是数组的首地址，是一个常量。

（2）“&”在形式上与位操作中的“按位与”运算符相同，但是“按位与”运算符是一个二元运算符，所以二者在使用上不会发生混淆。

变量或数组定义后，可以用“&”运算符来查看其地址。

【例 7.3】分析下列程序。

```
#include <stdio.h>
int main()
{
    int a=1;
    float b=2;
    double c=3;
    int d[3];
    printf("Address of a is %p\n",&a);
    printf("Address of b is %p\n",&b);
    printf("Address of c is %p\n",&c);
    printf("Address of array d is %p\n",d);
    printf("Address of d[0] is %p\n",&d[0]);
    printf("Address of d[1] is %p\n",&d[1]);
    return 0;
}
```

程序的执行结果如下：

```
Address of a is 0012FF7C
Address of b is 0012FF78
Address of c is 0012FF70
Address of array d is 0012FF64
Address of d[0] is 0012FF64
Address of d[1] is 0012FF68
```

本例中，printf() 函数使用“%p”来控制地址变量的输出格式，也可以用“%x”，它们都能输出十六进制的地址，区别在于前者输出的地址固定为 8 位十六进制数，不足 8 位使用前导 0 来补充，而后者则不加前导 0。

这里需要注意的是：编译系统根据机器的具体配置、程序的规模以及变量定义的先后顺序来分配内存地址，所以变量的地址在不同的机器上，甚至在同一机器的不同运行状态下都有可能不同。

2. 访问地址运算符

用指针访问变量的值的时候需要使用访问地址运算符。访问地址运算符有两个：“*”和“[]”。它们的使用形式不同，但在功能上是等价的，即都用来访问指定地址中的数据。

(1)“*”运算符。

使用格式：

```
*ptr
```

其中，ptr 为指针变量或地址表达式。

说 明

① *ptr 的功能是访问 ptr 所代表的地址中的数据。例如，&a 是地址，*&a 表示取地址 &a 中的值。

② “*” 运算符为一元运算符，与 “&” 优先级相同，结合性为从右向左，因此，*&a 和 *(&a) 是等价的。

③ 注意 “*” 运算符与乘法运算符的区别，虽然它们在形式上相同，但乘法运算符是二元运算符，二者在使用上是不会产生混淆的。

(2)“[]”运算符。

“[]”运算符又称下标运算符，其使用格式：

```
add[exp]
```

其中，add 是一个地址量，exp 为整型表达式。数组中，数组元素 a[2] 就是一种访问地址运算符，“a” 表示数组的首地址，“2” 表示从首地址开始向后移动两个元素的位置，“[]” 表示访问该位置中的值。

说 明

① “add[exp]” 的功能是从地址 add 开始，向高地址方向移动 exp 个数据单元后，取该地址中的值。例如，a[0] 可以理解为数组 a 的第 1 个元素(下标为 0)的值，也可以理解为从地址 a (数组名即该数组的首地址)开始向地址递增的方向移动 0 个数据单元后，取该地址中的值；a[2] 既可以理解为数组 a 的第 3 个元素的值，也可以理解为从地址 a 开始向地址递增的方向移动两个数据单元后，取该地址中的值。注意，这里所说的地址单元指的是某种类型的数据所占据的存储单元的总数。例如，一个 int 型的数据单元是 4 字节，一个 double 型的数据单元是 8 字节等。

② “[]” 运算符不仅可以用在数组名中，还可以用在简单变量上。例如，var 是一个简单变量，&var 是该变量的地址，(&var)[0] 就表示取 var 的值，相当于 *(&var)。所以，不要误认为只有数组才会使用 “[]” 运算符。

③ “[]” 是一个二元运算符，其优先级要高于 “&” 和 “*”，结合性为从左向右，例如，b[2][3] 表示先访问数组 b 的第 3 行，然后再访问第 4 列。

7.2.3 指针的运算

因为指针的运算实际上就是地址的运算，所以指针的运算不同于普通变量的运算，它只允许几种有限的运算。指针的运算包括指针的赋值、指针移动、两个指针相减、指针与指针或指针与地址之间进行比较等。

指针的运算及特殊指针

1. 指针移动

指针移动可以通过两种方法来实现：一是将指针加减一个整数，二是为指针赋值。例如：

```
p+n   p-n   p++   p--   ++p   --p
```

其中，n 是整数。

（1）指针加减整数。

将指针 p 加上或减去一个整数 n，表示 p 向地址增大或减小的方向移动 n 个数据单元，指向一个新地址，从而可以访问新地址中的数据。其中，每个数据单元的字节数取决于指针的数据类型。若指针 p 为 int 型，则 p+1 表示 p 中的地址值增加 4 字节。

【例 7.4】移动指针示例（指针增减一个整数）。

```
#include <stdio.h>
int main()
{
    int a=10,b=20,c=30,d=40;
    int *pb=&b;
    printf("%x\t%x\t%x\t%x\n",&a,&b,&c,&d);
    printf("%d\t%d\t%d\t%d\n",a,b,c,d);
    printf("%d\t%d\t%d\t%d\n",*(pb+1),*pb,*(pb-1),*(pb-2));
    printf("%x\n",pb);
    printf("%x\n",&pb);
    return 0;
}
```

程序运行结果如下：

```
18ff44    18ff40    18ff3c    18ff38
10        20        30        40
10        20        30        40
18ff40
18ff34
```

本程序中，int 型的指针 pb 中存放的是同类型变量 b 的地址（0x18ff40），即 pb 指向变量 b。pb+1 表示 pb 的值在 0x18ff40 的基础上增加 4，其结果为 0x18ff44，而这恰恰是变量 a 的地址，所以，*(pb+1) 表示访问变量 a 的值。同样，*(pb−1) 表示访问地址 0x18ff3cH，即变量 c 的值，*(pb−2) 表示访问地址 0x18ff38H，即变量 d 的值。

注意 在 Visual C++ 2010 中，变量地址的分配机制和 Turbo C 是不同的。

本程序中各变量的存储情况及指针移动情况如图 7-3 所示。从图中可以看出：当指针 pb 进行了 pb±n 的运算后，结果是一个新地址，但是 pb 本身的值并未改变，即它的指向没有发生变化。

a	b	c	d	pb
10	20	30	40	18ff40
18ff44	18ff40	18ff3c	18ff38	18ff34

图 7-3 指针移动示意图

(2) 指针赋值。

通过赋值使指针指向一个新的地址。例如,对指针进行了 ++p 运算后,指针将指向下一个运算单元。

【例 7.5】指针赋值示例(指针被赋值后,指针的指向发生变化)。

```
#include <stdio.h>
int main()
{
    float x=2.5;
    int a=10,b=20;
    int *p=&b;
    float *q=&x;
    printf("%d\n",*p);
    printf("%x\n",p);
    p++;
    printf("%d\n",*p);
    printf("%x\n",p);
    p++;
    printf("%x\n",p);
    printf("%f\n",*p);
    printf("%x\n",q);
    printf("%f\n",*q);
    return 0;
}
```

程序运行结果如下:

```
20
12ff74
10
12ff78
12ff7c
0.000000
12ff7c
2.500000
```

程序在运行时,p 指向变量 b,进行第一次 p++ 运算后,p 的值增加 4,此时指向变量 a;进行第二次 p++ 运算后,p 的值又增加 4,此时指向变量 x,而 x 占用 4 字节的存储单元,当用 p 访问时,虽然未出现错误提示,但其输出却是错误的。所以在移动指针时,一定要保证与存储单元中的数据类型相同。另外,本例中还设置了指针变量 q,其目的是正确输出 x 的值,以便读者比较。

在进行 p++ 运算之前和之后,各个变量的存储位置以及指针的指向问题,请读者自己思考。

说 明

普通变量 a++ 和指针 p++ 的区别如下：前者指的是 a 单元中的内容加 1，而后者表示指针移到下一个元素，移动的距离由元素的类型决定。

2. 两个同类型的指针相减

两个同类型的指针可以相减。如果这两个指针之间存储的数据类型与指针相同(通常是数组的情况)，则相减的结果是这两个指针之间的数据个数。两个指针相加是无意义的。

【例 7.6】两个同类型指针相减示例。

```
#include <stdio.h>
int main()
{
    float x[10];
    float *p,*q;
    p=&x[2];
    q=&x[8];
    printf("q-p=%d\n",q-p);
    return 0;
}
```

程序运行结果如下：

```
q-p=6
```

指针 p 指向数组元素 x[2]，指针 q 指向数组元素 x[8]，其间相差 6 个数据单元，即 6 个元素。

3. 指针比较

指针比较一般用于两个或多个指针指向共同对象的情况。两个同类型的指针，或者一个指针和一个地址量可以进行比较，包括 >、<、>=、<=、== 和 != 等。比较的结果可以反映出两个指针所指向目标存储位置的前后关系，或者反映出一个指针所指向的目标存储位置与另一个地址之间的前后关系。

(1) 在关系表达式中，可以比较两个指针。如果指针 p 和 q 都指向同一数组的成员，或指向存储类型相同数据的连续存储区，则当关系表达式“p<q”成立时，表示 p 所指向的数据位于 q 所指向的数据之前。例如，以下语句是有效的：

```
if(p<q)
    printf("p points to lower memory than q \n");
```

(2) 指针与 0 之间进行相等性比较，即 p==0 或 p!=0(0 也可以写成 '\0' 或 NULL)，常用来判断指针 p 是否为空指针。

7.2.4 空指针和 void 指针

空指针和 void 指针是两种比较特殊的指针，在不同场合有着不同的用法。

1. 空指针

有时候程序中需要这样一种指针，它并不指向任何对象，这种指针称为空指针。空指针的值为NULL，NULL是在<stddef.h>头文件中定义的一个宏，它的值和任何有效指针的值都不同。NULL是一个纯粹的零，可能会被强制转换成void * 或char * 类型，也就是说NULL的值可能是0、0L或(void *)0等。

指针的值不能是整型值，但空指针是一个例外，空指针可以是一个纯粹的零(空指针的值并不必须是一个纯粹的零，但这个值是唯一有用的值。在编译时产生的任意一个表达式，只要它是零，就可以作为空指针的值。在程序运行时，最好不要出现一个为零的整型变量)。

一定注意不要间接引用一个空指针，否则，程序可能会得到毫无意义的整型变量，或得到一个全部是零的值，或者突然停止运行。

在使用malloc()函数申请动态内存的时候，可以用空指针来判断是否申请成功。

2. void指针

void指针可以指向任意类型的数据。例如，用动态存储分配函数时返回void指针，它可以用来指向一个抽象类型的数据，再将它的值赋给另一指针变量时，需要进行强制类型转换，使之适合于被赋值的变量的类型，如：

```
char *p1;
void *p2;
……
p1=(char *)p2;
```

或

```
p2=(void *)p1;
```

也可以将一个函数定义为void * 类型，如：

```
void *fun(char ch1,char ch2)
```

表示函数fun()返回的是一个地址，它指向“空类型”，如需要引用此地址，可根据情况进行类型转换，如：

```
p1=(char *)fun(ch1,ch2);
```

说明

（1）任何一个指向对象类型的指针都可以赋值给类型为void * 的变量，一个void * 类型的变量可以赋值给另一个void * 类型的变量，两个void * 类型的变量可以比较大小，而且可以显式地将void * 类型的变量转换为另一个类型。

（2）由于编译器不知道void指针被指的是哪种对象，因此对void * 类型的变量做其他任何操作都将引起编译错误。要使用void * 类型的变量就必须将其转换为指向特定类型的指针。例如void * 类型的指针变量不能做自加操作，但如果将其转换为特定的类型则可以进行运算。

3. 空指针与 void 指针的区别

void*不是空指针，应称为无确切类型指针。这个指针指向一块内存，但没有告诉程序该用何种方式来解释这块内存。所以这种类型的指针不能直接进行取内容的操作，必须先转换为特定类型的指针才可以把内容解释出来。

'\0' 也不是空指针所指的内容。'\0' 表示一个字符串的结尾，并不是 NULL 的意思。空指针真正的含义是：这个指针没有指向任何一块有意义的内存，例如：

```
char *k;
```

这里的 k 就叫作空指针，并未让它指向任意地点。或者：

```
char *k = NULL;
```

这里的 k 也叫作空指针，因为它指向 NULL，也就是 0，需要注意它是整数 0，而不是 '\0'。对于一个空指针，无法对它进行取内容的操作，空指针只有在真正指向了一块有意义的内存后，才能对它取内容，例如当“k="hello world!"; ”时，k 就不再是空指针了。

数组与指针

7.3 数组与指针

一个变量有一个地址，一个数组包含若干元素，每个数组元素都在内存中占用存储单元，它们都有相应的地址，而且数组中的数组元素在内存中占用连续的存储单元。所谓数组指针是指数组的起始地址，数组元素的指针是数组元素的地址(每个数组元素都可以看作是一个变量)。

对数组元素的引用可以采用下标法(如 a[5])，也可以采用指针法。指针法是通过指向数组元素的指针查找所需的数组元素，该方法能使目标程序占用的内存更少，运行速度更快。

7.3.1 指向数组元素的指针

数组是由连续的一块内存单元组成的，数组名就是这块连续内存单元的首地址，即数组中第一个数组元素的地址，例如“int a[10];”，则数组名 a 就相当于 &a[0]。数组也是由数组元素(下标变量)组成的，每个数组元素按类型占用一定字节的连续内存单元。数组元素的首地址是指它所占用的几个内存单元的首字节地址。

定义一个指向数组元素的指针变量的方法，与定义指针变量相同。例如：

```
int a[10];                /*定义 a 为包含 10 个整型数据的数组*/
int *p;                   /*定义 p 为指向整型变量的指针*/
```

应注意，指针变量的类型要和数组的类型相同，此处数组为 int 型，所以指针变量也应为指向 int 型的指针变量。下面是对指针变量赋值：

```
p=&a[0];
```

表示把 a[0] 元素的地址赋给指针变量 p。也就是说，p 指向 a 数组的第一个数组元素(其下标为 0)。

C 语言规定，数组名代表数组的首地址(形参数组除外，因为形参数组不占据实际的存储单元），即第 0 号元素的地址。因此，下面两条语句等价：

```
p=&a[0];
p=a;
```

在定义指针变量的同时可以为其赋初值，如：

```
int *p=&a[0];
```

等效于：

```
int *p;
p=&a[0];
```

当然定义时也可以写成：

```
int *p=a;
```

p、a、&a[0] 均指向同一内存单元，即数组 a 的首地址，也是 a[0] 元素的首地址。应该说明的是，p 是变量，而 a、&a[0] 都是常量。在编程时应注意。

数组指针变量说明的一般形式为：

```
类型说明符 *指针变量名;
```

其中，“类型说明符”表示所指数组的类型。从一般形式可以看出，指向数组的指针变量的说明和指向普通变量的指针变量的说明是相同的。

7.3.2 利用指针引用数组元素

指针和数组的关系十分密切。在 C 语言中，如果指针变量 p 指向数组中的一个元素，则 p+1 指向同一数组中的下一个元素，而不是简单地将 p 的地址值加 1。p 所指向的地址值加多少字节，由数组元素的类型决定。例如，若数组元素为 float 型，则每个数组元素占 4 字节，则 p+1 使 p 的值（地址值）加 4 字节。p+1 所代表的地址实际上是 (p+1)×d，其中 d 为一个数组元素占的字节数。

引入指针变量后，就可以用指针来访问数组元素了。

如图 7-4 所示，假定 p 的初值为 &a[0]，则：

（1）p+i 和 a+i 都是 a[i] 的地址，或者说它们指向 a 数组的第 i+1 个元素。

（2）*(p+i) 或 *(a+i) 就是 p+i 或 a+i 所指向的数组元素，即 a[i]。例如，*(p+5) 或 *(a+5) 就是 a[5]。

（3）指向数组的指针变量也可以带下标，如 p[i] 与 *(p+i) 等价。

可见，引用一个数组元素的方法有两种：

（1）下标法，即用 a[i] 的形式访问数组元素。前面介绍数组时采用的都是这种方法。

（2）指针法，即采用 *(a+i) 或 *(p+i) 的形式，用间接访问的方法来访问数组元素，其中 a 是数组名，p 是指向数组的指针变量，可以用赋值语句“p=a”为 p 赋初值。

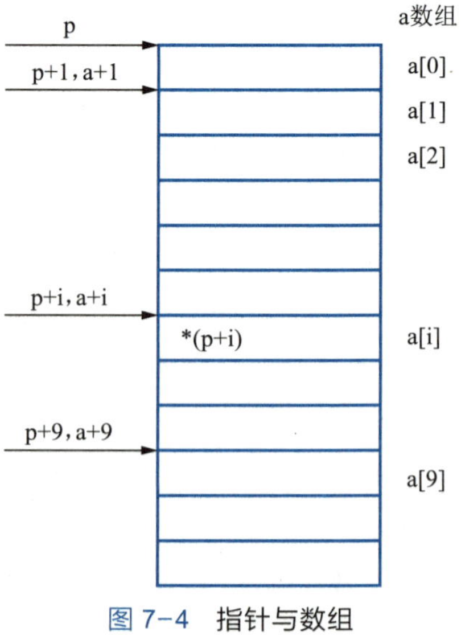

图 7-4 指针与数组

【例 7.7】用下标法输出数组中的全部元素。

```
#include <stdio.h>
int main()
{
  int a[10],i;
  for(i=0;i<10;i++)
    a[i]=i;
  for(i=0;i<10;i++)
    printf("a[%d]=%d\n",i,a[i]);
  return 0;
}
```

【例 7.8】输出数组中的全部元素(通过数组名计算元素的地址,找出元素的值)。

```
#include <stdio.h>
int main()
{
  int a[10],i;
  for(i=0;i<10;i++)
    *(a+i)=i;
  for(i=0;i<10;i++)
    printf("a[%d]=%d\n",i,*(a+i));
  return 0;
}
```

【例 7.9】输出数组中的全部元素(用指针变量指向元素)。

```
#include <stdio.h>
int main()
{
  int a[10],i,*p;
  p=a;
  for(i=0;i<10;i++)
    *(p+i)=i;
  for(i=0;i<10;i++)
    printf("a[%d]=%d\n",i,*(p++));
  return 0;
}
```

上述三个例子的输出是相同的,输出结果为:

```
a[0]=0
a[1]=1
a[2]=2
a[3]=3
a[4]=4
a[5]=5
a[6]=6
a[7]=7
a[8]=8
a[9]=9
```

三种方法的比较如下：

(1) 例 7.7 和例 7.8 这两种方法的执行效率是相同的。编译系统将 a[i] 转换为 *(a+i) 来处理，即先计算元素的地址，再为数组元素赋值，因此执行效率较低。

(2) 例 7.9 是用指针变量直接指向数组，不用重复计算地址，且 p++ 自加操作的执行速度较快，可大大提高程序的执行效率。

(3) 下标法的优点是可以直观地看出操作的是第几个元素。用地址法或指针变量的方法的缺点是不直观，难以快速地判断出当前处理的是哪一个元素。

【例 7.10】指针和数组的例子。

```
#include <stdio.h>
int main()
{
    int a[10],i,*p=a;
    for(i=0;i<10;)
    {
        *p=i;
        printf("a[%d]=%d\n",i++,*p++);
    }
    return 0;
}
```

说明

(1) 指针变量可以改变自身的值。如 p++ 是合法的，而 a++ 是错误的。因为 a 是数组名，它是数组的首地址，是常量。

(2) 要注意指针变量的当前值。请看下面的程序。

【例 7.11】找出下面程序中的错误。

```
#include <stdio.h>
int main()
```

```
{
   int *p,i,a[10];
   p=a;
   for(i=0;i<10;i++)
      *p++=i;
   for(i=0;i<10;i++)
      printf("a[%d]=%d\n",i,*p++);
   return 0;
}
```

程序运行结果如下：

```
a[0]=0
a[1]=1245052
a[2]=1245120
a[3]=4199033
a[4]=1
a[5]= 3675024
a[6]= 3675208
a[7]= 2367460
a[8]=1243068
a[9]=2147315712
```

以上程序的运行结果并不是程序中的赋予的数组元素的值。问题出在哪儿呢？

仔细分析一下程序，可以发现问题就出在指针变量 p 的指向上。第一个 for 循环语句结束后，p 已经指向了 a 数组末尾（即最后一个元素后的地址）。执行第二个 for 循环时，p 的起始值已经不再是 a[0] 的地址了，而是 a+10。解决办法见例 7.12。

【例 7.12】例 7.11 的正确程序。

```
#include <stdio.h>
#include <stdio.h>
int main()
{
   int *p,i,a[10];
   p=a;
   for(i=0;i<10;i++)
      *p++=i;
   p=a;                          /*使指针变量 p 重新指向 a[0]*/
   for(i=0;i<10;i++)
```

```
        printf("a[%d]=%d\n",i,*p++);
    return 0;
}
```

(3) 从以上例子可以看出,虽然定义数组时指定它包含10个元素,但指针变量可以指到数组以后的内存单元,系统并不认为非法。尽管这样做是合法的,但程序得不到预期的结果,应避免出现这样的情况。

(4) *p++ 中"++"和"*"的优先级相同,结合方向从右向左,等价于 *(p++)。*(p++) 与 *(++p) 作用不同。若 p 的初值为 a,则 *(p++) 等价于 a[0],*(++p) 等价于 a[1];而 (*p)++ 表示 p 所指向的元素的值加 1。

(5) 如果 p 当前指向 a 数组中的第 i 个元素,则 *(p--) 相当于 a[i--];*(++p) 相当于 a[++i];*(--p) 相当于 a[--i]。

7.3.3 数组名作函数参数

数组名可以作函数的实参和形参。例如:

```
int main()
{
    int array[10];
    ……
    f(array,10);
    ……
}
void f(int arr[],int n);
{
    ……
}
```

图 7-5 数组名作函数参数示意图

array 为实参数组名,arr 为形参数组名。在学习指针变量之后就更容易理解这个问题了。数组名就是数组的首地址,实参向形参传送数组名实际上就是传送数组的地址,形参得到该地址后与实参指向同一数组。这就好像同一件物品有两个不同的名称一样,如图 7-5 所示。

指针变量的值是地址,同样,数组指针变量的值为数组的首地址,也可作为函数的参数使用。

【例 7.13】计算输入的 5 名学生的平均成绩。

```
#include <stdio.h>
float aver(float *pa);
int main()
```

```
{
    float sco[5],av,*sp;
    int i;
    sp=sco;
    printf("\n input 5 scores:\n");
    for(i=0;i<5;i++)
        scanf("%f",&sco[i]);
    av=aver(sp);
    printf("average score is %5.2f\n",av);
    return 0;
}
float aver(float *pa)
{ int i;
    float av,s=0;
    for(i=0;i<5;i++)
        s=s+*pa++;
    av=s/5;
    return av;
}
```

程序的编译、运行，请读者自行完成。

【例 7.14】将数组 a 中的 *n* 个整数按相反顺序存放。

算法分析：可采用数组元素交换的方法来实现。具体做法是先将 a[0] 与 a[n-1] 对换，再将 a[1] 与 a[n-2] 对换……，直到将 a[(n-1)/2] 与 a[n-(n-1)/2] 对换完成为止。用循环很容易实现该算法，设两个指示位置的变量 i 和 j，i 的初值为 0，j 的初值为 n-1。将 a[i] 与 a[j] 交换，然后使 i 的值加 1，j 的值减 1，再将 a[i] 与 a[j] 交换，直到 i=(n-1)/2 为止，如图 7-6 所示。

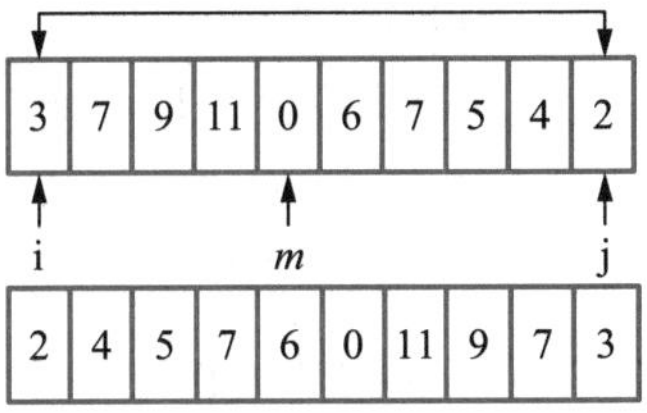

图 7-6 例 7.14 的算法图

程序实现如下：

```
#include <stdio.h>
void inv(int x[],int n)                    /*形参 x 是数组名*/
{
    int temp,i,j,m=(n-1)/2;
    for(i=0;i<=m;i++)
    {
        j=n-1-i;
        temp=x[i];
        x[i]=x[j];
```

```
        x[j]=temp;
    }
    return;
}
int main()
{
    int i,a[10]={3,7,9,11,0,6,7,5,4,2};
    printf("The original array:\n");
    for(i=0;i<10;i++)
        printf("%d,",a[i]);
    printf("\n");
    inv(a,10);
    printf("The array has been inverted:\n");
    for(i=0;i<10;i++)
        printf("%d,",a[i]);
    printf("\n");
    return 0;
}
```

也可将 inv() 函数改为：

```
void inv(int x[],int n)
{
    int temp,i,j;
    for(i=0,j=n-1;i<j;i++,j--)
    { temp=x[i];
        x[i]=x[j];
        x[j]=temp;
    }
    return;
}
```

修改后的 inv() 函数也可将一组数按相反顺序存放。

【例 7. 15】将例 7.14 函数 inv() 中的形参 x 改成指针变量。

程序实现如下：

```
#include<stdio.h>
void inv(int *x,int n)                    /*形参 x 为指针变量*/
{
    int *p,temp,*i,*j,m=(n-1)/2;
    i=x;j=x+n-1;p=x+m;
```

```
    for(;i<=p;i++,j--)
    {
        temp=*i;
        *i=*j;
        *j=temp;
    }
    return;
}
int main()
{
    int i,a[10]={3,7,9,11,0,6,7,5,4,2};
    printf("The original array:\n");
    for(i=0;i<10;i++)
        printf("%d,",a[i]);
    printf("\n");
    inv(a,10);
    printf("The array has been inverted:\n");
    for(i=0;i<10;i++)
        printf("%d,",a[i]);
    printf("\n");
    return 0;
}
```

其运行结果与例 7.14 的相同，请读者自行完成该程序的编译、运行。

【例 7.16】找出 10 个数中的最大值和最小值。

调用一个函数只能得到一个返回值，用全局变量可以在函数之间“传递”多个数据。程序实现如下：

```
int max,min;                                  /*定义全局变量*/
void max_min_value(int array[],int n)
{
    int *p,*array_end;
    array_end=array+n;
    max=min=*array;
    for(p=array+1;p<array_end;p++)
        if(*p>max)
          max=*p;
        else if(*p<min)
          min=*p;
    return;
```

```
}
int main()
{
    int i,number[10];
    printf("enter 10 integer numbers:\n");
    for(i=0;i<10;i++)
        scanf("%d",&number[i]);
    max_min_value(number,10);
    printf("\n max=%d,min=%d\n",max,min);
    return 0;
}
```

说明

（1）将函数 max_min_value() 中求出的最大值和最小值分别存放在全局变量 max 和 min 中。由于它们是全局变量，因此在主函数中可以直接使用。

（2）函数 max_min_value() 中的语句：

```
max=min=*array;
```

array 是数组名，它接收从实参传来的数组 number 的首地址。*array 相当于 *(&array[0])。上述语句与“max=min=array[0];”等价。

（3）执行 for 循环时，p 的初值为 array+1，也就是使 p 指向 array[1]。以后每次执行 p++，使 p 指向下一个元素。每次都将 *p 的值与 max、min 的值进行比较，将较大者放入 max，较小者放入 min。

（4）函数 max_min_value() 的形参 array 可以改为指针变量。也可以用指针变量作实参。

【例 7.17】例 7.16 可改为（图 7-7）：

```
int max,min;                                    /*全局变量*/
void max_min_value(int *array,int n)
{
    int *p,*array_end;
    array_end=array+n;
    max=min=*array;
    for(p=array+1;p<array_end;p++)
        if(*p>max)
          max=*p;
        else if(*p<min)
          min=*p;
```

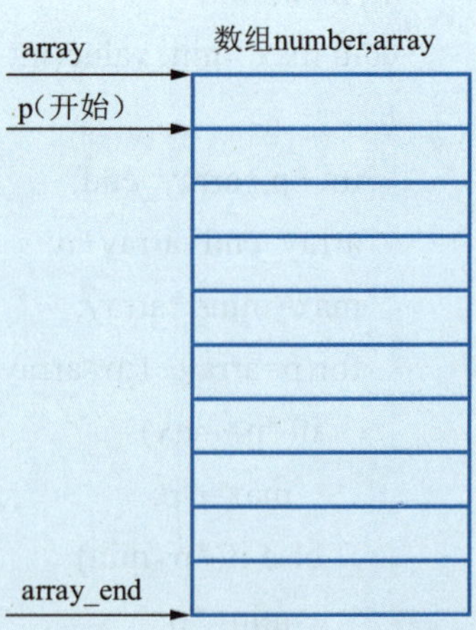

图 7-7 例 7.16 的内存分配图

```
    return;
}
int main()
{
    int i,number[10],*p;
    p=number;                                        /*使 p 指向 number 数组*/
    printf("enter 10 integer umbers:\n");
    for(i=0;i<10;i++,p++)
      scanf("%d",p);
    p=number;
    max_min_value(p,10);
    printf("\n max=%d,min=%d\n",max,min);
    return 0;
}
```

归纳起来，如果有一个实参数组，想在函数中改变此数组元素的值，实参与形参的对应关系有以下 4 种：

（1）形参和实参都是数组名。

```
int main()
{
    int a[10];
    ……
    f(a,10);
    ……
}
void f(int x[],int n)
{
    ……
}
```

由于形参数组接收了实参数组首元素的地址，因此可以认为在函数调用期间，形参数组和实参数组共用一段内存单元，也可以说，a 和 x 指的是同一个数组。

（2）实参用数组，形参用指针变量。

```
int main()
{
    int a[10];
    ……
    f(a,10);
    ……
```

```
}
void f(int *x,int n)
{
    ……
}
```

实参 a 为数组名，形参 x 为指针变量。函数开始执行时，x 指向数组 a 的第一个数据元素，即有 x=&a[0]。可以通过改变 x 的值，使其指向数组 a 中的任意一个元素。

（3）实参、形参都用指针变量。

```
int main()
{
    int a[10],*p=a;
    ……
    f(p,10);
    ……
}
void f(int *x,int n)
{
    ……
}
```

首先让实参指针变量指向数组 a，此时 p=&a[0]，然后将 p 的值传给形参指针变量 x，x 的初始值也为 &a[0]。可以通过改变 x 的值，使其指向数组 a 中的任意一个元素。

（4）实参为指针变量，形参为数组名。

```
int main()
{
    int a[10],*p=a;
    ……
    f(p,10);
    ……
}
void f(int x[],int n)
{
    ……
}
```

实参指针变量 p 指向 a[0]。编译系统把形参数组名 x 作为指针变量来处理，把 a[0] 的地址传给形参 x，因此 x 的值为 &a[0]。也可以理解为形参数组 x 和 a 共用同一块内存单元。函数执行过程中，当 x 数组的值发生变化时，函数就可以使用变化了的数组元素值。

【例 7.18】用实参指针变量改写程序,将 *n* 个整数按相反的顺序存放。

```
void inv(int *x,int n)
{
   int *p,m,temp,*i,*j;
   m=(n-1)/2;
   i=x;j=x+n-1;p=x+m;
   for(;i<=p;i++,j--)
   {
      temp=*i;
      *i=*j;
      *j=temp;
   }
}
int main()
{
   int i,arr[10]={3,7,9,11,0,6,7,5,4,2},*p;
   p=arr;
   printf("The original array:\n");
   for(i=0;i<10;i++,p++)
      printf("%d",*p);
   printf("\n");
   p=arr;
   inv(p,10);
   printf("The array has been inverted:\n");
   for(p=arr;p<arr+10;p++)
      printf("%d",*p);
   printf("\n");
   return 0;
}
```

注意 main() 函数中的指针变量 p 是有确定值的。即如果用指针变量作实参,必须使指针变量有确定的值,即指向一个已定义的数组。

【例 7.19】用选择法编写程序,对 10 个整数进行排序。

```
#include <stdio.h>
int main()
{
   int *p,i,a[10]={3,7,9,11,0,6,7,5,4,2};
```

```
    void sort(int x[],int n);
    printf("The original array:\n");
    for(i=0;i<10;i++)
        printf("%d",a[i]);
    printf("\n");
    p=a;
    sort(p,10);
    for(p=a,i=0;i<10;i++)
    {
        printf("%d",*p);
        p++;
    }
    printf("\n");
    return 0;
}
void sort(int x[],int n)
{
    int i,j,k,t;
    for(i=0;i<n-1;i++)
    {
        k=i;
        for(j=i+1;j<n;j++)
            if(x[j]>x[k])
                k=j;
            if(k!=i)
            {
                t=x[i];
                x[i]=x[k];
                x[k]=t;
            }
    }
}
```

说明

函数 sort() 既可以用数组名作形参，也可以用指针变量作形参，这时函数的首部可改写为“sort(int *x,int n)”，函数的其他部分无须改动。请读者自行完成该程序的编译、运行。

7.3.4 指向多维数组的指针和指针变量

指向多维数组的指针和指针变量

指针变量可以指向一维数组中的元素，也可以指向多维数组中的元素。但在概念和使用上，多维数组的指针要复杂得多。

本节以二维数组为例介绍多维数组的指针变量。只要定义了指向二维数组的指针，就可以用指针来访问二维数组的各个元素。与一维数组不同的是：一维数组的逻辑结构和存储结构是一致的，都表现为线性空间；而二维数组的逻辑结构和存储结构是不同的，其逻辑结构是二维空间，存储结构则是线性空间。为了使读者养成用逻辑结构思考问题的习惯，同时兼顾二维数组存储结构的效率，C 语言为二维数组提供了三种指针形式，本节主要介绍与二维数组逻辑结构一致的行指针和指针数组。

1. 多维数组的地址

设有整型二维数组 a[3][4] 如下：

```
0    1    2    3
4    5    6    7
8    9    10   11
```

在程序中可作如下定义：

```
int a[3][4]={{0,1,2,3},{4,5,6,7},{8,9,10,11}};
```

设数组 a 的首地址为 1000H，各下标变量的首地址及其值如图 7-8 所示。

前面介绍过，C 语言允许把一个二维数组分解为多个一维数组来处理，即可以把一个二维数组看成若干个行向量，每个行向量都是一个一维数组。因此，数组 a 可分解为三个一维数组，即 a[0]、a[1]、a[2]。每一个一维数组又包含四个元素，如图 7-9 所示。

1000H 0	1004H 1	1008H 2	100CH 3
1010H 4	1014H 5	1018H 6	101CH 7
1020H 8	1024H 9	1028H 10	102CH 11

图 7-8 二维数组各元素的地址及值的对应关系

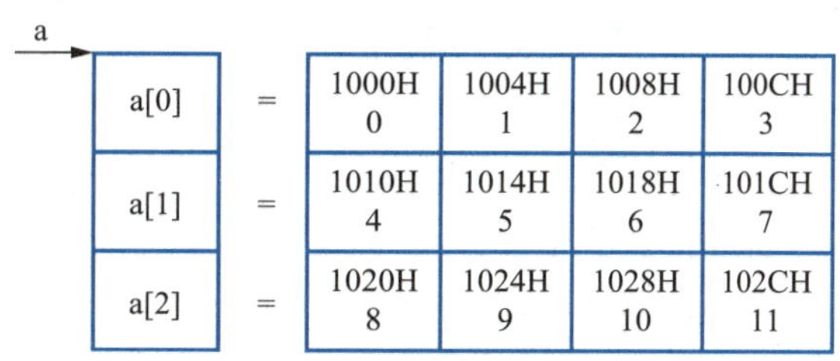

图 7-9 二维数组分解示意图

例如 a[0] 数组，含有 a[0][0]、a[0][1]、a[0][2]、a[0][3] 四个元素。

数组及数组元素的地址表示如图 7-10 所示：

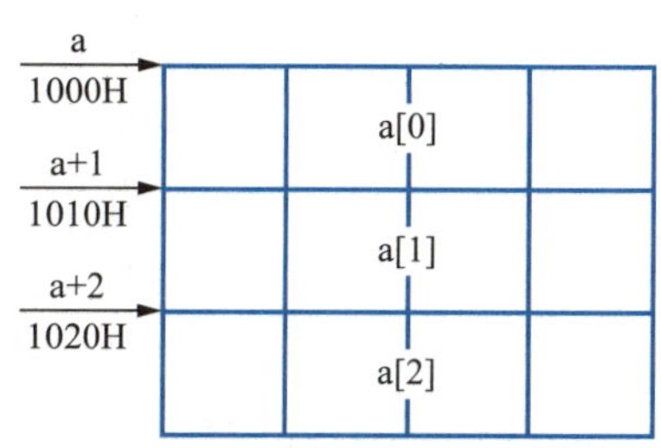

图 7-10 二维数组与行向量

从二维数组的角度来看，a 是二维数组名，代表整个二维数组的首地址，也是二维数组第 0 行的首地址，指向 1000H。a+1 代表第一行的首地址，指向 1010H。a+2 代表第二行的首地址，指向 1020H。

a[0] 是第一个一维数组的数组名和首地址，因此也指向 1000H。*(a+0) 或 *a 与 a[0] 是等效的，表示一维数组 a[0] 的 0 号元素的首地址 1000H。&a[0][0] 是二维数组 a 第 0 行第 0 列元素的首地址 1000H。因此，a、a[0]、*(a+0)、*a、&a[0][0] 指向同一个地址单元。

同理，a+1 是二维数组第一行的首地址 1010H。a[1] 是第二个一维数组的数组名和首地址 1010H。&a[1][0] 是二维数组 a 第 1 行第 0 列元素的地址 1010H。因此，a+1、a[1]、*(a+1)、&a[1][0] 指向同一个地址单元。由此可得出：a+i、a[i]、*(a+i)、&a[i][0] 也指向同一个地址单元。

此外，&a[i] 和 a[i] 也指向同一个地址单元。因为二维数组中不存在元素 a[i]，所以不能把 &a[i] 理解为元素 a[i] 的地址。C 语言规定，a[i] 是一种地址计算方法，表示数组 a 的第 i 行首地址。由此可得出：a[i]、&a[i]、*(a+i) 和 a+i 也指向同一个地址单元。

另外，a[0] 也可以看成是 a[0]+0，即一维数组 a[0] 的 0 号元素的首地址，而 a[0]+1 则是 a[0] 的 1 号元素首地址，由此可得出，a[i]+j 是一维数组 a[i] 的 j 号元素首地址，等同于 &a[i][j]。

由 a[i]=*(a+i) 得出 a[i]+j=*(a+i)+j。由于 *(a+i)+j 是二维数组 a 第 i 行第 j 列元素的首地址，因此，该元素的值为 *(*(a+i)+j)，如图 7-11 所示。

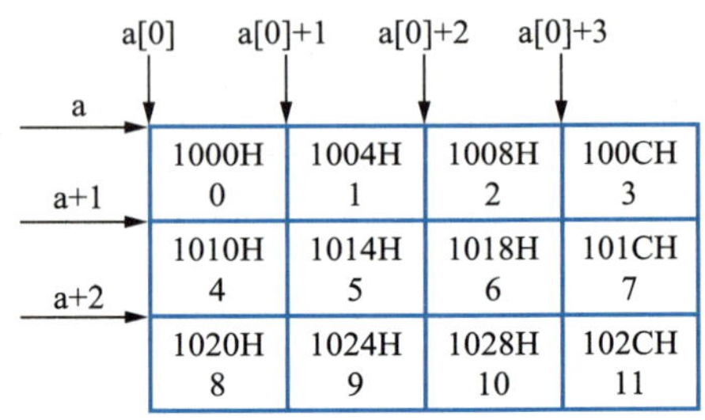

图 7-11　a[i]+j 与 a+i 的关系示意图

【例 7.20】输出二维数组有关的值。

```
#include <stdio.h>
int main()
{
    int a[3][4]={0,1,2,3,4,5,6,7,8,9,10,11};
    printf("%d",a);
    printf("%d",*a);
    printf("%d",a[0]);
    printf("%d",&a[0]);
    printf("%d\n",&a[0][0]);
    printf("%d",a+1);
    printf("%d",*(a+1));
    printf("%d",a[1]);
    printf("%d",&a[1]);
    printf("%d\n",&a[1][0]);
    printf("%d",a+2);
    printf("%d",*(a+2));
    printf("%d",a[2]);
    printf("%d,",&a[2]);
    printf("%d\n",&a[2][0]);
    printf("%d",a[1]+1);
    printf("%d\n",*(a+1)+1);
    printf("%d,%d\n",*(a[1]+1),*(*(a+1)+1));
    return 0;
}
```

程序运行结果如下：

```
1245008, 1245008, 1245008, 1245008, 1245008
1245024, 1245024, 1245024, 1245024, 1245024
1245040, 1245040,1245040, 1245040, 1245040
1245028, 1245028
5,5
```

请读者自行分析程序结果，加深对指向多维数组的指针和指针变量的理解。

2. 指向多维数组的指针变量

行指针依据的是二维数组的递归定义，可以把一个二维数组看成若干个行向量，每个行向量都是一个一维数组。定义一个指向行向量的指针，称为行指针。

（1）行指针的定义。

二维数组行指针变量说明的一般形式为：

```
类型说明符 (*指针变量名)[长度]
```

其中，“类型说明符”为所指数组的数据类型。“*”表示其后的变量是指针类型。“长度”表示二维数组分解为多个一维数组时一维数组的长度，也就是二维数组的列数。应注意“(*指针变量名)”两边的括号不可少，若缺少括号则表示是指针数组（本章后面将介绍），意义就完全不同了。

定义一个二维数组：

```
int a[3][4];
```

将二维数组 a 分解为一维数组 a[0]、a[1]、a[2] 之后，设 p 为指向二维数组的指针变量，即行指针。其定义形式为：

```
int(*p)[4];
```

表示 p 是一个行指针变量，它指向包含 4 个元素的一维数组。由于“[]”的优先级高于“*”，用圆括号将“*p”括起来，让 p 先与 * 相结合，表明 p 是一个指针，然后再与 [4] 结合，表明 p 是一个指向含有 4 个元素的二维数组。若指向第一个一维数组 a[0]，其值等于 a、a[0]、&a[0][0] 等，而 p+i 则指向一维数组 a[i]。从前面的分析可知，*(p+i)+j 是二维数组第 i 行第 j 列的元素的地址，而 *(*(p+i)+j) 则是第 i 行第 j 列元素的值。

【例 7.21】用行指针输出二维数组的值。

```
#include <stdio.h>
int main()
{
   int a[3][4]={0,1,2,3,4,5,6,7,8,9,10,11};
   int(*p)[4];
   int i,j;
   p=a;
   for(i=0;i<3;i++)
```

```
    {
       for(j=0;j<4;j++)
          printf("%2d",*(*(p+i)+j));
       printf("\n");
    }
    return 0;
}
```

（2）用行指针访问二维数组的方法。

用行指针 p 访问二维数组 a 时，先将行指针移到指定行上，然后再移到指定列上。其中，p+i 表示指针指向 a 的第 i 行，而 p[i]+j 则表示指针指向第 i 行的第 j 列，如图 7-12 所示。

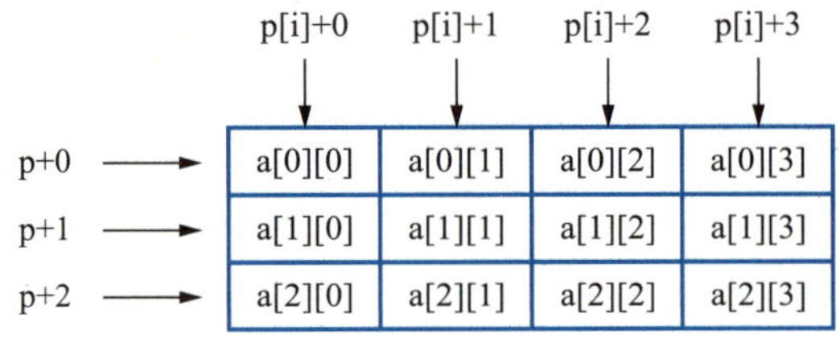

图 7-12　行指针移动示意图

（3）用行指针访问二维数组的等价形式。

定义了行指针后，访问数组元素的主要等价形式见表 7-1。

表 7-1　用行指针访问二维数组元素地址及数据的各种等价形式

对　象	数组元素 a[0][0]		数组元素 a[i][j]	
访问方式	数组名	指　针	数组名	指　针
地址访问形式	a &a[0][0] a[0] &a[0]	p &p[0][0] p[0] &p[0]	&a[i][j] a[i]+j *(a+i)+j	&p[i][j] p[i]+j *(p+i)+j
数据访问形式	a[0][0] *(a[0]) **a (*a)[0]	p[0][0] *(p[0]) **p (*p)[0]	a[i][j] *(a[i]+j) *((*a+i)+j) (*(a+i))[j]	p[i][j] *(p[i]+j) *((*p+i)+j) (*(p+i))[j]

【例 7.22】用行指针和指针移动的方法输出方阵 a[M][M] 的下三角矩阵，并求下三角矩阵元素之和。

一个方阵的下三角矩阵由对角线以下的元素（包括对角线）组成。程序实现如下：

```
#define M 5
#include <stdio.h>
int main()
{
   static int a[M][M],(*pa)[M]=a;
```

```
    int i,j,sum=0;
    for(i=0;i<M;i++)
    for(j=0;j<M;j++)
      scanf("%d",&pa[i][j]);                    /*输入二维数组*/
    for(i=0;i<M;i++)
    {
      for(j=0;j<=i;j++)
      {
        printf("%4d ",pa[i][j]);                /*输出二维数组元素*/
        sum+=pa[i][j];                          /*统计下三角数组元素的和*/
      }
      printf("\n");
    }
    printf("sum=%d\n",sum);
    return 0;
}
```

7.3.5 指针数组

若一个数组的元素值为指针，则该数组是指针数组。指针数组是一组有序的指针的集合。指针数组的所有元素都必须是具有相同存储类型和指向相同数据类型的指针变量。

指针数组

指针数组说明的一般形式为：

```
类型说明符 *数组名 [数组长度]
```

其中，“类型说明符”为指针值所指向的变量的类型。例如：

```
int *pa[3]
```

表示 pa 是一个指针数组，它有 3 个数组元素，每个元素值都是一个指针，指向整型变量。由于“[]”的优先级比“*”高，因此 pa 先与 [3] 结合，形成 pa[3] 的形式，这显然是数组形式，然后再与“*”结合，表示此数组是指针类型的。

通常可用指针数组来指向一个二维数组。由于指针数组中的每个元素被赋予二维数组每一行的首地址，因此也可理解为指向一个一维数组。

【例 7.23】指针数组的应用。

```
#include <stdio.h>
int main()
{
    int a[3][3]={1,2,3,4,5,6,7,8,9};
    int *pa[3]={a[0],a[1],a[2]};
    int *p=a[0];
```

```
    int i;
    for(i=0;i<3;i++)
        printf("%d,%d,%d\n",a[i][2-i],*a[i],*(*(a+i)+i));
    for(i=0;i<3;i++)
        printf("%d,%d,%d\n",*pa[i],p[i],*(p+i));
    return 0;
}
```

程序运行结果如下：

```
3,1,1
5,4,5
7,7,9
1,1,1
4,2,2
7,3,3
```

本例程序中，pa 是一个指针数组，3 个元素分别指向二维数组 a 的各行，然后用循环语句输出指定的数组元素。其中，*a[i] 表示第 i 行第 0 列元素的值；*(*(a+i)+i) 表示第 i 行第 i 列的元素的值；*pa[i] 表示第 i 行第 0 列元素的值；由于 pa 与 a[0] 相同，因此 p[i] 表示第 0 行第 i 列的值；*(p+i) 表示第 0 行第 i 列的值。读者可仔细领会元素值的各种不同的表示方法。

应该注意：指针数组和二维数组指针变量虽然都可用来表示二维数组，但是两者的表示方法和意义是不同的。

二维数组指针变量是单个变量，其一般形式中"(* 指针变量名)"两边的括号不可少。而指针数组类型表示的是多个指针(一组有序指针)，在一般形式中，"* 指针数组名"两边不能有括号。例如：

```
int(*p)[3];
```

表示一个指向二维数组的指针变量。该二维数组的列数为 3 或分解为一维数组的长度为 3。

```
int *p[3]
```

表示 p 是一个指针数组，3 个下标变量 p[0]、p[1]、p[2] 均为指针变量。

指针数组也常用来表示一组字符串，这时指针数组的每个元素被赋予一个字符串的首地址。指向字符串的指针数组的初始化比较简单。例如，下面的例子中采用指针数组来表示一组字符串，其初始化赋值为：

```
char *name[]={"Illegal day",
              "Monday",
              "Tuesday",
              "Wednesday",
              "Thursday",
              "Friday",
```

```
            "Saturday",
            "Sunday"
            };
```

完成这个初始化赋值后，name[0] 即指向字符串“Illegal day”，name[1] 指向“Monday”，……。

指针数组也可以用作函数参数。

【例 7.24】阅读并分析下列程序。

```
#include <stdio.h>
int main()
{
   static char *name[]={"Illegal day",
                        "Monday",
                        "Tuesday",
                        "Wednesday",
                        "Thursday",
                        "Friday",
                        "Saturday",
                        "Sunday"
                        };
   char *ps;
   int i;
   char *day_name(char *name[],int n);
   printf("input Day No:\n");
   scanf("%d",&i);
   if(i<0)
      exit(1);
   ps=day_name(name,i);
   printf("Day No:%2d-->%s\n",i,ps);
   return 0;
}
char *day_name(char *name[],int n)
{
   char *pp1,*pp2;
   pp1=*name;
   pp2=*(name+n);
   return((n<1||n>7)? pp1:pp2);
}
```

程序运行结果如下：

```
Input Day No:
4
Day No: 4-->Thursday
```

本例主函数中定义了一个指针数组 name，并对 name 做了初始化赋值，其每个指针数组元素均指向一个字符串。然后又以 name 作为实参调用指针型函数 day_name()，将数组名 name 赋给形参变量 name，输入的整数 i 赋给第二个形参 n。在 day_name() 函数中定义了两个指针变量 pp1 和 pp2，pp1 指向 name[0] 的值（即 *name），pp2 指向 name[n] 的值，即 *(name+n)。由条件表达式决定返回 pp1 或 pp2 指针给主函数中的指针变量 ps。最后输出 i 和 ps 的值。

【例 7.25】输入 5 个国家的名称，并按字母顺序排列后输出。

```
#include "string.h"
int main()
{
    void sort(char *name[],int n);
    void print(char *name[],int n);
    static char *name[]={"CHINA","AMERICA","AUSTRALIA","FRANCE","GERMAN"};
    int n=5;
    sort(name,n);
    print(name,n);
    return 0;
}
void sort(char *name[],int n)
{
    char *pt;
    int i,j,k;
    for(i=0;i<n-1;i++)
    {
        k=i;
        for(j=i+1;j<n;j++)
            if(strcmp(name[k],name[j])>0)
            k=j;
        if(k!=i)
        {
            pt=name[i];
            name[i]=name[k];
            name[k]=pt;
```

```
        }
      }
    }
    void print(char *name[],int n)
    {
      int i;
      for(i=0;i<n;i++)
        printf("%s\n",name[i]);
    }
```

程序运行结果如下：

```
AMERICA
AUSTRALIA
CHINA
GERMAN
```

在以前的例子中采用了普通的排序方法，逐个比较之后交换字符串的位置。交换字符串的物理位置是通过字符串复制函数完成的。反复交换会使程序的执行速度变慢，同时由于各字符串（国家名称）的长度不同，又增加了内存管理的负担。用指针数组则可以很好地解决这些问题。本程序的做法是：把所有字符串存放在一个数组中，把这些字符数组的首地址放在一个指针数组中，当需要交换两个字符串时，只需交换指针数组相应两元素的内容（地址）即可，而不必交换字符串本身。

本程序定义了两个函数，sort() 函数用于排序，其形参为指针数组 name，即为待排序的各字符串数组的指针，形参 n 为字符串的个数；print() 函数用于将排序后的字符串输出，其形参与 sort 的形参相同。主函数 main() 中定义了指针数组 name，并做了初始化赋值。然后分别调用 sort() 函数和 print() 函数完成指针数组值的排序和输出。值得说明的是，在 sort() 函数中，使用了 strcmp() 函数对两个字符串进行比较，strcmp() 函数允许参与比较的字符串以指针的方式出现。由于 name[k] 和 name[j] 均为指针，因此是合法的。字符串比较后需要交换时，只交换指针数组元素的值，而不交换具体的字符串，这样将大大缩短时间，从而提高运行效率。

7.4 字符串和指针

7.4.1 字符串的表示形式

字符串和指针（上）

在 C 语言中，可能会出现两种字符串：有名字符串和无名字符串。

1. 用指针处理有名字符串

（1）有名字符串的概念。

C 语言不提供字符串变量，字符串的存储和处理要借助字符数组来实现。如果将一个字符串放在字符数组中，这个字符串就是有名字符串，其名字就是数组名。有名字符串被分配在一块连续的存储单元中，以数组名作为存储空间的首地址。在程序运行期间，由于有名字符串占用存储空间的首地址不会发生改变，因此任何时候都可以用数组名来引用和处理。

（2）有名字符串的处理方法。

访问有名字符串时有两种方法：用字符数组处理和用字符型指针处理。

【例 7.26】定义一个字符数组，对其进行初始化，然后输出该字符串。

```
#include <stdio.h>
int main()
{
    char string[]="I love China!";
    printf("%s\n",string);
    return 0;
}
```

说 明

如图 7-13 所示，string 是数组名，它代表字符数组的首地址。

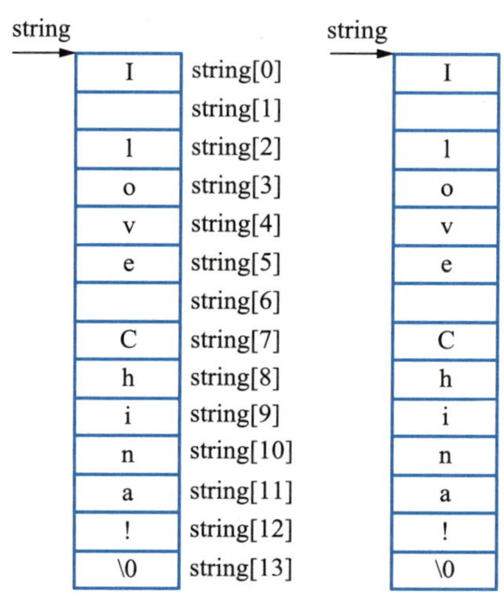

图 7-13　例 7.26 的内存分配图

【例 7.27】编写一个程序，将字符串 t 复制到字符串 s 中（不要使用 strcpy() 函数）。

算法实现：定义两个字符数组 t[] 和 s[]，t 为源字符串，s 为目标字符串。将 t 中各个字符依次读出，并且顺次存入数组 s 中，直到数组 t 中遇到 '\0' 字符为止。

```
#include <stdio.h>
int main()
{
    char s[20],t[]="I am a student";
    int i=0;
```

```
    while(s[i]=t[i])
        i++;
    printf("%s",s);
    printf("%s\n",t);
    return 0;
}
```

程序的编译和运行请读者自行完成。

程序中的循环条件为 s[i]=t[i]，当未遇到字符串 t 末尾的 '\0' 字符时，执行字符串复制功能，当复制到字符串 t 末尾的 '\0' 字符时，控制复制过程结束。

【例 7.28】用字符型指针来实现例 7.27 的功能。

```
#include <stdio.h>
int main()
{
    char s[20],t[]="I am a student";
    char *s1=s,*t1=t;
    while(*s1++=*t1++)
        ;
    printf("%s",s);
    printf("%s\n",t);
    return 0;
}
```

用字符型指针引用字符串时，需要定义两个指针变量 s1 和 t1，分别指向字符数组 s 和 t，程序中用表达式"*s1++=*t1++"完成指针移动、赋值和循环测试三重功能。

【例 7.29】编写程序，统计从键盘输入的一个字符串的长度（不要使用 strlen() 函数）。

```
#include <stdio.h>
int main()
{
    int len;
    char str[80],*pstr=str;
    gets(str);
    for(len=0;*pstr++;len++);
    printf("The length of string is %d",len);
    return 0;
}
```

当指针 pstr 指向第一个字符（即 str[0] 代表的字符）时，计数器 len 置为 0；当 pstr 指到 str 中的 '\0' 字符时，len 的值就是字符串的长度。

2. 用指针处理无名字符串

(1) 无名字符串的概念。

当程序中出现字符串常量时,C 编译系统会将其存储在内存的常量存储区。虽然字符串常量也占用一块连续的存储空间,也有自己的首地址,但是这个首地址没有名字,也就无法在程序中对其进行控制和改变,故称为无名字符串。可以将字符串常量理解成一个无名的字符数组。由于无名字符数组的起始地址及各个字符都没有具体的名字,因此不能用数组名来引用和处理,只能通过指针来实现。

(2) 用字符型指针处理无名字符串。

定义一个字符型指针,用字符串常量对其进行初始化,那么该指针就存放了无名字符串的首地址,即该指针指向无名字符串。

【例 7.30】用字符型指针指向一个字符串。

```
#include <stdio.h>
int main()
{
    char *string="I love China!";
    printf("%s\n",string);
    return 0;
}
```

指向字符的指针变量的定义与指向字符变量的指针变量的定义相同,区别在于为指针变量赋的值不同,为指向字符变量的指针变量赋的是该字符变量的地址。例如:

```
char c,*p=&c;
```

表示 p 是一个指向字符变量 c 的指针变量。而

```
char *s="C Language";
```

则表示 s 是一个指向字符串的指针变量,把字符串的首地址赋给 s。

【例 7.31】输出字符串中 *n* 个字符后的所有字符。

```
#include <stdio.h>
int main()
{
    char *ps="this is a book";
    int n=10;
    ps=ps+n;
    printf("%s\n",ps);
    return 0;
}
```

程序运行结果如下:

```
book
```

在程序中对 ps 进行初始化时，即把字符串首地址赋给 ps，当执行“ps=ps+10”之后，ps 指向字符“b”，因此输出为“book”。

（3）用指针处理无名字符串应注意的几个问题：

① 通过初始化和赋值方式使指针指向某个无名字符串时，指针中存放的只是字符串的首地址，不要误认为指针中存放的就是该字符串。

例 7.30 中，将 string 定义为一个字符指针变量，把字符串的首地址赋给 string（应写出整个字符串，以便编译系统把该字符串装入一块连续的内存单元）。即不是把“I love China!”这些字符放到 string 中（指针变量只能存放地址），也不是把字符串赋值给 string，而只是把“I love China!”的第一个字符的地址赋给指针变量 string。

需要注意的是，定义的指针变量只能指向一个字符变量或字符型数据，不能同时指向多个字符数据。

再如：

```
char *ps="C Language";
```

等效于：

```
char *ps;
ps="C Language";
```

② 字符型指针处理无名字符串时，由于每个无名字符串都占用各自的存储区，因此即使两个字符串完全相同，它们的地址也不一样。故当一个指针被多次赋值后，该指针将指向最新赋值的字符串，而原先存放的字符串就不能用该指针变量继续访问了。例如：

```
char *str="Pascal Language";
printf("%s\n",str);
str="C Language";
```

指针 str 初始化时指向“Pascal Language”，而后又指向“C Language”，但“Pascal Language”字符串并没有被“C Language”替换，因为两个字符串各自占用自己的存储单元，具有不同的起始地址。指针指向了“C Language”，就不再指向“Pascal Language”，此时若没有其他指针指向“Pascal Language”，“Pascal Language”就不可访问了。

③ 单独使用指针只能处理字符串常量，即不能通过输入的方式处理字符串。请看下面的程序：

```
#include <stdio.h>
int main()
{
   char *s;
   gets(s);                          /*scanf("%s",s);*/
   printf("%s\n",s);                 /*puts(s);*/
   return 0;
}
```

在程序规模很小，内存空间足够大的时候，程序也能正常运行，但这种方法很不可靠。编译系统只为指针变量 s 分配了地址，却没有确定其具体的指向。当用输入函数 scanf() 或

gets() 输入字符串时，没有确定的地址来存放该字符串，而将该字符串存入常量存储区中并取其首地址作为 s 的值。随着程序规模的扩大，无“指向”指针的增加，当常量存储区不够用的时候，就会占用其他变量甚至程序代码已经使用的存储空间，轻者造成程序混乱，重者使程序瘫痪。

字符串和指针（下）

3. 用字符型指针数组处理多个字符串

字符型指针数组既可以和二维数组联合使用处理有名字符串，也可以单独使用处理多个无名字符串。例如，定义

```
char static str[5][80],*st[5];
```

或

```
char *str={"abcd","efgh","ijkl","mnopqr","xyz"};
```

都可以用来处理 5 个字符串。前一种情况可以处理存放在数组 str 中的有名字符串，后一种情况用来处理无名字符串。

在用字符型指针处理有名字符串时，由于这些字符串属于同一数组，因此占用的是连续的存储空间，无论指针的指向如何改变，总可以访问到数组中的字符串。当用字符型指针处理无名字符串时，虽然每个无名字符串也占用连续的存储空间，但字符串间占用的空间可能不连续，字符串间的联系只能依赖指针，一旦某个指针中的地址被重新赋值，那么它所指向的字符串就不能继续访问，除非该字符串还有其他指针指向它。

【例 7.32】用选择法将 10 个字符串按从小到大的顺序排序，并按 5 个一行分两行输出。

算法实现：先定义一个存放 10 个字符串的二维字符数组 s[10][80]，再定义一个指向 s 的字符型指针数组 ch[10]，使其每个元素指向一个字符串，从键盘输入这些字符串存入字符数组中。在选择排序中，将每一个字符串作为一个整体通过指针进行比较，在需要交换的时候，只交换指针数组元素的指向即可，无须交换数组中的字符。排序完成后，按指针数组元素的顺序输出各个字符串。

```
#include <string.h>
#include <stdio.h>
int main()
{
    static char s[10][80],*ch[10];
    char *temp;
    int i,j,k;
    for(i=0;i<10;i++)
        ch[i]=s[i];
    for(i=0;i<10;i++)
        gets(s[i]);
    for(i=0;i<9;i++)
    {
        k=i;
        for(j=i+1;j<10;j++)
```

```
            if(strcmp(ch[k],ch[j])>0)
        if(i!=k)
        {
            temp=ch[k];
            ch[k]=ch[i];
            ch[i]=temp;
        }
    }
    for(i=0;i<10;i++)
    {
        printf("%s\t",ch[i]);
        if((i+1)%5==0)
            printf("\n");
    }
    return 0;
}
```

【例 7.33】指定 11 个字符串，顺序从各个字符串中取出第 1 个、第 2 个、……、第 11 个字符串，形成一个新的字符串。

算法实现：用初始化的方法定义一个字符型指针数组 str[11]，通过循环顺序取出各个字符串对应位置上的字符并存入另一个一维字符数组 s 中。

```
#include <stdio.h>
int main()
{
    char *str[11]={"Icon","saw","memory","array","across","furcated","hypercube",
                   "independent","incurvate","indeteminate","indifferent"};
    char s[12];
    int i;
    for(i=0;i<11;i++)
        s[i]=str[i][i];
    s[i]='\0';
    printf("%s\n",s);
    return 0;
}
```

程序运行结果如下：

```
Iamastudeat
```

【例 7.34】在输入的字符串中查找有无“k”字符。

```
#include <stdio.h>
```

```
int main()
{
    char st[20],*ps;
    int i;
    printf("input a string:\n");
    ps=st;
    scanf("%s",ps);
    for(i=0;ps[i]!='\0';i++)
        if(ps[i]=='k')
        {
            printf("there is a 'k' in the string\n");
            break;
        }
        if(ps[i]=='\0')
            printf("There is no 'k' in the string\n");
    return 0;
}
```

程序的编译和运行请读者自行完成。

【例 7.35】使用字符串指针作函数参数，将一个字符串的内容复制到另一个字符串中（不能使用 strcpy() 函数）。

说 明

函数 cprstr() 的形参为两个字符指针变量，pss 指向源字符串，pds 指向目标字符串。注意表达式“(*pds=*pss)!='\0'”的用法。

```
#include <stdio.h>
void cpystr(char *pss,char *pds)
{
    while((*pds=*pss)!='\0')
    {
        pds++;
        pss++;
    }
    return;
}
int main()
{
    char *pa="CHINA",b[10],*pb;
```

```
    pb=b;
    cpystr(pa,pb);
    printf("string a=%s\nstring b=%s\n",pa,pb);
    return 0;
}
```

在本例中，程序完成了两项工作：一是把 pss 指向的源字符串复制到 pds 指向的目标字符串中；二是判断所复制的字符是否为 '\0'，若是则表明源字符串结束，不再循环，否则 pds 和 pss 都加 1，指向下一字符。在主函数中，以指针变量 pa、pb 为实参，分别取得确定值后调用 cpystr() 函数。由于采用的指针变量 pa 和 pss 指向同一字符串、pb 和 pds 指向同一字符串，因此在主函数和 cpystr() 函数中均可使用这些字符串。也可以把 cpystr() 函数简化为以下形式：

```
cpystr(char *pss,char *pds)
{
    while((*pds++=*pss++)!='\0');
}
```

即把指针的移动和赋值合并在一条语句中。进一步分析还可以发现 '\0' 的 ASCⅡ码为 0，对于 while 语句，只要表达式的值为非 0 就执行循环，为 0 则结束循环，因此也可省去“!='\0'”这一判断部分，写为以下更为精简的形式：

```
cpystr(char *pss,char *pds)
{
    while(*pds++=*pss++);
}
```

表达式的意义可解释为：源字符向目标字符赋值，移动指针，若所赋值为非 0 则循环，否则结束循环。这样使程序更加简洁，但对初学者来说可读性变差了。

【例 7.36】简化例 7.35 的程序。

```
#include <stdio.h>
void cpystr(char *pss,char *pds)
{
    while(*pds++=*pss++);
}
int main()
{
    char *pa="CHINA",b[10],*pb;
    pb=b;
    cpystr(pa,pb);
    printf("string a=%s\n,string b=%s\n",pa,pb);
    return 0;
}
```

7.4.2 使用字符串指针变量与字符数组的区别

用字符数组和字符指针变量都可以实现字符串的存储和运算，但是两者是有区别的。在使用时应注意以下几个问题：

（1）字符串指针变量本身是一个变量，用于存放字符串的首地址。而字符串本身是存放在从该首地址开始的一块连续的内存空间中的，以 '\0' 作为结束的字符串。字符数组是由若干个数组元素组成的，它可用来存放整个字符串。

（2）赋值方式的区别。对字符串指针变量可以采用以下方法赋值：

```
char *ps="C Language";
```

也可以写为：

```
char *ps;
ps="C Language";
```

要注意赋给 ps 的不是字符，而是字符串第一个元素的地址。而对字符数组的赋值方式为：

```
static char st[]={"C Language"};
```

它不能写为：

```
char st[20];
st={"C Language"};
```

即数组可以在定义时整体赋初值，但不能在赋值语句中整体赋值，此时只能为字符数组的各元素逐个赋值。

（3）如果定义了一个字符数组，在编译时为其分配存储单元，那么它就有确定的地址。而定义一个字符型指针变量时，为指针变量分配存储单元，使其指向一个字符变量的地址，即该指针变量可以指向一个字符型数据，但若未对它赋值（地址值），则它并未具体指向一个确定的字符型数据（请参看用指针处理无名字符串应注意的几个问题）。

（4）指针变量的值是可以改变的。

【例 7. 37】改变指针变量的值。

```
#include <stdio.h>
int main()
{
    char *str="I am a student."
    str=str+7;
    printf("%c",*str);
    printf("%s\n",str);
    return 0;
}
```

程序运行结果如下：

```
s student.
```

程序说明：用一个字符型指针 str 指向该字符串，然后移动指针到第 8 个字符的位置上，如果用“%c”控制，输出的是 str 所指向的字符；如果用“%s”控制，就能输出从第 8 个字符开始直到字符串末尾的子串。

数组名虽然代表地址，但它是常量，其值是不能改变的。下面的例子是错误的：

```
char a[]={"I am a student."};
a=a+7;
printf("%s",a);
```

如果定义了一个指针变量，并使它指向一个字符串，就可以用下标形式引用指针变量所指的字符串中的字符。

【例 7.38】用带下标的字符指针变量引用字符串中的字符。

```
#include <stdio.h>
int main()
{
    char *str="I am a student.";
    int i;
    printf("The sixth character is %c\n",str[5]);
    for(i=0;str[i]!= '\0';i++)
        printf("%c",str[i]);
    printf("\n");
    return 0;
}
```

程序运行结果如下：

```
The sixth character is a
I am a student.
```

程序中虽然没有定义数组 str，但字符串在内存中是以字符数组的形式存放的。str[5] 按 *(str+5) 来处理，即从 str 当前指向的元素下移 5 个元素的位置，取出其单元中的值。

（5）用指针变量指向一个格式字符串，可以用它代替 printf() 函数中的格式字符串。

【例 7.39】分析下列程序。

```
#include <stdio.h>
int main()
{
    static int a[3][4]={0,1,2,3,4,5,6,7,8,9,10,11};
    char *PF;
    PF="%d,%d,%d,%d,%d\n";
    printf(PF,a,*a,a[0],&a[0],&a[0][0]);
    printf(PF,a+1,*(a+1),a[1],&a[1],&a[1][0]);
    printf(PF,a+2,*(a+2),a[2],&a[2],&a[2][0]);
```

```
    printf("%d,%d\n",a[1]+1,*(a+1)+1);
    printf("%d,%d\n",*(a[1]+1),*(*(a+1)+1));
    return 0;
}
```

本例是将指针变量指向一个格式字符串,用在 printf() 函数中,用于输出二维数组各种地址表示的值。在 printf 语句中用指针变量 PF 代替格式串,也是程序中常用的方法。本例中的 printf() 函数称为可变格式输出函数,也可以用字符数组实现。例如:

```
char PF[]="%d,%d,%d,%d,%d\n";
printf(PF,a,*a,a[0],&a[0],&a[0][0]);
```

从以上几点可以看出字符串指针变量与字符数组在使用时的区别,同时也可看出使用指针变量更加方便。

7.5 指针与函数

指针与函数

7.5.1 函数指针变量

在 C 语言中,可以用指针变量指向一个变量、字符串、数组,也可以指向一个函数。一个函数总是占用一块连续的内存区,而函数名就是该函数所占内存区的首地址。可以把函数的这个首地址(或称入口地址)赋给一个指针变量,使该指针变量指向此函数,然后通过指针变量就可以找到并调用这个函数。这种指向函数的指针变量被称为“函数指针变量”。

函数指针变量定义的一般形式为:

```
类型说明符 (*指针变量名)(函数参数列表);
```

其中,“类型说明符”表示函数的返回值的类型。“(*指针变量名)”中“*”后面的是定义的指针变量。最后的括号表示指针变量所指的是一个带参数的函数,参数列表可以为空。

例如:

```
int(*pf)( );
```

表示 pf 是一个指向函数入口的指针变量,该函数的返回值(函数值)是整型数据。

【例 7.40】求 x 和 y 中的较大者。

(1) 用一般的函数调用方法实现,程序如下:

```
#include <stdio.h>
int max(int a,int b)
{
    if(a>b)
        return a;
    else
        return b;
```

```
}
int main()
{
    int x,y,z;
    scanf("%d,%d",&x,&y);
    z=max(x,y);
    printf("x=%d,y=%d,max=%d\n",x,y,z);
    return 0;
}
```

main() 函数中的“z=max(x,y);”语句调用了 max() 函数。每个函数都占用一块内存单元，并且有一个起始地址，所以，可以用一个指针变量指向一个函数，并通过指针变量来访问它所指向的函数。

（2）用函数指针实现函数的调用。可以将 main() 函数做如下修改：

```
int main()
{
    int max(int a,int b);
    int(*p)(int,int);
    int x,y,z;
    p=max;
    printf("input two numbers:\n");
    scanf("%d%d",&x,&y);
    z=(*p)(x,y);
    printf("x=%d,y=%d,max=%d\n",x,y,z);
    return 0;
}
```

其中，“int (*p)(int,int);”语句用来定义一个指向函数的指针变量，*p 两侧的括号不能省略，表示 p 先与“*”结合，是指针变量，然后再与后面的“()”结合，表示此指针变量指向函数，函数的返回值是整型数据。如果写成“int *p(int,int);”，由于“()”的优先级高于“*”，此语句就成了声明一个 p 函数了，这个函数的返回值是指向整型变量的指针。

赋值语句“p=max;”的作用是将函数 max() 的入口地址赋予指针变量 p。

从上述程序可以看出，用函数指针变量形式调用函数的步骤如下：

（1）先定义函数指针变量，如修改后的程序 main() 函数中的“int (*p)(int,int);”语句定义 p 为函数指针变量，不是固定指向哪一个函数的，而只是表示定义了这样一个类型的变量，用来存放函数的入口地址。在程序中把哪一个函数的地址赋予它，它就指向哪一个函数。在一个程序中，一个指针变量可以先后指向相同类型的不同函数。

（2）把被调函数的入口地址（函数名）赋给函数的指针变量，如程序中的“p=max;”语句。在给函数指针变量赋值时只给出函数名即可，这里是将函数入口地址赋给 p，而不涉及实参和

形参值传递的问题,因而不能写成:

```
p=max(x,y);
```

(3) 用函数指针变量的形式调用函数,如程序中的“z=(*p)(x,y);”,只需用“(*p)”代替函数名即可,再根据需要写上实际参数。这里要注意函数的返回值类型。

(4) 调用函数的一般形式为:

```
(*指针变量名)(实参表);
```

使用函数指针变量还应注意以下三点:

(1) 函数的调用可以通过函数名实现,也可以通过函数指针实现。

(2) 函数指针变量不能进行算术运算,这与数组指针变量不同。数组指针变量加减一个整数可使指针移动指向后面或前面的数组元素,而函数指针的移动,如 p++、p+n、p-- 等运算是无意义的。

(3) 函数调用中“(*指针变量名)”两边的括号不可少,其中的“*”不应该理解为求值运算,在此处它只是一种表示符号。

7.5.2 指针型函数

前面已经介绍过,所谓函数类型是指函数返回值的类型。在 C 语言中允许一个函数的返回值是一个指针(即地址),这种返回指针值的函数称为指针型函数。

定义指针型函数的一般形式为:

```
类型说明符 *函数名(形参表)
{
  ……            /*函数体*/
}
```

其中,函数名之前加“*”号表明这是一个指针型函数,即返回值是一个指针。类型说明符表示返回的指针值所指向的数据类型。返回类型可以是任何数据类型(基本类型和复合类型)。返回指针的函数用途十分广泛。事实上,每一个函数,即使不带有返回某种类型的指针,它本身也有一个入口地址,该地址相当于一个指针。比如,函数返回一个整型值,实际上也相当于返回一个指针变量的值,不过这时的变量是函数本身,即整个函数相当于一个“变量”。如:

```
int *ap(int x,int y)
{
  ……            /*函数体*/
}
```

表示 ap 是一个返回指针值的指针型函数,即返回的指针指向一个整型变量。注意 *ap 的两侧没有括号,其两侧分别为“*”运算符和“()”运算符。由于“()”运算符的优先级高于“*”运算符,因此 ap 先与 () 结合,很显然这是函数形式。而 * 则表示该函数为指针型函数。

【例 7.41】分析下列程序。

```
#include <stdio.h>
float *find(float(*pionter)[4],int n)          /*定义指针函数*/
```

```
{
    float *pt;
    pt=*(pionter+n);
    return(pt);
}
int main()
{
    static float score[][4]={{60,70,80,90},{56,89,34,45},{34,23,56,45}};
    float *p;
    int i,m;
    printf("Enter the number to be found:");
    scanf("%d",&m);
    printf("the score of NO.%d are:\n",m);
    p=find(score,m);
    for(i=0;i<4;i++)
        printf("%5.2f\t",*(p+i));
    return 0;
}
```

学生学号从 0 号算起，函数 find() 被定义为指针函数，形参 pointer 是指针，指向包含 4 个元素的一维数组的指针变量。pointer+1 指向 score 的第一行。*(pointer+1) 指向第一行的第 0 个元素。pt 是一个指针变量，它指向浮点型变量。在 main() 函数中调用 find() 函数，将 score 数组的首地址传给 pointer。

【例 7.42】输入一个 1～7 之间的整数，输出对应的星期名。

```
#include <stdio.h>
#include <stdlib.h>
char *day_name(int n)
{
    static char *name[]={ "Illegal day",
                          "Monday",
                          "Tuesday",
                          "Wednesday",
                          "Thursday",
                          "Friday",
                          "Saturday",
                          "Sunday"
                        };
    return((n<1||n>7)?name[0]:name[n]);
```

```
}
int main()
{
    int i;
    char *day_name(int n);
    printf("input Day No:\n");
    scanf("%d",&i);
    if(i<0)
        exit(1);
    printf("Day No:%2d-->%s\n",i,day_name(i));
    return 0;
}
```

本例中定义了一个指针型函数 day_name()，它的返回值指向一个字符串。该函数中定义了一个静态指针数组 name，初始化赋值为 8 个字符串，分别表示各个星期名及出错提示信息。形参 n 表示与星期名所对应的整数。在主函数中，把输入的整数 i 作为实参，在 printf 语句中调用 day_name() 函数，并把 i 值传送给形参 n。day_name() 函数中的 return 语句包含一个条件表达式，n 值若大于 7 或小于 1，则把 name[0] 指针返回主函数，输出出错提示字符串“Illegal day”，否则返回主函数输出对应的星期名。主函数中的“if(i<0)”是条件语句，其语义是，如果输入为负数（i<0），则终止程序运行，退出程序。exit() 是一个库函数，exit(1) 表示发生错误后退出程序，exit(0) 表示正常退出。

应该注意的是，函数指针变量和指针型函数这两者在写法和意义上的区别，如 int (*p)() 和 int *p() 是完全不同的。

int (*p)() 是一个变量说明，说明 p 是一个指向函数入口的指针变量，该函数的返回值是整型量，(*p) 两边的括号不能少。

int *p() 则是函数说明而非变量说明，说明 p 是一个指针型函数，其返回值是一个指向整型变量的指针，*p 两边没有括号。进行函数说明时，括号内最好写入形式参数，以便区别于变量说明。

在指针型函数定义中，int *p() 只是函数说明部分，一般还应有函数体部分。

7.5.3 main() 函数的参数

由于前面介绍的 main() 函数都是不带参数的，因此 main() 后的括号都是空括号。实际上，main() 函数可以带参数，这个参数可以认为是 main() 函数的形式参数。C 语言规定，main() 函数的参数只能有两个，习惯上把这两个参数写为 argc 和 argv。因此，main() 函数的函数说明可写为：

```
int main(argc,argv);                /*函数类型可以是 int 或其他类型*/
```

C 语言还规定，argc（第一个形参）必须是整型变量，argv（第二个形参）必须是指向字符串的指针数组。加上形参说明后，main() 函数的函数说明应写为：

```
int main(int argc,char *argv[]);
```

由于 main() 函数不能被其他函数调用，因此不可能在程序内部取得实际值。那么，在何处把实参值赋给 main() 函数的形参呢？实际上，main() 函数的参数值是从操作系统命令行上获得的。当要运行一个可执行文件时，在 DOS 提示符下键入文件名，再输入实际参数即可把这些实参传送到 main() 函数的形参中去。

DOS 提示符下命令行的一般形式为：

```
C:\> 可执行文件名 参数 参数 ……
```

应该注意的是：main() 函数的两个形参和命令行中的参数在位置上不是一一对应的。因为 main() 的形参只有两个，而命令行中的参数个数原则上未加限制。argc 参数表示命令行中参数的个数（注意：文件名本身也算一个参数），argc 的值是在输入命令行时由系统按实际参数的个数自动赋予的。

例如，有如下命令行：

```
C:\>E24  BASIC  foxpro  FORTRAN
```

由于文件名 E24 本身也算一个参数，因此共有 4 个参数，argc 取得的值为 4。argv 参数是字符串指针数组，其各元素值为命令行中各字符串（参数均按字符串处理）的首地址。 指针数组的长度即为参数个数。数组元素初值由系统自动赋予。其表示如图 7-14 所示。

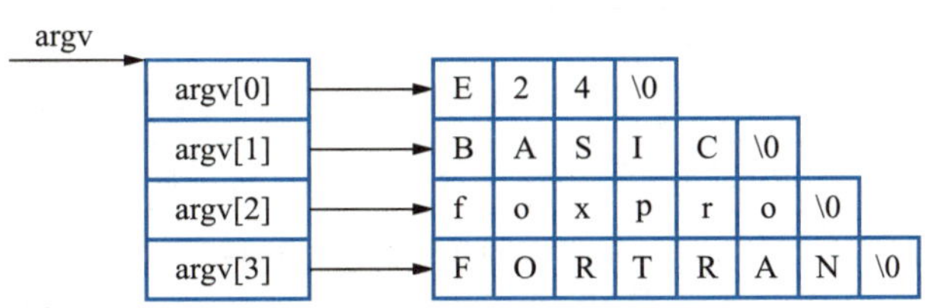

图 7-14 数组元素初值

【例 7.43】显示 DOS 命令行中输入的参数。

```
#include <stdio.h>
int main(int argc,char *argv)
{
  while(argc-->1)
    printf("%s\n",*++argv);
  return 0;
}
```

如果本例的可执行文件名为 e24.exe，存放在 D 盘内。输入的命令行为：

```
C:\>d:e24 BASIC foxpro FORTRAN
```

则运行结果为：

```
BASIC
foxpro
FORTRAN
```

该行共有 4 个参数,执行 main() 函数时,argc 的初值为 4。argv 的 4 个元素分别为 4 个字符串的首地址。执行 while 语句时,每循环一次,argc 的值减 1,当 argc 等于 1 时停止循环,共循环三次,因此共可输出 3 个参数。在 printf() 函数中,由于输出项 *++argv 是先加 1 再输出,故第一次输出的是 argv[1] 所指的字符串 BASIC,第二、三次循环分别输出后两个字符串。而参数 e24 是可执行文件名,不必输出。

7.6 指向指针的指针

指向指针的指针

7.6.1 一级指针和二级指针的概念

如果一个指针变量存放的又是另一个指针变量的地址,则称这个指针变量为指向指针的指针变量。

前面已经介绍过,通过指针访问变量称为间接访问。由于指针变量直接指向变量,因此称为“单级间址”或“一级指针”。而如果通过指向指针的指针变量来访问变量则构成“二级间接地址”,或者称为“二级指针”,实际上就是指向指针的指针,如图 7-15 所示。

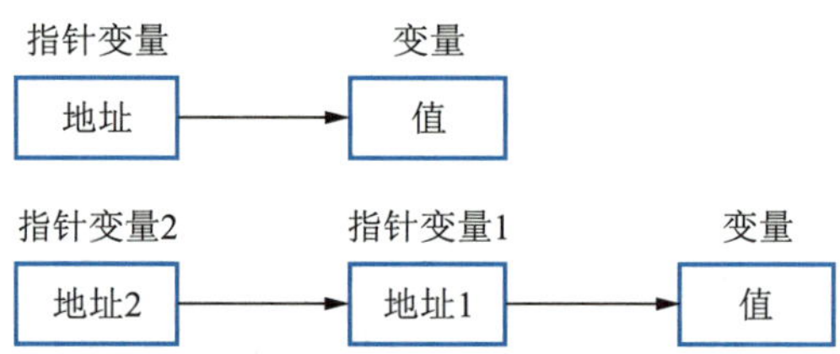

图 7-15 一级指针和二级指针

7.6.2 二级指针的定义和使用

1. 二级指针的定义

二级指针的定义形式为:

```
[存储类型] 数据类型 **指针名
```

其中,指针名前有两个 *,表示该指针是一个二级指针。例如,有如下定义:

```
int a,*p1a,**p2a;
p1a=&a;
p2a=&p1a;
```

指针 p1a 存放变量 a 的地址,即指向了变量 a;指针 p2a 存放一级指针 p1a 的地址,即指向了 p1a。因此,p1a 是一级指针,p2a 是二级指针。对于变量 a,既可以用一级指针 p1a 来访问,也可以用二级指针 p2a 来访问,即 a、*p1a、**p2a 都表示访问变量 a 的值,三者是等价的。

以图 7-16 为例来说明二级指针的使用。name 是一个指针数组,它的每一个元素都是一个指针型数据,其值为地址。name 数组的每一个元素都有相应的地址。数组名 name 代表该指针数组的首地址。name+1 是 name[1] 的地址。name+i 就是指向指针型数据的指针(地址)。还可以设置一个二级指针变量 p,使它指向指针数组元素,p 就是指向指针型数据的指针变量。

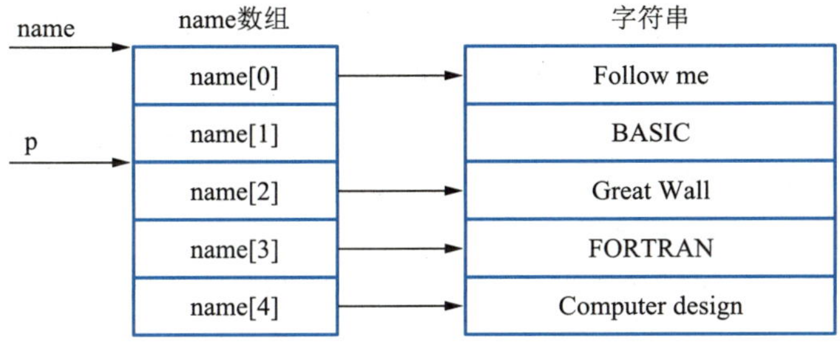

图 7-16　二级指针的使用

如果有：

```
p=name+2;
printf("%o\n",*p);
printf("%s\n",*p);
```

则第一条 printf() 函数语句输出 name[2] 的值（它是一个地址），第二条 printf() 函数语句以字符串形式（%s）输出字符串“Great Wall”。

2. 二级指针的使用

一级指针可以指向变量、一维数组和二维数组。用一级指针存取数据，可以通过移动指针指向不同的数据单元，有的取一次地址运算就能访问数据对象（如简单变量和一维数组），有的则需要取两次地址运算才能访问数据对象（如二维数组）。二级指针和一级指针联合使用，可以间接访问变量和数组。在处理简单问题的时候，没有必要使用二级指针。在实际应用中，经常会遇到要求在函数之间传递指针数据的问题，因此，理解和掌握一级指针和二级指针之间的关系是十分必要的。

一般来说，二级指针必须与一级指针联合使用才有意义，不能将二级指针直接指向数据对象。

【例 7.44】使用指向指针的指针（二级指针的使用）。

```
#include <stdio.h>
int main()
{
   char *name[]={"Follow me","BASIC","Great Wall","FORTRAN",
                 "Computer desighn"};
   char **p;
   int i;
   for(i=0;i<5;i++)
   {
      p=name+i;
      printf("%s\n",*p);
   }
   return 0;
}
```

说 明

p是指向指针的指针变量。执行第一次循环的时候,赋值语句“p=name+i;”,使p指向name数组的0号元素name[0],*p是name[0]的值,也就是第一个字符串的起始地址,然后用printf语句输出该字符串。

指针数组的元素也可以指向其他的数据类型,如整型和实型数据。

【例7.45】一个指针数组的元素指向数据的简单例子。

```
#include <stdio.h>
int main()
{
    static int a[5]={1,3,5,7,9};
    int *num[5]={&a[0],&a[1],&a[2],&a[3],&a[4]};
    int **p,i;
    p=num;
    for(i=0;i<5;i++)
    {
        printf("%d\t",**p);
        p++;
    }
    return 0;
}
```

程序的运行结果如下:

```
1    3    5    7    9
```

说 明

指针数组的元素只能存放地址。所以,如果把第5行写成

```
int *num[5]={1,3,5,7,9};
```

就是错误的。

7.7 用指针进行动态内存分配

用指针进行动态内存分配

C编译系统主要采用两种方法来使用内存:一种是由编译系统分配内存区,另一种是采用动态分配方式,动态地为程序分配存储区。动态分配的存储区位于用户程序之外,它不是由编译系统分配的,而是用户在程序中通过动态分配来获取的。使用动态内存分配至少有以下三个优点:

（1）可以更加有效地使用内存。

（2）同一段内存可以有不同的用途，使用时申请，用完后释放。

（3）允许建立链表等数据结构。

7.7.1 如何进行动态内存分配

进行动态内存分配时要注意以下几点：

（1）确切地规定需要多少内存空间，以避免内存空间的浪费，也可以为其他数据预留一部分空间。

（2）利用C编译系统提供的动态分配函数来分配所需要的存储空间。

（3）使指针指向获得的内存空间，以便利用指针在该空间内实施运算或操作。

（4）当动态内存使用完毕后，一定要释放该空间，否则可能把堆（heap）中的内存用完。

7.7.2 常用的动态内存分配函数

C动态内存分配函数从堆（系统自由内存区）获得内存空间。堆中的自由内存量一般都很大。

使用动态内存分配，通常要用到4个函数：calloc()和malloc()函数用于动态内存空间的申请；realloc()函数用于重新改变已分配的动态内存的大小；free()函数用于释放不再使用的动态内存。C动态分配系统的核心由malloc()和free()两个函数组成，其他函数不太重要。ANSI建议将这4个函数定义在头文件stdlib.h中。因此，如果在C编程环境中使用动态内存的话，一定要包含stdlib.h文件。

1. 内存申请函数

malloc()函数用来申请动态内存，其函数原型为：

```
void *malloc(size_t number_of_bytes);
```

其中，number_of_bytes是申请的字节数（size_t在stdlib.h中的定义一般是unsigned int）。函数malloc()返回void型指针，表示可以赋给各类指针，在实际应用中，可以通过强制类型转换将该地址转换成某种数据类型的地址。成功的malloc()调用返回指针，指向堆中分得的第一个字节。当堆中内存不够时调用失败，返回NULL或0（大多数编译程序提供的库函数允许用户在运行时获得对堆栈大小的估算，但是这类函数并不是标准C语言定义的）。尽管堆栈的尺寸很大，但也是有限的，也是可以被耗尽的。

申请500个float型数据的动态内存，可以使用以下代码段来实现：

```
float *p;
p=(float *)malloc(500*sizeof(float));
if(p==NULL)                              /*申请失败*/
   exit(1);
```

如果申请成功，可以得到供500个实型数据分配的动态内存的起始地址，并把此起始地址赋给指针变量p，利用该指针就可以对该区域内的数据进行操作或运算。若申请不成功，则退出程序，返回操作系统。

说 明

因为堆的空间是有限的,所以分配内存后都必须检查 malloc() 的返回值,确保指针使用前它是非 NULL(空指针)。因为空指针常常会使程序瘫痪。以下代码段是描述分配内存和测试指针有效性的正确方法:

```
p=malloc(100);
if(!p)
{
    printf("Out of memory!\n");
    exit(1);
}
```

当然也可以用某种错误处理函数来替换 exit() 函数,目的是绝不使用空指针。

补 充

calloc() 函数也可以在内存的动态存储区中分配 *n* 个长度为 size 的连续空间,函数返回一个指向分配起始地址的指针;如果分配不成功,返回 NULL。calloc() 函数的头文件为 stdlib.h,其用法如下:

```
void *calloc(unsigned n,unsigned size);
```

calloc() 函数与 malloc() 函数的区别在于,calloc 在动态分配完内存后,自动初始化该内存空间为零,而 malloc 不初始化,其中的数据是随机的垃圾数据。

2. 释放内存函数

free() 函数可以看作是 malloc() 函数的逆函数,即将 malloc() 函数申请的内存空间交还给系统。内存被交还后,之后的 malloc() 函数调用依然可以再次使用它。函数 free() 的原型是:

```
void free(void *p);
```

其中,p 是指向使用 malloc() 分配的内存的指针。由于函数没有返回值,因此定义为 void 型。这里要注意的是:绝对不能用无效指针调用 free() 函数,否则将破坏自由表。

【例 7.46】编写程序,利用动态内存分配存放 *n* 个整数的一维数组,*n* 的值在程序运行过程中指定,然后从键盘输入任意 *n* 个整数存入该数组中,并计算各个元素的平方和。

算法分析:先用 scanf() 函数输入 *n* 的值,然后用 calloc() 函数申请能存放 *n* 个 int 型数据的动态内存。若申请成功,就得到动态内存的首地址,并将该地址赋予指针变量 p,通过移动指针存入 *n* 个整数,再通过移动指针取出各数并计算它们的平方和。程序如下:

```
#include <stdlib.h>
#include <stdio.h>
int main()
{
    int n,s,i,*p;
```

```
    printf("Enter the demension of array:");
    scanf("%d",&n);
    if((p=(int *)calloc(n,sizeof(int)))==NULL)
    {
       printf("Not able to allocate memory.\n");
       exit(1);
    }
    printf("Enter %d values of array:\n",n);
    for(i=0;i<n;i++)
       scanf("%d",p+i);
    s=0;
    for(i=0;i<n;i++)
       s=s+*(p+i)*(*(p+i));
    printf("%d\n",s);
    free(p);
    return 0;
}
```

动态内存申请得到的是一个没有名字、只有首地址的连续的存储空间，相当于一个无名的一维数组。本程序中动态内存的首地址经过强制类型转换成 int 型，并存放在指针变量 p 中，通过移动指针 p 来存取数据。

7.8 有关指针的数据类型和指针运算的小结

7.8.1 有关指针的数据类型的小结

有关指针的数据类型见表 7-2。

表 7-2 指针的数据类型

定 义	含 义
int i;	定义整型变量 i
int *p	p 为指向整型数据的指针变量
int a[n];	定义整型数组 a，它包含 n 个元素
int *p[n];	定义指针数组 p，它由 n 个指向整型数据的指针元素组成
int (*p)[n];	p 为指向含 n 个元素的一维数组的指针变量
int f();	f 为返回整型函数值的函数
int *p();	p 为返回一个指针的函数，该指针指向整型数据
int (*p)();	p 为指向函数的指针，该函数返回一个整型值
int **p;	p 是一个指针变量，指向一个指向整型数据的指针变量

7.8.2 指针运算小结

指针运算包括以下几种运算:

(1) 指针变量加(减)一个整数。

例如:p++、p--、p+i、p-i、p+=i、p-=i。

一个指针变量加(减)一个整数并不是简单地将原值加(减)一个整数,而是将该指针变量的原值(是一个地址)和它指向的变量所占用的内存单元字节数相加(减)。

(2) 指针变量赋值:将一个变量的地址赋给一个指针变量。

```
p=&a;                    /*将变量 a 的地址赋给 p*/
p=array;                 /*将数组 array 的首地址赋给 p*/
p=&array[i];             /*将数组 array 第 i 个元素的地址赋给 p*/
p=max;                   /*max 为已定义的函数,将 max 的入口地址赋给 p*/
p1=p2;                   /*p1 和 p2 都是指针变量,将 p2 的值赋给 p1*/
```

注意,如下语句是错误的:

```
p=1000;
```

(3)指针变量可以有空值,即该指针变量不指向任何变量。

```
p=NULL;
```

(4) 两个指针变量可以相减:如果两个指针变量指向同一个数组的不同元素,则两个指针变量值之差是两个指针之间的元素个数。

(5) 两个指针变量可以比较:如果两个指针变量指向同一个数组的元素,则两个指针变量可以进行比较。指向前面的元素的指针变量"小于"指向后面的元素的指针变量。

7.8.3 几种常见的指针错误

由前面的内容可以了解到,指针的功能特别强,而且对许多问题来说又是必需的。但是,如果指针使用错误的话,会引入难以排除的错误。

指针错误难以定位,是因为指针本身并没有问题,而问题在于指针错误操作时程序对未知内存区进行了读或写操作。进行读操作时,最坏的情况是取得无用的数据;而进行写操作时,可能会覆盖掉其他代码或数据。这种错误可能直到程序执行相当一段时间后才会出现,因此会把排除工作引入歧途。

因为指针错误的性质特别严重,所以使用指针必须仔细研究,力求做到正确使用。

下面研究几种常见的指针错误。

(1) 指针错误的一个典型例子是未初始化指针。通过下面的程序进行说明:

```
int main()
{
    int x,*p;
    x=10;
    *p=x;          /*error,p is not initialized*/
```

```
    return 0;
}
```

该程序把整型数据10写到了未知的内存位置。原因是程序中从未向指针p赋值，p的内容不能确定。这种问题很难引起人们的注意，因为比较小的程序在运行时，p中的随机地址指向“安全区”的可能性很大，既不指向程序的代码和数据，也不指向操作系统。但是，随着程序的增加，p指向重要区域的可能性会增加，可能最终导致程序不能正常工作。在这个例子中，大多数编译程序会发出错误警告，说明用户试图使用未初始化的指针，而同样的错误可能会以更随机的方式出现，编译程序则无法检测到。

（2）第二种常见的错误是由误解指针的用法引起的。看下面的例子：

```
#include <stdio.h>
int main()
{
    int x,*p;
    x=10;
    p=x;
    printf("%d",*p);
    return 0;
}
```

此程序并不显示x的值10，输出的内容不确定，原因在于赋值语句：

```
p=x;
```

不对。该语句把10赋给指针p，而p的内容应该是地址。正确的做法是：

```
p=&x;
```

（3）另一种错误是对内存中数据放置的错误假定。一般来说，程序员不能确保数据处于内存的同样位置，不能确保各种机器都用同样的格式保存数据，也不能确保多种编译程序处理数据的办法完全相同。由于这些原因，在比较指向不同对象的指针时，容易产生意外的结果。看下面的例子：

```
char x[80],y[80];
char *p1,*p2;
p1=x;
p2=y;
if(p1<p2)
……
```

这个例子在概念上就错了，只有在特殊条件下才能由此确定变量的相对位置，但这种情况是比较少见的。

与之类似的错误是假设相邻数组顺序排列，从而简单地对指针增值，希望在使用这两个数组时可以跨越数组的边界，像是在使用一个数组。看下面的例子：

```
int frist[10],second[10];
int *p,t;
p=first;
for(t=0;t<20;++t)
    *p++=t;
```

尽管这种方法在某些条件下适用于某些编译程序,但这是在假定两个数组在内存中先存放 first,紧接着存放 second 的前提下实现的。因为这种情况并不总是常有的,所以这不是用 0～19 初始化数组 first 和 second 数组的好办法。

【例 7.47】找出下面程序中的错误。

```
#include <string.h>
#include <stdio.h>
int main()
{
    char *p;
    char a[80];
    p=a;
    do
    {
        gets(a);                    /*读取字符串*/
        while(*p)
            printf("%d",*p++);
    }while(strcmp(a,"done"));
    return 0;
}
```

该程序通过指针 p 打印出数组 a 中各个字符的 ASCII 值。程序中只对 p 赋值一次。第一轮循环中,p 指向了 a 中的首字符。第二轮循环时,因为再次置 a 的起始位置,p 值便从第一轮的结束点位置继续,此时,p 可能指向了另外一个字符串,或是变量,甚至是程序的某一段内存区域。所以,每次使用指针前,都应该初始化。正确的程序请读者自行完成。

错用指针可能会导致很微妙的错误,但这并不能成为弃用指针的理由。在使用指针时要小心谨慎,使用前首先应确定其指向什么位置。

习题

1. 语句 int *p 中,指针变量名为________;指针变量作为函数的参数时,实参与形参之间传递的是____________。

2. 若定义:char ch;

使指针 p 指向变量 ch 的定义语句是____________________________;

通过指针 p 给变量 ch 赋值字符 a 的语句是________________________。

3. 设 int a[10],*p=a; 则对 a[3] 的引用方法有__________、__________、__________。

4. 以下程序段运行后，*(p+3) 的值为________。

```
#include <stdio.h>
int main()
{
   char a[]="good";
   char *p;
   p=a;
   return 0;
}
```

A. 'd'　　B. '\0'　　C. 存放 'd' 的地址　　D. 'o'

5. 下面程序的输出结果是________。

```
#include <stdio.h>
int main()
{
   static char a[]="COMPUTE",b[]="COmpUte";
   char *p1,*p2;
   int k;p1=a;p2=b;
   for(k=0;k<=7;k++)
      if(*(p1+k)==*(p2+k))
         printf("%c",*(p1+k));
   printf("\n");
   return 0;
}
```

A. CO　　B. mpte　　C. COU　　D. MPTE

6. 编写一个 C 程序，使用指针实现冒泡排序。

7. 输入 3 个整数，按从大到小的顺序输出。

8. 编写一个程序，输入 15 个整数存入一维数组，再按逆序重新存放后再输出。

9. 输入 10 个整数，将其中最大数与最后一个数交换，最小数与第一个数交换。

【提示】程序应考虑这样一种特殊情况，即最后一个元素正是最小元素，它在与最大元素交换后，位置已移到原先存储最大元素的位置。程序应保证最大元素移到末尾，最小元素移到最前端。

10. 编写一个函数，求一个字符串的长度。在 main() 函数中输入字符串，并输出其长度。

11. 输入一个字符串，逆序输出其中的全部字符。

12. 编写一个函数(要求用指针实现)，交换数组 a 和数组 b 中的对应元素。

13. 已知一包含 *n* 个字符的字符串，要求实现将此字符串中从第 *m* 个字符开始的全部字符复制成另外一个字符串。

14. 在 main() 函数中输入一行文字，统计其中大写字母、小写字母、空格、数字及其他字符的个数。

15. 用 strcmp() 函数编程比较两个字符串的大小。

16. 输入一个 3×6 的二维整型数组，输出其中的最大值、最小值及其所在的行列下标。

17. 编写一个程序，输入月份名，输出该月的英文名称。例如，输入“5”，则输出“May”，要求用指针数组进行处理。

18. 假设已知某班有 4 名学生，5 门课程，请分别编写 3 个函数实现以下 3 个要求：

（1）求第一门课的平均分；

（2）找出有两门以上课程不及格的学生，并输出他们的学号和全部课程成绩及平均成绩；

（3）找出平均成绩在 90 分以上或全部课程成绩在 85 分以上的学生。

19. 从键盘输入一个字符串 str1，并在该字符串的最大元素后插入字符串 str2(str2[]="ab")。

20. 用指向二维数组的指针作函数参数，实现二维数组元素的按行相加。

第8章 结构体与共用体

前面章节介绍了基本数据类型(整型、实型、字符型),以及数组(一维数组、二维数组)的定义和应用。这些数据类型的特点是:当定义某一特定数据类型时,就限定了该类型变量的存储特性和取值范围。基本数据类型既可以定义成单个变量,也可以作为元素构成数组,而数组的全部元素都具有相同的数据类型。

在实际应用中,一组数据往往具有不同的数据类型。例如,在学生管理系统中,学号可定义为整型或字符型,姓名应为字符型,年龄应为整型,性别应为字符型,成绩可为整型或实型。如何将一名学生的不同类型的数据定义成一个整体呢?为了解决这个问题,C语言中给出了另一种构造型数据类型——"结构体"(structure)。

本章学习目标

☆ 掌握结构体类型的说明,结构体变量的定义、引用及初始化。
☆ 掌握结构体数组的定义与初始化。
☆ 正确理解指向结构体类型的指针,并能正确引用。
☆ 熟练使用结构体类型构建程序。
☆ 掌握共用体类型的说明,共用体变量的引用形式及数据特点。

8.1 结构体概述

结构体类型及其变量的定义与引用

结构体是一种构造类型,由若干"成员"组成。其中的成员既可以是基本数据类型,也可以是构造数据类型。既然结构体是一种"构造"的数据类型,那么在使用之前必须先声明它,也就是构造它,如同在定义和调用函数之前要先声明函数一样。

声明一个结构体的一般形式为:

```
struct 结构体名
{成员表列};
```

其中,struct是声明结构体类型必须使用的关键字。

成员表列由若干个成员组成,每个成员都是结构体的组成部分,必须做类型说明,其形式为:

```
类型说明符 成员名;
```

成员名的命名应符合标识符的命名规定。例如：

```
struct student
{
   int num;
   char name[20];
   char sex;
   float score;
};
```

在这个结构体声明中，结构体名为 student，该结构体由 4 个成员组成。第 1 个成员为 num，整型变量；第 2 个成员为 name，字符数组；第 3 个成员为 sex，字符型变量；第 4 个成员为 score，实型变量。

注意 大括号后的分号是必不可少的。结构体声明之后，就可以进行变量定义。凡定义为结构体 struct student 类型的变量均由上述 4 个成员组成。由此可见，结构体是一种复杂的数据类型，是由数目固定、类型不同的若干有序变量组成的集合。

8.2 定义结构体类型变量的方法

上一节中声明了一个名为 struct student 的结构体类型，它只是一个模型，没有具体数据，所以编译系统并不为其分配内存单元。为了能在程序中处理结构体类型的数据，应当定义结构体类型的变量，就像处理整型数据前先定义整型变量一样。

定义结构体类型的变量有三种方法，以上一节定义的结构体类型 struct student 为例进行说明。

1. 先定义结构体，再定义结构体变量

例如：

```
struct student body1, body2;        /*结构体类型名   结构体变量名*/
```

定义了两个变量 body1 和 body2，均为 struct student 结构体类型。需要注意的是，student 为结构体名，而 struct student 才是结构体类型名。

也可以用宏定义将一个符号常量定义为结构体类型。例如：

```
#define STU struct student
STU
{
   int num;
   char name[20];
```

```
    char sex;
    float score;
};
STU body1,body2;
```

在定义了结构体变量后，系统会为该变量分配内存单元。例如，body1 和 body2 在内存中各占 29 字节（4+20+1+4）。

2. 声明结构体类型的同时定义结构体变量

这种定义的一般形式为：

```
struct 结构体名
{
    成员表列
}变量名表列;
```

例如：

```
struct student
{
    int num;
    char name[20];
    char sex;
    float score;
}body1,body2;
```

3. 直接定义结构体类型变量

这种定义的一般形式为：

```
struct
{
    成员表列
} 变量名表列;
```

例如：

```
struct
{
    int num;
    char name[20];
    char sex;
    float score;
}body1,body2;
```

第三种方法与第二种方法的区别在于：第三种方法省掉了结构体名，直接定义结构体变量。上述三种方法中定义的 body1、body2 变量都具有图 8-1 所示的结构。

num	name	sex	score

图 8-1　结构体变量示意图

定义了 body1、body2 变量后，即可向这两个变量的成员赋值。上述 student 结构体声明中成员变量的数据类型包括基本数据类型和数组类型。

关于结构体类型，有四点说明：

（1）结构体类型与结构体变量是不同的概念，不要混淆。类型是一个模型，是用来定义变量的。在编译时，不对类型分配空间，只对定义的变量分配空间。

（2）结构体中成员（又称“域”）的作用与地位相当于普通变量。对成员的引用方法见 8.3 节。

（3）结构体中的成员也可以是结构体类型，即可以构成嵌套的结构体，如图 8-2 所示。

<table>
<tr><td rowspan="2">num</td><td rowspan="2">name</td><td rowspan="2">sex</td><td colspan="3">birthday</td><td rowspan="2">score</td></tr>
<tr><td>month</td><td>day</td><td>year</td></tr>
</table>

图 8-2　结构体嵌套

```
struct date
{
    int month;
    int day;
    int year;
};
struct
{
    int num;
    char name[20];
    char sex;
    struct date birthday;
    float score;
}body1,body2;
```

首先定义一个结构体 date，由 month（月）、day（日）、year（年）三个成员变量组成。结构体变量 body1 和 body2 的成员 birthday 为 date 结构体类型。

（4）成员名可与程序中其他变量同名，互不干扰。

8.3　结构体变量的引用

定义了结构体变量之后，就可以引用这个变量。引用变量时有四点规则：

（1）不能把结构体变量作为一个整体进行输入/输出，这点同数组一样。在 ANSI C 中除了允许具有相同类型的结构体变量相互赋值以外，一般对结构体变量的使用，包括赋值、输入、输出、运算等都是通过结构体变量的成员来实现的。

引用结构体变量成员的一般形式为：

```
结构体变量名.成员名
```

“.”是成员运算符，它在所有的运算符中优先级最高，因此可以把“结构体变量名.成员名”作为一个整体看待。例如：

```
body1.num                /*第一名学生的学号*/
body2.sex                /*第二名学生的性别*/
```

如果要输出变量 body1 所有成员的值，应该这样引用：

```
printf("%d,%s,%c,%f\n",body1.num,body1.name,body1.sex,body1.score);
```

而不能这样引用：

```
printf("%d,%s,%c,%f\n",body1);
```

（2）如果成员本身又是一个结构体，则要用成员运算符逐级找到最低级的成员才能引用。例如：

```
body1.birthday.month
```

注意 不能用“body1.birthday”来访问 body1 变量中的成员 birthday，因为 birthday 也是一个结构体变量，而不是一个简单类型的成员变量。

（3）结构体变量的成员可以像普通变量一样进行赋值、输入、输出和运算。例如：

```
body1.num=101;
printf("%d",body1.birthday.year);
sum = body1.score + body2.score;
```

（4）变量都有地址，可以引用结构体变量或其成员的地址，例如：

```
scanf("%f",&body1.score);       /*输入成员变量 body1.score 的值*/
printf("%o",&body2);            /*输出结构体变量 body2 的首地址(也就是成员变量
                                  body2.num 的地址)*/
```

8.4 结构体变量的初始化

和其他类型的变量一样，结构体变量也可以在定义时进行初始化赋值。

【例 8.1】在定义时对结构体变量进行初始化。

```
#include <stdio.h>
int main()
{
   struct student
```

```
    {
        int num;
        char name[20];
        char sex;
        float score;
    }body1,body2={102, "Zhang ping",'M',92.5};
    body1=body2;
    printf("NO.:%d\nNAME:%s\n",body2.num,body2.name);
    printf("SEX:%c\nSCORE:%f\n",body1.sex,body1.score);
    return 0;
}
```

本例中，body1、body2 均被定义为结构体变量，并对 body2 做了初始化赋值。在 main() 函数中，把 body2 的值整体赋给 body1，然后用两个 printf 语句输出各成员变量的值。

程序运行结果如下：

```
NO.:102
NAME:Zhang ping
SEX:M
SCORE:92.500000
```

注意 相同类型的结构体变量可以互相赋值。

8.5 结构体数组

结构体数组

前面已经学习过数组，数组用来处理一系列同类型的数据。如果要处理 10 名学生的数据，显然应该使用数组，而当每名学生的数据都包括学号、姓名、性别和成绩时，即每名学生是同类型的结构体时，这种数组就称作“结构体数组”。

在实际应用中，经常用结构体数组来表示具有相同数据结构的一个群体。如一个班的学生档案，一个企业员工的工资表等。

8.5.1 结构体数组的定义

定义结构体数组的方法和结构体变量相似，只需声明它为数组类型即可。

例如：

```
struct student
{
    int num;
```

```
    char name[20];
    char sex;
    float score;
}body[5];
```

定义了一个结构体数组 body，共有 5 个数组元素，即 body[0]～body[4]，每个数组元素都是 struct student 的结构体类型，如图 8-3 所示。

注意 可以将结构体数组看成是图 8-3 所示的二维表，以二维表的形式来处理数据，更易于理解。

	num	name	sex	score
body[0]	101	Li ping	M	45
body[1]	102	Zhang ping	M	92.5
body[2]	103	He fang	F	82.5
body[3]	104	Cheng ling	F	87
body[4]	105	Wang ming	M	58

图 8-3 结构体数组

8.5.2 结构体数组初始化

和其他类型的数组一样，可以对结构体数组进行初始化。例如：

```
struct student
{
    int num;
    char name[20];
    char sex;
    float score;
}body[5]={{101,"Li ping",'M',45},
          {102,"Zhang ping",'M',92.5},
          {103,"He fang",'F',82.5},
          {104,"Cheng ling",'F',87},
          {105,"Wang ming",'M',58}
        };
```

初始化后数组各元素在内存中是连续存放的，如图 8-4 所示。

结构体数组初始化时，需要注意以下两点：

（1）结构体数组的初始化的一般形式就是在定义数组的后面加上"={初值表列}"。

（2）当对全部元素作初始化赋值时，可不给出数组长度。例如：

```
struct student
{
```

```
    ……
}body[]={{…},{…},{…},{…},{…}};
```

编译时，系统会根据给出初值的结构体常量的个数来确定数组元素的个数。

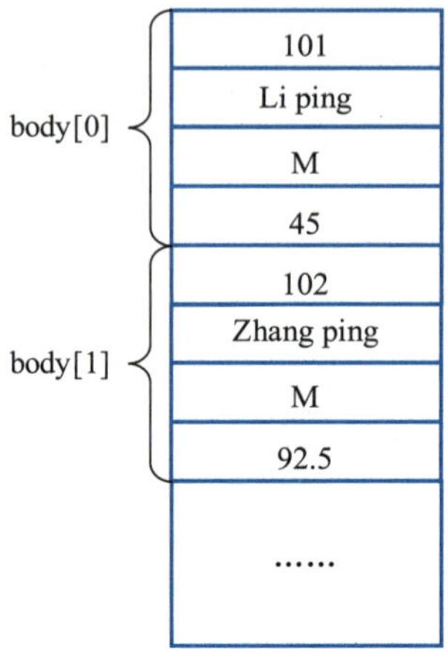

图 8-4　结构体数组的初始化

8.5.3　结构体数组应用举例

【例 8.2】编写程序，计算图 8-3 给出的学生的平均成绩和不及格的人数。

```
#include <stdio.h>
struct student                                    /*声明全局结构体数组*/
{
    int num;
    char name[20];
    char sex;
    float score;
}body[5]={                                        /*初始化结构体数组*/
            {101,"Li ping",'M',45},
            {102,"Zhang ping",'M',92.5},
            {103,"He fang",'F',82.5},
            {104,"Cheng ling",'F',87},
            {105,"Wang ming",'M',58}
        };
int main()
{
    int i,count=0;
    float ave,sum=0;
    for(i=0;i<5;i++)
    { sum+=body[i].score;                         /*累加求总分 sum*/
```

```
        if(body[i].score<60) count+=1;          /*累加求不及格人数 count*/
    }
    printf("s=%f\n",sum);
    ave=sum/5;
    printf("average=%f\n,count=%d\n",ave,count);
    return 0;
}
```

程序运行结果如下：

```
s=365.000000
average=73.000000
,count=2
```

本例程序中定义了一个结构体数组 body，共 5 个数组元素，并进行了初始化赋值。在 main() 函数中用 for 语句逐个累加各元素的 score 成员值并保存到变量 sum 中，如果 score 的值小于 60（不及格），计数器 count 的值加 1，循环完毕后计算平均成绩，并输出总分、平均分和不及格的人数。

【例 8.3】编程建立同学通讯录。

```
#include <stdio.h>
#define NUM 3
struct member                                   /*声明全局结构体数组*/
{
    char name[20];
    char phone[12];
};
int main()
{
    struct member man[NUM];                     /*定义结构体数组*/
    int i;
    for(i=0;i<NUM;i++)
    {
        printf("input name:\n");
        gets(man[i].name);                      /*输入第一个成员，即 name*/
        printf("input phone:\n");
        gets(man[i].phone);                     /*输入第二个成员，即 phone*/
    }
    printf("name\t\t\tphone\n ");
    for(i=0;i<NUM;i++)
        printf("%s\t\t\t%s\n",man[i].name,man[i].phone);
```

```
    return 0;
}
```

程序运行结果如下：

```
input name:
zhao
input phone:
88901201
input name:
qian
input phone:
88901202
input name:
sun
input phone:
88901203
name                    phone
zhao                    88901201
qian                    88901202
sun                     88901203
```

本程序中定义了一个结构体 member，它有两个成员数组 name 和 phone，分别用来表示姓名和电话号码。主函数中定义了 struct member 类型的结构体数组 man。在 for 语句中，通过 gets() 函数输入两个成员变量的值，最后用 printf 语句输出各个元素两个成员的值。

8.6 指向结构体类型数据的指针

指向结构体变量的指针

8.6.1 指向结构体变量的指针

指针可以用来指向变量。当指针变量指向一个结构体变量时，称为"结构体指针变量"。结构体指针变量的值是所指结构体变量的首地址。通过结构体指针可以访问该结构体变量，这与数组指针和函数指针的情况相同。

结构体指针变量定义的一般形式为：

```
struct 结构体名 *结构体指针变量名;
```

例如：

```
struct student *pstu;
```

定义一个指针变量 pstu，它指向一个 struct student 类型的数据。

也可在声明结构体时定义指针变量。例如：

```
struct student
{
    int num;
    char name[20];
    char sex;
    float score;
}body,*pstu;
```

与前面讨论的各类指针变量一样，结构体指针变量也必须先赋值后使用。赋值是把结构体变量的首地址赋给指针变量，而不能把结构体名赋给该指针变量。如果 body 是被说明为 struct student 类型的结构体变量，则

```
pstu=&body;
```

是正确的，而

```
pstu=&student;
```

是错误的。

注意 结构体名和结构体变量是两个不同的概念，不能混淆。结构体名只能表示存在一个结构体形式，编译系统并不为其分配内存空间。只有当某变量被说明为这种类型的结构时，才为该变量分配存储空间。因此，&student 这种写法是错误的，不可能去取一个结构体名的首地址。有了结构体指针变量，就可以方便地访问结构体变量的各个成员。

其引用的一般形式为：

```
(结构体指针变量). 成员名
```

或

```
结构体指针变量 -> 成员名
```

例如：

```
(*pstu).num
```

或

```
pstu->num
```

应该注意："(*pstu)"两侧的括号不可少，因为成员运算符"."的优先级高于"*"。如果去掉括号写成"*pstu.num"，等效于"*(pstu.num)"，意义就不对了。

下面通过例子来说明结构体指针变量的具体使用方法。

【例 8.4】结构体指针变量的使用方法举例。

```
struct student
{
```

```
    int num;
    char name[20];
    char sex;
    float score;
}body1={102,"Zhang ping",'M',92.5},*pstu;
int main()
{
    pstu=&body1;
    printf("Number=%d\nName=%s\n",body1.num,body1.name);
    printf("Sex=%c\nScore=%f\n\n",body1.sex,body1.score);
    printf("Number=%d\nName=%s\n",(*pstu).num,(*pstu).name);
    printf("Sex=%c\nScore=%f\n\n",(*pstu).sex,(*pstu).score);
    printf("Number=%d\nName=%s\n",pstu->num,pstu->name);
    printf("Sex=%c\nScore=%f\n\n",pstu->sex,pstu->score);
    return 0;
}
```

程序运行结果如下：

```
Number=102
Name=Zhang ping
Sex=M
Score=92.500000

Number=102
Name=Zhang ping
Sex=M
Score=92.500000

Number=102
Name=Zhang ping
Sex=M
Score=92.500000
```

本例程序定义了 struct student 结构体类型的变量 body1，并进行了初始化赋值，还定义了一个指向 struct student 结构体类型的指针变量 pstu，指向 body1 的首地址，即 pstu 指向 body1。程序最后用 printf 语句以三种形式输出 body1 各个成员变量的值。从运行结果可以看出：

（1）结构体变量.成员名。

（2）(*结构体指针变量).成员名。

（3）结构体指针变量 -> 成员名。

上述三种用于表示结构体成员变量的形式是完全等效的。

8.6.2　指向结构体数组的指针

指针变量可以指向一个结构体数组，这时结构体指针变量的值是整个结构体数组的首地址。结构体指针变量也可以指向结构体数组的一个元素，这时结构体指针变量的值是该结构体数组元素的首地址。

设 ps 为指向结构体数组的指针变量，则 ps 指向该结构体数组的 0 号元素，ps+1 指向 1 号元素，ps+i 则指向 i 号元素。这与普通数组是一致的。

【例 8.5】用指针变量输出结构体数组。

```
struct student
{
    int num;
    char name[20];
    char sex;
    float score;
}body[5]={ {101,"Li ping",'M',45},
           {102,"Zhang ping",'M',92.5},
           {103,"He fang",'F',82.5},
           {104,"Cheng ling",'F',87},
           {105,"Wang ming",'M',58}
         };
int main()
{
    struct student *ps;
    printf("No\tName\t\t\tSex\tScore\t\n");
    for(ps=body;ps<body+5;ps++)
        printf("%d\t%-10s\t\t%c\t%f\t\n",ps->num,ps->name,ps->sex,ps->score);
    return 0;
}
```

程序运行结果如下：

```
No      Name          Sex     Score
101     Li ping       M       45.000000
102     Zhang ping    M       92.500000
103     He fang       F       82.500000
104     Cheng ling    F       87.000000
105     Wang ming     M       58.000000
```

在程序中,定义了 struct student 结构体类型的外部数组 body,并进行初始化赋值。在 main() 函数中定义了 ps 为指向 struct student 类型的指针。在循环语句 for 的表达式 1 中,使指针变量 ps 指向 body 的首地址,见图 8-5 中 ps 的指向。在第一次循环中输出 body[0] 各个成员的值。然后执行 ps++,使 ps 自加 1。ps 加 1 意味着 ps 要移动结构体数组 body 元素所占的字节数,在本例中为 4+20+1+4=29 字节。第一次执行 ps++ 后,ps 的值等于 body+1,指向 body[1],见图 8-5 中 ps 的指向。第二次执行 ps++ 后,ps 指向 body[2],见图 8-5 中 ps 的指向。第五次执行 ps++ 后,ps 的值变为 body+5,已不再满足循环条件 ps<body+5,循环结束。

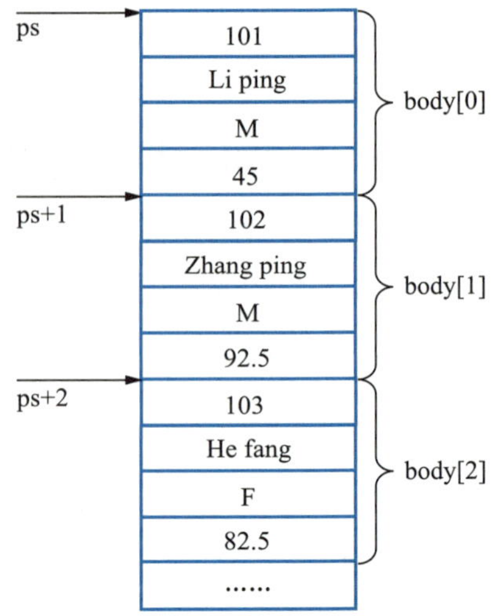

图 8-5　指向结构体数组的指针

说 明

(1) 结构体指针变量虽然可以访问结构体变量或结构体数组元素的成员,但是不能使它指向一个结构体成员变量,也就是说不允许将结构体成员变量的地址赋给结构体指针变量。因此,下面的赋值是错误的。

```
ps=&body[1].sex;
```

正确的做法是:

```
ps=body;                    /*赋予数组首地址*/
```

或

```
ps=&body[0];                /*赋予 0 号元素首地址*/
```

如果要将某一成员的地址赋给 ps,可以用强制类型转换,先将成员的地址转换成 ps 类型。例如:

```
ps=(struct student *)body[0].name;
```

此时,ps 的值是 body[0] 元素的 name 成员的起始地址,可以用 "printf("%s",ps)" 输出。

(2) 注意以下二者的不同:

(++ps)->num 先使 ps 自加 1,得到它指向的元素中 num 成员的值,即 102。

(ps++)->num 先得到 ps->num 的值(即 101),然后使 ps 自加 1 指向 body[1]。

8.6.3 结构体指针变量作函数参数

在 ANSI C 标准中,允许用结构体变量作函数参数进行数据传送。但这种传送是将结构体全部成员变量的值逐个进行传送,特别是当成员变量为数组时传送的时间和空间开销会很大,严重降低程序的运行效率。因此最好的解决办法就是使用指针,即用指针变量作函数参数进行传送,这时实参向形参传递的只是地址,可减少传送时间和空间的开销。

【例8.6】编写程序，计算图8-3中学生的平均成绩和不及格人数(用结构体指针变量作函数参数)。

```
struct student
{
    int num;
    char name[20];
    char sex;
    float score;
}body[5]={ {101,"Li ping",'M',45},
           {102,"Zhang ping",'M',92.5},
           {103,"He fang",'F',82.5},
           {104,"Cheng ling",'F',87},
           {105,"Wang ming",'M',58}
         };
int main()
{
    void ave(struct student *ps);
    ave(body);
    return 0;
}
void ave(struct student *ps)
{
    int c=0,i;
    float ave,s=0;
    for(i=0;i<5;i++,ps++)
    {
        s+=ps->score;
        if(ps->score<60) c+=1;
    }
    printf("s=%f\n",s);
    ave=s/5;
    printf("average=%f\ncount=%d\n",ave,c);
}
```

程序运行结果如下：

```
s=365.000000
average=73.000000
count=2
```

本程序中 body 被定义为外部结构体数组,因此其作用域为整个源程序。在 main() 函数中的调用函数 ave() 用结构体数组 body 的首地址作实参。定义函数 ave(),其形参为结构体指针变量 ps。在执行 ave() 函数调用时,将 body 的首地址传送给形参 ps,使 ps 指向 body 数组,如图 8-6 所示,然后通过 ps 在函数 ave() 中完成计算平均成绩和统计不及格人数的工作,并输出结果。由于本程序全部采用指针变量进行运算和处理,故程序运行速度更快、效率更高。

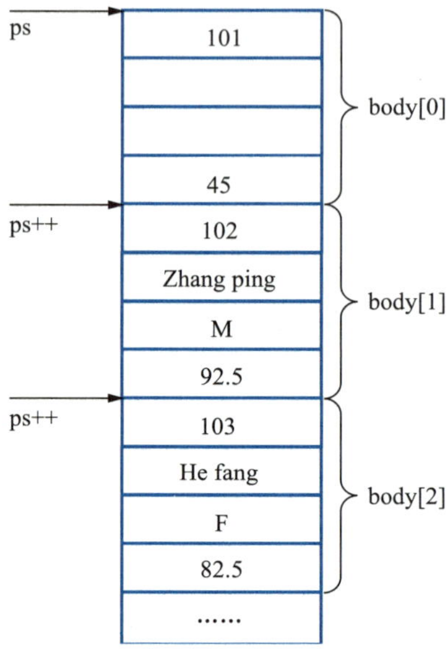

图 8-6　结构体指针变量作函数参数示意图

注意 数组以及结构体数组,用指针作函数参数比较好,传递地址要比传递数组值快。

8.7 共用体

共用体的定义与引用

8.7.1　共用体的概念

使用 C 语言进行某些算法的程序设计时,有时候需要在同一内存单元中存放不同类型的变量。这种多个不同的变量共同占用同一段内存的结构,称为"共用体"类型结构(简称共用体)。

例如:可把一个整型变量、一个字符型变量、一个实型变量放在同一个地址开始的内存单元中。以上三个变量在内存中占的字节数不同,但都从同一地址(图 8-7 中设地址为 1000H)开始存放,也就是使用覆盖技术,使几个变量互相覆盖,如图 8-7 所示。

地址1000H

整	型	变	量i
字符型变量ch			
实	型	变	量f

图 8-7　共用体示意图

声明共用体类型的一般形式为:

```
union 共用体类型名
{成员表列};
```

例如：

```
union data
{
   int i;
   char ch;
   float f;
};
```

定义共用体变量的方法同结构体类似，也有三种。

（1）间接定义——先声明类型，再定义变量。

例如，上例已声明共用体类型 union data，定义共用体类型变量 un1，un2，un3 的语句如下：

```
union data un1,un2,un3;
```

（2）直接定义——定义类型的同时定义变量。例如：

```
union data
{
   int i;
   char ch;
   float f;
}un1, un2, un3;
```

（3）省略共用体名（匿名），直接定义变量。例如：

```
union
{
   int i;
   char ch;
   float f;
} un1, un2, un3;
```

说 明

（1）共用体变量所占内存长度等于最长的成员所占内存的长度。例如，上面定义的“共用体”变量 un1、un2、un3 各占 4 字节（实型和整型均为最长成员），而不是各占 4+1+4=9 字节。

（2）国内有些 C 语言教材把 union 译为“联合”或“联合体”，但是“共用体”更能反映该类型占用内存的特点。

8.7.2　共用体变量的引用方式

对共用体变量的赋值和引用都是通过变量成员完成的。共用体变量成员的表示方法：

```
共用体变量名.成员名
```

例如：

```
un1.i       /*引用共用体变量中的整型变量 i*/
un1.ch      /*引用共用体变量中的字符型变量 ch*/
un1.f       /*引用共用体变量中的实型变量 f*/
```

注意 不能只引用共用体变量名，例如：

```
printf("%d",un1);
```

是错误的。因为 un1 的存储区有好几种类型，分别占用不同长度的存储区，若引用共用体变量名 un1，系统难以确定究竟是哪一个成员的值。故正确的语句应该是：

```
printf("%d",un1.i);.
```

8.7.3 共用体类型数据的特点

共用体类型的数据有以下几个特点：

（1）同一内存段中可以存放不同类型的成员，但是每一时刻只能存放一个成员，即每一时刻只有一个成员起作用，其他的成员不起作用，也就是说共用体变量中的成员不是同时都存在和起作用的。

（2）共用体变量中有意义的成员是最后一次存入的成员，即在存入一个新成员后，原有成员就失去作用。

例如：在执行“un1.i=1;un1.ch='H';un1.f=3.6;”语句后，当前只有 un1.f 有意义（un1.i、un1.ch 也可以访问，但没有实际意义）。

（3）共用体变量和它的成员共用同一地址，即 &un1.i=&un1.ch=&un1.f=&un1。

（4）不能对共用体变量进行赋值，不能通过引用共用体变量来获得成员的值，也不能在定义共用体变量时对它进行初始化，因为系统不清楚是为哪个成员赋初值。例如：

```
① un1=1;
② x=un1;
③ union
   {
     int i;
     char ch;
     float f;
   }un1={1,'H',3.6};
```

都是不对的。

（5）以前的 C 编译系统，如 Turbo C 等，不能将共用体变量作为函数参数，也不能使函数返回共用体变量，但可以使用指向共用体变量的指针，这与结构体指针变量作参数的用法类似。Visual C++ 2010 中，共用体变量也可以作函数的参数和返回值。

【例 8.7】共用体变量作函数参数和返回值的例子。

```
#include <stdio.h>
#include <string.h>
typedef union
{
    int num;
    char array[10];
}unf;
unf fun1(unf dep)
{
    printf("函数调用成功 !\n");
    return dep;
}
int main()
{
    unf d,e;
    strcpy(d.array,"123");
    printf("%s\n",d.array);
    e=fun1(d);
    printf("%s\n",e.array);
    printf("函数返回成功 !\n");
    return 0;
}
```

程序运行结果如下：

```
123
函数调用成功！
123
函数返回成功！
```

【注】typedef 的作用是声明新的类型名来代替原有的类型名。

比如，“typedef int INTERGER;”或“typedef float REAL;”相当于用 INTERGER 来代表 int 型，用 REAL 来代表 float 型。此程序中是用 unf 来代表定义的共用体类型。

（6）共用体定义时，其成员可以包括结构体；结构体定义时，其成员可以包括共用体，即共用体或者结构体定义时可以相互嵌套。

（7）可以定义共用体数组。

【例 8.8】学校人员数据管理。学校人员包括两类：教师和学生。教师数据包括编号、姓名、性别、职务。学生数据包括学号、姓名、性别、班号。现要求把它们放在同一表格中，如图 8-8 所示。将两种数据放在同一个表格中，有一栏不同：教师登记的是教师的“职务”，学生登记的是“班号”（对于同一人员不可能同时出现）。

要求输入人员的数据，然后再输出，按此编写程序。

为了简化，只设图 8-8 所示的两个人。

num	name	sex	job	class/position
101	Li	F	s	201
102	Huang	M	t	prof

图 8-8　学校人员数据管理示意图

源程序代码如下：

```
#include <stdio.h>
struct                          /*结构体类型定义*/
{
   int num;
   char name[10];
   char sex;
   char job;
   union                        /*共用体类型定义,并定义变量 category 作为外层结构体的成员*/
   {
      int class;
      char position[10];
   }category;
}person[2];
int main()
{ int i;
   for(i=0;i<2;i++)
   { scanf("%d %s %c %c",&person[i].num, person[i].name, &person[i].sex,
                                &person[i].job);
      if(person[i].job=='s')                      /*如果是学生的信息*/
         scanf("%d",&person[i].category.banji);
      else if(person[i].job=='t')                 /*否则是教师的信息*/
         scanf("%s",person[i].category.position);
      else printf("input error!");
   }
   printf("\n");
   printf("No. Name sex job class/position\n");
   for(i=0;i<2;i++)                               /*输出人员信息*/
   { if(person[i].job=='s')
```

```
        printf("%-6d%-10s%-3c%-3c%-6d\n",person[i].num,person[i].name,
                        person[i].sex, person[i].job, person[i].category.banji);
    else
        printf("%-6d%-10s%-3c%-3c%-6s\n",person[i].num,person[i].name,
                        person[i].sex, person[i].job, person[i].category.position);
    }
    return 0;
}
```

程序运行结果如下：

```
101  Li f s 201
102  Huang m t prof
No.   Name    sex job class/position
101   Li      f  s  201
102   Huang   m  t  prof
```

8.8 枚举类型

枚举类型

在实际问题中，有些变量的取值被限定在一个有限的范围内。例如，一个星期只有7天，一年只有12个月，一个班每周有6门课程，等等。如果把这些量说明为整型、字符型或其他类型显然是不妥当的，为此ANSI C增加了一种基本数据类型——枚举类型。

所谓"枚举"是指将变量的值一一列举出来，变量取值不能超过此范围。枚举通常用于声明一组命名的常量，当一个变量有几种可能的取值时，可以将它定义为枚举类型。应该说明的是，枚举类型是一种基本数据类型，而不是一种构造类型。

8.8.1 枚举类型的声明和枚举变量的定义

1. 枚举类型的声明

枚举类型声明的一般形式为：

```
enum 枚举名{枚举值表};
```

在枚举值表中，应列出所有的可用值，这些值也称为枚举元素。例如：

```
enum weekday{sun,mon,tue,wed,thu,fri,sat};
```

声明了一个枚举类型enum weekday，枚举值共有7个，即一周中的7天。凡被说明为enum weekday类型变量的取值只能是7个值中的某一个值。

2. 枚举变量的定义

同结构体和共用体一样，枚举变量也可用不同的方式进行定义，定义方式有三种，即先声明后定义，同时声明定义和直接定义。

可采用下述任一种方式:将变量 a、b、c 定义为 enum weekday 类型。

```
enum weekday{sun,mon,tue,wed,thu,fri,sat};
enum weekday a,b,c;                              /*先声明后定义*/
```

或

```
enum weekday{sun,mon,tue,wed,thu,fri,sat}a,b,c;  /*同时声明定义*/
```

或

```
enum {sun,mon,tue,wed,thu,fri,sat}a,b,c;         /*直接定义*/
```

8.8.2 枚举类型变量的赋值和使用

枚举类型在使用时有以下规定:

(1) 枚举元素是常量,也称枚举常量。因为枚举元素不是变量,所以不能给枚举常量赋值。例如,为枚举类型 enum weekday 的元素赋值:

```
sun=5;
mon=2;
sun=mon;
```

都是错误的。

(2) 枚举元素本身由系统定义了一个表示序号的数值,从 0 开始顺序定义为 0, 1, 2, …。如在 enum weekday 中,sun 的值为 0,mon 的值为 1, ……, sat 的值为 6,这些整数是可以输出的。例如:

```
workday=mon;
printf("%d",workday);
```

其中,workday 为 enum weekday 型枚举变量,则输出整数 1。

(3) 枚举值可以用来做判断比较。例如:

```
if(workday<sat)…
if(workday==sun)…
```

枚举值的比较规则是按其在定义时的顺序号进行比较。如果定义时未人为指定,则第一个枚举元素的默认值为 0,以此类推,故 mon>sun, sat>fri。

(4) 一个整数不能直接赋给一个枚举变量。例如:

```
workday=1;
```

是不对的。它们属于不同的类型,应先进行强制类型转换才能赋值。例如:

```
workday=(enum weekday)1;
```

它相当于将顺序号为 2 的枚举元素赋值给 workday,相当于:

```
workday=mon;
```

(5) 枚举变量和常量一般可以参与算术、关系、赋值等运算。如“workday=sun+1”的写法是正确的。

（6）枚举元素的数值也可以人为指定，即在定义枚举类型时显式地指定枚举元素的值。例如：

```
enum weekday{sun=7, mon=1,tue,wed,thu,fri,sat}workday;
```

这里指定枚举常量 sun 的值为 7，mon 的值为 1，其他常量的值顺次加 1，即 sat 的值为 6。

（7）允许多个枚举成员有相同的值。没有显示赋值的枚举成员，其值是前一个枚举成员的值加 1。例如：

```
enum Number{a=1,b,c=1,d};
```

b 和 d 的值均为 2。

注意 以上枚举值都不能超过它的基础类型范围，否则会出错。

【例 8.9】写出下列程序的运行结果。

```
#include <stdio.h>
int main()
{ enum weekday
   { sun,mon,tue,wed,thu,fri,sat } a,b,c;
   a=sun;
   b=mon;
   c=tue;
   printf("%d,%d,%d\n",a,b,c);
   return 0;
}
```

程序运行结果如下：

```
0,1,2
```

【例 8.10】写出下列程序的运行结果。

```
#include <stdio.h>
int main()
{
   enum body{a,b,c,d} month[31],j;                    /*month 是枚举数组*/
   int i;
   j=a;
   for(i=1;i<=30;i++)
   {
      month[i]=j;
      j++;
      if(j>d) j=a;
```

```
    }
    for(i=1;i<=30;i++)
      {
      switch(month[i])
      {
        case a:printf("%2d %c\t",i,'a'); break;
        case b:printf("%2d %c\t",i,'b'); break;
        case c:printf("%2d %c\t",i,'c'); break;
        case d:printf("%2d %c\t",i,'d'); break;
        default:break;
      }
    }
    printf("\n");
    return 0;
}
```

程序运行结果如下：

```
 1 a   2 b   3 c   4 d   5 a   6 b   7 c   8 d   9 a  10 b
11 c  12 d  13 a  14 b  15 c  16 d  17 a  18 b  19 c  20 d
21 a  22 b  23 c  24 d  25 a  26 b  27 c  28 d  29 a  30 b
```

本程序定义了一个数组 month，元素全部是枚举型，可以称为枚举数组。通过第一个 for 循环给元素赋初值，依次将枚举常量 a、b、c、d 赋给 month 数组的前 4 个元素，当枚举变量 j 的值大于枚举常量 d 时（超出取值范围），将 j 重新置为 a，再依次将 a、b、c、d 赋给 month 数组的第 5 到 8 个元素，以此类推。第二个 for 循环用来输出数据，通过判断 month 数组中元素的值，来输出元素序号和数组元素值所对应的字符。

注意 枚举元素不是字符常量也不是字符串常量，使用时不要加单引号、双引号。要打印枚举元素可以用相应字符串代替。

8.9 用 typedef 定义类型

C 语言不仅提供了丰富的数据类型，而且还允许用户自定义类型说明符，也就是说允许用户为数据类型取“别名”。使用类型定义符 typedef 即可实现此功能。例如，有整型变量 a、b，其说明如下：

```
int a,b;
```

其中，int 是整型变量的类型说明符。int 的完整写法为 integer，为了增加程序的可读性，可以把整型说明符用 typedef 定义为：

```
typedef int INTEGER
```

即可用 INTEGER 代替 int 作整型变量的类型说明了。例如：

```
INTEGER a,b;
```

等效于：

```
int a,b;
```

用 typedef 定义数组、指针、结构体等类型不仅会使程序书写简单，意义明确，还可增强程序的可读性。例如：

```
typedef char NAME[20];
```

表示 NAME 是字符数组类型，数组长度为 20。然后可用 NAME 说明变量，如：

```
NAME a1,a2,s1,s2;
```

等效于：

```
char a1[20],a2[20],s1[20],s2[20];
```

又如：

```
typedef struct student
{
  char name[20];
  int age;
  char sex;
} STU;
```

定义 STU 表示 struct student 的结构体类型，然后可用 STU 来说明结构体变量：

```
STU body1,body2;
```

typedef 定义的一般形式为：

```
typedef   原类型名   新类型名
```

其中，原类型名中包含定义部分，新类型名一般用大写字母表示，以便于区别。

归纳起来，声明一个新的类型名的步骤是：

（1）先按定义变量的方法写出定义体（如 int i;）；

（2）将变量名换成新类型名（如将 i 换成 COUNT）；

（3）在最前面加 typedef（如 typedef int COUNT）；

（4）用新类型名定义变量（如 COUNT i,j）。

再以定义数组类型为例说明：

（1）int n[100];

（2）int NUM[100];

（3）typedef int NUM[100];

（4）NUM n;

同样,字符指针类型的实现步骤是:

(1) char *p;

(2) char *STRING;

(3) typedef char *STRING;

(4) STRING p;

说明

(1) 关键字 typedef 可以声明各种类型名,但不能用来定义变量。

(2) typedef 只是对已经存在的类型增加一个类型名(别名),并没有创造新的类型。

(3) typedef 与 #define 有相似之处,但两者在本质上是不同的。例如:“typedef int COUNT;”和“#define COUNT int”的作用都是用 COUNT 代表 int。不同点在于:#define 是在预编译时处理的,只能做简单的字符串替换;而 typedef 是在编译时处理的,不是做简单的字符串替换,而是声明一个新的类型。下面的例子就很好地说明了这一区别。

```
#define pstr1 char*
typedef char* pstr2;
pstr1 s1, s2;
pstr2 s3, s4;
```

上述的变量定义中,s1、s3、s4 都被定义为 char *,而 s2 则定义成了 char,并不是预期的指针变量。

define 宏定义的优点:可以使用 #ifdef、#ifndef 等进行逻辑判断,还可以使用 #undef 取消其定义。

typedef 的优点:它符合范围规则,使用 typedef 定义的变量类型,其作用范围限制在所定义的函数或者文件内(取决于此变量定义的位置),而宏定义则没有这种特性。

(4) typedef 的另一个用途是:当不同源文件中用到同一类型的数据(尤其是像数组、指针、结构体、共用体等类型)时,常用 typedef 声明这些数据类型,并把它们单独放在一个文件中,然后在需要用到它们的文件中用 #include 命令将条件包含进来。

(5) 使用 typedef 可以定义与机器无关的类型,以增加程序的通用性和可移植性。例如,有的计算机系统的 int 型数据占用 2 字节,有的占用 4 字节。如果把 C 程序从一个以 4 字节存放整型的计算机系统移植到以 2 字节存放的系统中,按一般方法需要将定义变量中的每个 int 改为 long。如果有多处 int 定义变量,显然比较麻烦。现在可以用一个 INTEGER 来声明 int:

```
typedef int INTEGER;
```

在移植时只需改动 typedef 定义体即可,即

```
typedef long INTEGER;
```

习题

1. 定义结构体的关键字是__________，定义共用体的关键字是__________。

2. 设有下面的结构体类型说明和变量定义，则变量 a 在内存中所占字节数是__________。如果将该结构改成共用体，结果为__________。

```
struct stud
{ char num[6]; int s[4]; double ave; } a;
```

3. 下面对结构体变量 s 的定义，合法的是__________。

```
A. typedef struct stu      B. struct        C. struct s       D. typedef stu
   { double m;                { float m;       { double a;       { double a;
     char n;                    char n;          char b;           char b;
   }s;                        }s;              }s;               }stu s;
```

4. 阅读下面的程序，写出程序运行结果__________。

```
struct info
{ char a,b,c;};
void main()
{ struct info s[2]={{'a','b','c'},{'d','e','f'}};
   int t;
   t=(s[0].b-s[1].a)+(s[1].c-s[0].b);
   printf("%d\n",t);
   return 0;
}
```

5. 用结构体变量表示平面上的一个点（包括横坐标和纵坐标两个成员），输入两个点的横坐标和纵坐标，求两点之间的距离。

6. 定义一个结构体变量，其成员包括：系别（dept）、姓名（name）、性别（sex）、年龄（age）、联系电话（tel）和地址（addr）。从键盘输入上述结构体变量的值并输出。

7. 编制一个简单的成绩查询系统。先定义一个结构体数组 stu[3]，其成员包括：排名（int rank）、姓名（char *name）和成绩（float score），并对其初始化。按学生姓名查询，并输出其姓名、排名和成绩。查询可连续进行，直到输入 q 结束。

【提示】内层循环根据输入的姓名，依次与所有学生的姓名进行比对，若匹配则输出该名学生的姓名、排名和成绩，并终止循环；若不匹配，则提示“none is matched”。第二层循环判断输入是否为“q”，如果是，则退出查询系统。

8. 有 5 名学生，每名学生的数据包括学号（num）、姓名（name）、3 门课程成绩（score[3]）。要求编写一个程序，输入每名学生的数据，计算并输出每名学生的总分和平均分。

9. 使用结构体指针变量作函数参数来完成第 8 题。

【提示】主函数负责输入每名学生的数据，另外定义一个输出函数 printf()，以结构体指针变量作为参数。

10. 假设有5名学生,每名学生的数据包括学号、姓名、成绩。要求按成绩从高到低的顺序输出学生的学号和姓名。

【提示】首先定义结构体数组并初始化,然后对学生的成绩进行冒泡排序,排序时如果要交换两名学生的成绩,还要使用strcpy()函数交换该成绩对应学生的学号和姓名。排序结束后结构体数组中存储的是按照成绩高低排好序的学生信息,最后输出结构体数组中的元素即可。

11. 已知一无符号整数占用了4字节的内存空间,现将每个字节作为单独的一个ASCII字符输出,请利用共用体实现上述转换。

【提示】先声明一个共用体类型,其成员包括一个长整型变量和一个长度为4字节的字符数组,将长度为4字节的整数存放到共用体的长整型变量中,然后依次输出字符数组每个单元的值。

12. 请定义枚举类型score,用枚举元素代表成绩的等级,如90分以上为“优”(excellent)、80分到89分之间为“良”(good)、60分到79分之间为“中”(general)、60分以下为“差”(fail),通过键盘输入一名学生的成绩,输出该学生的成绩等级。

13. 用typedef定义新的类型实现第8题的要求。

第 9 章　文　件

前面各章节，程序中数据的保存通过变量来实现，变量存储在内存单元中，数据的处理通过程序来控制。当程序运行终止时，所有变量的值就不再保存。当程序输入/输出数据量不大时，通过键盘和显示设备可以方便地解决输入/输出问题。但是当输入/输出数据量较大时，这种方法的局限性是显而易见的。

文件是解决上述问题的有效方法。存储在外存储器上的文件可以长久保存。当要输入大量数据时，可通过编辑工具将输入的数据事先存放到文件中，程序运行时不再通过键盘输入数据，而是从指定的文件中读入，数据可以一次输入多次使用。同样，当有大量的数据输出时，也可以将其输出到指定的文件。

文件操作是程序设计语言的重要内容，很多语言都有关于文件操作的语句。然而，C 语言与其他程序设计语言截然不同：C 语言没有单独的文件操作语句，而是通过库函数进行文件的读写操作。本章除了介绍文件的基本概念外，还介绍与文件相关的函数。

本章学习目标

☆ 掌握文件和文件指针的基本概念。
☆ 掌握文件的组织形式及定义方法。
☆ 会使用库函数完成文件的打开、关闭、读写和定位操作。
☆ 能利用文件完成信息的存取。

9.1 C 文件概述

9.1.1 文件的基本概念

所谓“文件”是指存储在外存储器上的一组相关数据的有序集合。这个数据集有一个名称，叫作文件名。实际上在前面的各章中已经多次使用文件，如源程序文件、目标文件、可执行文件、库文件（头文件）等。程序所需要的数据可以直接写在程序中，也可以从键盘输入，或随机产生，而最有效的方法是存储到数据文件中。文件通常存储在外部介质（如磁盘等）上，使用时才被调入内存，也可以将内存数据输出到数据文件，永久保存，实现多程序共享。

操作系统对文件的管理是通过目录(或文件夹)将文件组织成树状结构来实现的。

9.1.2 文件的分类

可从不同的角度对文件进行分类。

(1) 从用户的角度可将文件分为普通文件和设备文件两种。

普通文件是指存储在磁盘或其他外部介质上的一个有序数据集,可以是源文件、目标文件、可执行程序,也可以是一组待输入处理的原始数据,或者是一组输出的结果。源文件、目标文件、可执行程序可以称为作程序文件,输入/输出数据可称为数据文件。

设备文件是指与主机相连的各种外部设备,如显示器、打印机、键盘等。操作系统把外部设备看作一个文件来进行管理,外部设备的输入和输出等同于磁盘文件的读和写。通常把显示器定义为标准输出文件,一般情况下,在屏幕上显示有关信息就是向标准输出文件输出。如 printf()、putchar() 函数就是这类输出。键盘通常被指定为标准输入文件,从键盘上输入数据就意味着从标准输入文件中输入数据。如 scanf()、getchar() 函数就属于这类输入。

(2) 从文件编码的方式可将文件分为 ASCII 文件和二进制文件两种。

ASCII 文件也称文本文件,这种文件存放的是字符的 ASCII 码,每个字符占一个字节。存取时没有字段的概念,也没有记录的概念,前后数据依序相连,没有分隔符。

例如,数据 1678 的存储形式为:

```
ASCII 码:     00110001  00110110  00110111  00111000
                 ↓         ↓         ↓         ↓
十进制码:        1         6         7         8    共占用 4 字节。
```

ASCII 文件的优点表现在对字符数据的处理上:

① 每个字节对应一个字符,便于处理。

② 用 DOS 的 TYPE 命令可显示文件的内容,由于按字符显示,因此用户能读懂文件的内容。

③ 由于 ASCII 码值的标准是统一的,因此文件易于移植。

ASCII 文件的缺点:数据在内存中不是按字符存储的,如果要存储 ASCII 类型的文件,存入时要将二进制转换为十进制,而将文件内容读出调入内存时要将十进制转换为二进制,增加了系统的开销。

二进制文件是按二进制编码方式来存放文件的,和内存中的形式一样。例如,数据 1678 的存储形式为 00010110 00101110。二进制文件虽然也可以在屏幕上显示,但用户无法读懂其中的内容。C 编译系统在处理这些文件时,并不区分类型,而是将其看成字符流,按字节进行处理。输入输出字符流的开始和结束只受程序控制而不受物理符号(如回车符)的控制。

二进制文件的优点:占用外存空间少;从内存到文件或从文件到外存,可以直接传输,提高了系统的效率。

二进制文件的缺点:一个字节不对应一个字符,不能直接输出字符形式,用户很难读懂其中的含义。

C 语言中使用的 ASCII 文件和二进制文件统称为"流式文件"。输出时,系统不添加任何信息;输入时,逐一读入数据,C 语言对文件的存取不是以记录为单位,而是精确到字符,这就增加了处理的灵活性。

9.1.3 文件缓冲系统

ANSI C 标准库使用缓冲文件系统，这是计算机领域常用的方式。

缓冲文件系统是指在内存中自动地为每一个文件开辟新存储区的系统，新的存储区也称数据缓冲区，作为文件和使用数据的中介。

使用文件缓冲系统的目的是减少磁盘的读写次数。如执行 512 次写命令，每次写一个字符，要进行 512 次写盘操作。建立输出文件缓冲区后，每次写完数据都由系统暂存到输出文件缓冲区，待缓冲区满了或文件关闭了，再将缓冲区中的数据写入磁盘。

9.1.4 文件指针类型

文件缓冲系统为每一个正在使用的文件在内存中开辟一个存储区，用于存放文件的有关信息，这些信息用一个结构体变量保存，该结构体类型的名字为 FILE，在头文件 stdio.h 中对文件类型做了详细的声明和解释。

其声明如下：

```
typedef struct
{
    short level;                    /*缓冲区使用量*/
    unsigned flags;                 /*文件状态标识*/
    char fd;                        /*文件描述符*/
    unsigned char hold;             /*缓冲区的大小*/
    short bsize;                    /*文件缓冲区的首地址*/
    unsigned char *buffer;          /*指向文件缓冲区的工作指针*/
    unsigned ar *curp;              /*其他信息*/
    unsigned istemp;
    short token;
}FILE;
```

其内部成员变量包含了文件缓冲区的信息，具体情况请读者自行查阅相关参考资料。

定义文件指针的一般形式为：

```
FILE *指针变量标识符;
```

例如：

```
FILE *fp;
```

表示 fp 是指向 FILE 结构体的指针变量，通过 fp 可找到存放某个文件信息的结构体变量，再根据结构体变量提供的信息查找文件，对文件进行操作。习惯上把 fp 称为指向文件的指针。

说 明

FILE 实际上是由系统定义的结构体，该结构体中含有文件名、文件状态和文件当前位置等信息。编写源程序时不必关心 FILE 结构的细节。

9.2 文件的打开与关闭

在 C 语言中，文件操作都是由库函数来完成的。

文件操作必须遵循“先打开，再使用，最后关闭”的原则。所谓打开文件，实际上是建立文件的各种有关信息，并使文件指针指向该文件，以便进行其他操作。关闭文件则是断开指针与文件之间的联系，即禁止再对该文件进行操作。

C 语言规定了标准输入/输出函数库，用 fopen() 函数打开一个文件，用 fclose() 函数关闭一个文件。

9.2.1 文件的打开—— fopen() 函数

fopen() 函数用来打开一个文件，其调用形式为：

```
文件指针名=fopen(文件名, 使用文件方式);
```

其中“文件指针名”是 FILE 类型的指针变量；“文件名”是被打开文件的文件名，它是字符串常量或字符串数组；“使用文件方式”是指文件的类型和操作要求。

例如：

```
FILE *fp;
fp=fopen("x.txt","w");
```

表示在当前目录下打开文本文件 x.txt，w 表示对文本文件进行写操作，即如果 x.txt 文件存在则打开，不存在则建立。函数带回的指向 x.txt 文件的指针赋给指针变量 fp。

文件的使用方式共有 12 种，表 9-1 给出了它们的符号和意义。

表 9-1 文件的使用方式

符号	意义
"r"	只读打开一个文本文件，只允许读数据
"w"	只写打开或建立一个文本文件，只允许写数据
"a"	追加打开一个文本文件，并在文件末尾写数据
"rb"	只读打开一个二进制文件，只允许读数据
"wb"	只写打开或建立一个二进制文件，只允许写数据
"ab"	追加打开一个二进制文件，并在文件末尾写数据
"r+"	读写打开一个文本文件，允许读数据和写数据
"w+"	读写打开或建立一个文本文件，允许读数据和写数据
"a+"	读写打开一个文本文件，允许读数据或在文件末尾追加数据
"rb+"	读写打开一个二进制文件，允许读数据和写数据
"wb+"	读写打开或建立一个二进制文件，允许读数据和写数据
"ab+"	读写打开一个二进制文件，允许读数据或在文件末尾追加数据

说明

文件使用方式由“r”“w”“a”“t”“b”“+”6个字符拼成，各字符的含义是：“r(read)”代表读；“w(write)”代表写；“a(append)”代表追加；“t(text)”代表文本文件，可省略不写；“b(binary)”代表二进制文件；“+”代表读和写。

(1) "r" 以只读方式打开一个文件，该文件必须已经存在，而且只能对文件进行读操作，而不能对文件进行写操作。文件打开后，指针指向第一个数据。

(2) "w" 只允许对文件进行写操作。若打开的文件不存在，则以指定的文件名建立该文件，若打开的文件已存在，则将该文件删去，重建一个同名的新文件。使用这种方式要避免文件重名，防止误删文件。

(3) 若要向一个已存在的文件追加信息，只能用 "a" 方式打开文件。但该文件必须是存在的，否则会出错。

(4) 用 "+" 方式打开的文件可以读，也可以写。

(5) 如果文件打开成功，返回指向 FILE 结构的指针；如果文件打开出错，fopen() 返回空指针。为增强程序的可靠性，常用以下方法打开一个文件：

```
if((fp=fopen("文件名","操作方式"))==NULL)
{
    printf("can not open this file\n");
    exit(0);
}
```

(6) 一个文本文件读入内存时，要将 ASCII 码转换成二进制码；而把文件以文本方式写入磁盘时，也要把二进制码转换成 ASCII 码，因此文本文件的读写要花费较多的转换时间。二进制文件的读写无须进行这种转换。

9.2.2 文件的关闭—— fclose() 函数

文件使用完必须及时关闭，使文件名与指针脱离关系，释放文件信息区和文件缓冲区。fclose() 函数的调用形式为：

```
fclose(文件指针);
```

例如：

```
fclose(fp);
```

完成正常的关闭文件操作时，fclose() 函数的返回值为 0。若返回非零值则表示有错误发生。

【例 9.1】编写程序，完成打开文件和关闭文件的操作。

```
#include <stdio.h>
int main()
{
```

```
    FILE *fp;
    fp=fopen("c:\\temp\\test.txt","r");
    if(fp==NULL)
        printf("fail to open the file!\n");
    else
    {
        printf("The file is open!\n");
        fclose(fp);
    }
    return 0;
}
```

9.3 文件的读写

文件打开之后，就可以进行读写操作了。系统提供了很多函数，用来对文件进行读写操作。

（1）字符读写函数：fgetc() 和 fputc()。

（2）字符串读写函数：fgets() 和 fputs()。

（3）数据块读写函数：fread() 和 fwrite()。

（4）格式化读写函数：fscanf() 和 fprintf()。

使用以上函数都要求包含头文件 stdio.h。

假设已经定义文件指针：

```
FILE *fp;
```

且 fp 已经指向有关文件，下面以此来介绍各函数的用法。

9.3.1 读/写文件中的一个字符——fgetc() 和 fputc() 函数

字符读写函数是以字符（字节）为单位进行读写函数，即每次从文件读出或向文件写入一个字符。

1. 读字符函数 fgetc()

fgetc() 函数的功能是从指定的文件中读字符，函数调用的形式为：

```
字符变量=fgetc(文件指针);
```

例如：

```
ch=fgetc(fp);
```

其意义是从打开的文件 fp 中读取一个字符赋给变量 ch。

说明

（1）使用 fgetc() 函数读取文件中的字符时，读取的文件必须是以读或读写方式打开的。

（2）读取的字符可以不赋值给字符变量，如“fgetc(fp);”，但此时读出的字符不能保存。

（3）在文件内部有一个位置指针，用来指向文件的当前读写字节。打开文件时，该指针总是指向文件的第一个字节。使用 fgetc() 函数后，位置指针会向后移动一个字节，因此可连续多次使用 fgetc() 函数，读取多个字符。应注意文件指针和文件内部的位置指针并不相同。文件指针是指向整个文件的，须在程序中定义说明，只要不重新赋值，文件指针的值是不变的。而文件内部的位置指针用于指示文件内部的当前读写位置，每读写一次，该指针向后移动一个字节，文件内部的位置指针不需要在程序中定义说明，由系统自动设置。

2. 写字符函数 fputc()

fputc()函数的功能是把一个字符写入指定的文件中，函数的调用形式为：

```
fputc(字符量,文件指针);
```

其中，待写入的字符量可以是字符常量，也可以是字符变量，例如：

```
fputc('a',fp);
```

是把字符“a”写入 fp 指向的文件中。

对于 fputc() 函数的使用也要说明几点：

（1）被写入的文件可以用只写、读写或追加方式打开，用只写或读写方式打开一个已存在的文件时将清除文件中的原有内容，写入的字符从文件首开始。如需保留文件中的原有内容，从文件末写入字符，必须以追加方式打开文件。被写入的文件若不存在，则创建该文件。

（2）每写入一个字符，文件内部位置指针向后移动一个字节。

（3）fputc() 函数有一个返回值，如写入成功则返回写入的字符，否则返回一个 EOF。根据返回值可以判断写入是否成功。

【例 9.2】键入字符并写入磁盘文件 f1，直到遇到符号“@”为止。

```
#include <stdio.h>
#include <stdlib.h>
int main()
{
  FILE *fp;
  char ch;
  if((fp=fopen("f1","w"))==NULL)
  {
    printf("Cannot open file strike any key exit!");
    exit(0);
  }
```

```
    while((ch=getchar())!='@')
        fputc(ch,fp);
    fclose(fp);
    return 0;
}
```

程序运行结果如下：

```
12345
ABCDE@
```

在程序工程文件目录下，生成一个名为“f1”的文件，用记事本打开后看到图 9-1 所示的结果。

图 9-1 “f1”文件

关于 exit() 函数：

（1）用法。

```
[void] exit([程序状态值]);
```

（2）功能：关闭已打开的所有文件，结束程序运行，返回操作系统，并将“程序状态值”返回给操作系统。当“程序状态值”为 0 时，表示程序正常退出；非零值时，表示程序出错退出。

9.3.2 读 / 写文件中的一个字符串—— fgets() 和 fputs() 函数

1. 读字符串函数 fgets()

fgets() 函数的功能是从指定的文件中读一个字符串到字符数组中，函数调用形式为：

```
fgets(字符数组名,n,文件指针);
```

其中，n 是一个正整数，表示从文件中读取的字符个数不超过 $n-1$。在读取的字符串末尾自动加字符串结束标志 '\0'。例如：

```
fgets(str,n,fp);
```

表示从 fp 所指的文件中读取 $n-1$ 个字符存入字符数组 str 中。

2. 写字符串函数 fputs()

fputs() 函数的功能是向指定的文件写入一个字符串，其调用形式为：

```
fputs(字符串,文件指针);
```

其中，字符串可以是字符串常量，也可以是字符数组名或指针变量。例如：

```
fputs("abcd",fp);
```

其作用是把字符串“abcd”写入 fp 所指的文件中。

9.3.3 读/写文件中的数据块——fread() 和 fwrite() 函数

实际应用中，常常要求 1 次读/写 1 个数据块。数据块可以是一个整型、实型或结构体变量的值。ANSI C 标准设置了 fread() 和 fwrite() 函数来读或写数据块。

（1）调用形式：

```
int fread(void *buffer,int size,int count,FILE *fp);
int fwrite(void *buffer,int size,int count,FILE *fp);
```

（2）功能：

fread() 是从 fp 所指向文件的当前位置开始，一次读入 size 字节，重复 count 次，并将读入的数据存放到从 buffer 开始的内存中；同时将读写位置指针向后移动 size*count 字节。

fwrite() 是从 buffer 开始，一次输出 size 字节，重复 count 次，并将输出的数据存放到 fp 所指向的文件中；同时，将读写位置指针向后移动 size*count 字节。

其中，buffer 是一个指针，在 fread() 函数中，指向输入数据的首地址；在 fwrite() 函数中，指向输出数据的首地址。

size：表示数据块的字节数。

count：表示要读写数据块的块数。

fp：表示文件指针。

如果成功调用 fread() 或 fwrite() 函数，则函数返回 count 值。fread() 和 fwrite() 函数一般用于二进制文件的处理。例如：

```
fread(fa,4,5,fp);
```

其意义是从 fp 所指的文件中，每次读 4 字节（一个实数）存入实数数组 fa 中，连续读 5 次，即读 5 个实数到 fa 中。

【例 9.3】从键盘输入两名学生数据，并写入文件中，再将数据从文件中读出并显示在屏幕上。

```
#include <stdio.h>
#include <stdlib.h>
int main()
{
   struct student
   {
      char name[10];
      int num;
      int age;
      char addr[15];
   }boya[2],boyb[2],*pp,*qq;
   FILE *fp;
   int i;
   pp=boya;
```

```
qq=boyb;
if((fp=fopen("stu_list","wb+"))==NULL){
    printf("Cannot open file strike any key exit!");
    getchar();
    exit(1);
}
printf("\ninput data\n");
for(i=0;i<2;i++,pp++)
    scanf("%s%d%d%s",pp->name,&pp->num,&pp->age,pp->addr);
pp=boya;
fwrite(pp,sizeof(struct student),2,fp);
rewind(fp);
fread(qq,sizeof(struct student),2,fp);
printf("\n\nname\tnumber age addr\n");
for(i=0;i<2;i++,qq++)
    printf("%s\t%5d%7d\t%s\n",qq->name,qq->num,qq->age,qq->addr);
fclose(fp);
return 0;
}
```

程序中定义了两个结构体类型为 struct student 的数组 boya 和 boyb,还定义了两个结构体指针 pp 和 qq,分别指向 boya 和 boyb。程序以读写方式打开二进制文件“stu_list”,运行时输入两名学生的姓名、学号、年龄和地址,并写入该文件中,然后把文件内部位置指针移到文件首部,读取两名学生的数据,在屏幕上显示出来。

9.3.4 对文件进行格式化读/写——fscanf()和 fprintf()函数

fscanf() 和 fprintf() 函数与 scanf() 和 printf() 函数的功能相似,区别在于 fscanf() 和 fprintf() 函数的操作对象是指定文件,而 scanf() 和 printf() 函数的操作对象是标准输入/输出文件。

调用形式:

```
int fscanf(文件指针,"格式符",输入变量首地址表);
int fprintf(文件指针,"格式符",输出参量表);
```

例如:

```
……
int i=5; float f=9.60;
……
fprintf(fp,"%2d,%6.2f", i, f);
……
```

fprintf() 函数的作用是将变量 i 按 %2d 格式、变量 f 按 %6.2f 格式,且变量间用逗号分隔,输出到 fp 所指向的文件中：□5, □□9.60（□表示 1 个空格）。

9.3.5 读/写函数的选用原则

从功能角度来说，fread() 函数和 fwrite() 函数可以完成文件中任何数据的读/写操作。但为方便操作，可根据需求选用合适的函数：

（1）读/写 1 个字符（或字节）数据时：选用 fgetc() 和 fputc() 函数。

（2）读/写 1 个字符串时：选用 fgets() 和 fputs() 函数。

（3）读/写 1 个（或多个）不含格式的数据时：选用 fread() 和 fwrite() 函数。

（4）读/写 1 个（或多个）含格式的数据时：选用 fscanf() 和 fprintf() 函数。

9.4 位置指针与文件定位

前面介绍的文件读写方式都是顺序读写，即读写文件只能从头开始，顺序读写各个数据。但在实际应用中，常常要求只读写文件中某一指定的部分。为了解决这个问题，可将文件内部的位置指针移动到需要读写的位置，然后再进行读写操作，这种读写方式称为随机读写。

实现随机读写的关键是要按要求移动位置指针，称为文件定位。文件中有一个读写位置指针，指向当前的读写位置。每次读写 1 个（或 1 组）数据后，系统自动将位置指针移动到下一个读写位置上。

如果想改变系统的这种读写规律，可使用有关的文件定位函数。

9.4.1 位置指针复位函数 rewind()

（1）调用形式为：

```
rewind(文件指针);
```

（2）功能：将文件的位置指针返回到文件头。

9.4.2 随机读写 fseek() 函数

所谓随机读写，是指读写完当前数据后，通过调用 fseek() 函数，将位置指针移动到文件的任意位置。

（1）调用形式为：

```
fseek(文件指针, 位移量, 参照点);
```

（2）功能：将指定文件的位置指针，从参照点开始，移动指定的字节数。

说 明

（1）“文件指针”指向被移动的文件。

（2）“位移量”表示移动的字节数，要求位移量是 long 型数据，避免文件长度大于 64 kB 时出错。当用常量表示位移量时，要求加后缀“L”。

(3)"参照点"表示从何处开始计算位移量,规定的参照点有3种:文件首、当前位置和文件尾,其表示方法见表9-2。

表9-2 参照点的表示方法

参照点	表示符号	数字表示
文件首	SEEK_SET	0
当前位置	SEEK_CUR	1
文件尾	SEEK_END	2

例如:

```
fseek(fp,100L,0);
```

是把位置指针移到离文件首100字节处。

需要说明的是,fseek()函数一般用于二进制文件。由于文本文件中要进行编码转换,因此计算的位置会不准确。

【例9.4】fseek()函数的应用举例。

```
#include <stdio.h>
int main()
{
    FILE *fp;
    fpos_t pos;
    fp=fopen("/etc/passwd","r");
    fseek(fp,5l,SEEK_SET);
    printf("offset=%ld\n",ftell(fp));
    rewind(fp);
    fgetpos(fp,&pos);
    printf("offset=%ld\n",pos);
    pos=10;
    fsetpos(fp,&pos);
    printf("offset=%ld\n",ftell(fp));
    fclose(fp);
    return 0;
}
```

fpos_t:表示文件读写位置指针的类型,用来指向正在操作文件的读或写的位置。

fgetpos()函数:获取当前文件指针指向的位置,并把位置信息存放到pos指向的对象中。

fgetpos()的原型为:

```
int fgetpos(FILE *fp, fpos_t *pos);
```

其中，fp 为当前文件流的指针，pos 为指向 fpos_t 类型的指针。

fsetpos() 函数的功能与 fgetpos() 函数相反，用来设置当前文件的指针。

9.4.3　返回文件当前位置的函数 ftell()

文件的位置指针可以任意移动，也经常移动，编程时很难把握文件的当前位置，ftell() 函数就是用来解决这个问题的。

（1）用法：

```
long ftell(文件指针);
```

（2）功能：返回文件位置指针的当前位置（用相对于文件首的位移量表示）。如果返回值为 -1L，则表明调用出错。

例如：

```
i=ftell(fp);
if(i==-1L)
   printf("ftell() error\n");
```

9.5　其他文件操作函数

9.5.1　clearerr() 函数

（1）函数定义：

```
void clearerr(FILE *fp);
```

（2）函数功能：清除文件流的错误标识。

（3）函数说明：清除参数 fp 指向文件流的错误标识。

9.5.2　feof() 函数

（1）函数定义：

```
int feof(FILE *fp);
```

（2）函数功能：检查文件流是否读到了文件尾。

（3）函数说明：用来检查文件位置指针是否读取到了文件尾。参数 fp 为 fopen() 所返回的文件指针。如果已到文件尾，则返回非零值，其他情况返回 0。

9.5.3　mktemp() 函数

（1）函数定义：

```
char *mktemp(char *template);
```

（2）函数功能：产生唯一的临时文件名。

（3）函数说明：mktemp() 用来产生唯一的临时文件名。参数 template 所指文件名字符串的最后六个字符必须是XXXXXX。生成文件名后会借字符串指针返回。若文件成功打开，指向该流的文件指针就会被返回。如果文件打开失败则返回NULL，并将错误代码存入errno中。

附加说明：参数template所指的文件名字符串必须声明为数组，如“char template[] = "template-XXXXXX";”，不能用“char *template="template-XXXXXX";”。

9.5.4 ungetc()函数

（1）函数定义：

```
int ungetc(char c,FILE *fp);
```

（2）函数功能：将指定字符写回文件流中。

（3）函数说明：将参数c的字符值写入参数fp所指向的文件流。这个写回的字符会由下一个读取文件流的函数获得，执行成功则返回c字符；执行失败则返回EOF。

习题

1. 标准库函数fgets(s,n,f)的功能是________。
   A. 从文件f中读取长度为n的字符串存入指针s所指的内存
   B. 从文件f中读取长度不超过$n-1$的字符串存入指针s所指的内存
   C. 从文件f中读取n个字符串存入指针s所指的内存
   D. 从文件f中读取长度为$n-1$的字符串存入指针s所指的内存
2. 在C语言中，对文件的存取以________为单位。
   A. 记录　　B. 字节　　C. 元素　　D. 簇
3. 下面的变量中，表示文件指针变量的是________。
   A. FILE *fp　　B. FILE fp　　C. FILER*fp　　D. file*fp
4. 在C语言中，下面关于文件的叙述正确的是________。
   A. 用"r"方式打开的文件只能向文件写数据
   B. 用"R"方式也可以打开文件
   C. 用"w"方式打开的文件只能向文件写数据，且该文件可以不存在
   D. 用"a"方式可以打开不存在的文件
5. 在C语言中，当文件指针变量fp指向文件末尾，则函数feof(fp)的值是________。
   A. .t　　B. .F　　C. 0　　D. 1
6. C语言中定义了3个文件指针stdin、stdout和stderr，分别指向终端输入、终端输出和标准出错输出，则函数fputc(ch,stdout)的功能是________。
   A. 从键盘输入一个字符赋给字符变量ch
   B. 在屏幕上输出字符变量ch的值
   C. 将字符变量的值写入文件stdout中
   D. 将字符变量ch的值赋给stdout
7. 打开一个已存在的文件file1，并将文件内容显示在屏幕上。
8. 编写程序，显示已存在文件file1的长度。

9. 编写程序,将一浮点数 5.36 写入文件 data.dat 中。

10. 编写程序,从键盘上键入 10 个字符,存入一个名为 test.dat 的文件。

11. 编写程序,从键盘输入文件名,将文件打开,然后把键盘输入的字符存入文件,遇到“#”结束。

12. 编写函数,用于接收一个文件名字符串,判别该文件是否存在,若存在返回 1,否则返回 0。

13. 已知文件 file1,编写程序,将 file1 文件中的字符连续显示两次。

第 10 章　预处理命令

用编译系统把源程序编译成可执行程序的过程称为源程序的加工。C 语言源程序的加工分三步：预处理、编译和连接，图 10-1 描述了这个过程。各个源文件可以分别进行预处理和编译，得到一组目标文件；然后用连接程序把这些目标文件、系统库函数、程序基本运行系统等连接起来，形成最终的可执行文件。

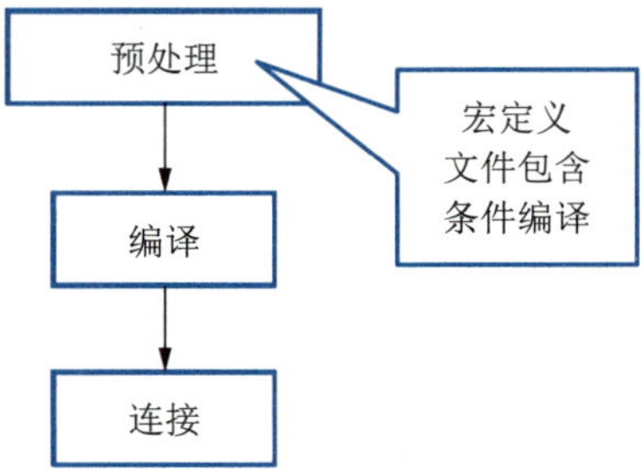

图 10-1　C 语言源程序的加工过程

预处理是 C 语言的一个重要功能，由 C 语言预处理程序完成。预处理程序是 C 语言系统的组成部分，用来处理 C 语言源程序中所有的预处理命令，得到不含预处理命令的源程序，预处理命令使得编程更加方便。

前面各章中已多次使用过以“#”符号开头的预处理命令。如包含命令 #include，宏定义命令 #define 等。预处理命令以独立的预处理命令行出现。“#”是特殊的引导符号，如果 C 语言源程序中某行的第一个非空格符号是“#”，那么这行就是预处理命令行。预处理命令的作用是要求预处理程序完成某些操作。在 C 语言源程序中，这些命令都放在函数之外，文件开头称为预处理部分。C 语言具有多种预处理功能，如宏定义、文件包含、条件编译等。合理地使用预处理功能编写程序，可使程序便于阅读、修改、移植和调试，也有利于模块化程序的设计。

本章学习目标

☆ 理解宏定义的概念。
☆ 掌握文件包含的处理方式。
☆ 灵活使用 C 语言的预处理命令来解决实际问题。

10.1 宏定义

宏定义又称宏替换，就是用一些简单的符号来代替一些比较复杂的符号，即在编译前做的一个简单替换，这个替换过程称为宏展开。使用宏定义可以减少程序中重复输入某些复杂符号的工作量，还可以提高程序的可移植性。宏定义是由宏定义命令来实现的，由 #define 开始的行称为宏定义命令行。宏定义命令有两种类型：不带参数的宏定义和带参数的宏定义，下面分别介绍它们。

10.1.1 不带参数的宏定义

不带参数宏定义的一般形式为：

```
#define 标识符 替换列表
```

功能：用一个指定的标识符（也称宏名）来代表一个替换列表，标识符和替换列表之间要用空格分隔。

替换列表是一系列 C 语言标记，包括标识符、关键字、数字、字符常量、字符串常量、运算符和标点符号。当预处理器遇到一个宏定义时，会做一个“标识符”替换“替换列表”的记录。在程序的源文件中，不管标识符出现在什么位置，预处理器都会用替换列表替换它。

说 明

（1）使用宏定义时，标识符一般用大写字母命名，可以有效地与变量名相区别，这只是习惯而并非规定，也可以用小写字母。

（2）不要在宏定义中添加额外的符号，否则它们会被当作替换列表的一部分。此类错误常见的有以下两种。

① 在宏定义末尾加分号。宏定义不是 C 语句，所以无须在末尾加分号。如果加了分号，预处理程序会将分号当成字符串的一部分进行替换。例如：

```
#define PI 3.14;
```

经替换后，编译系统认为 PI 的值是“3.14;”，而不是 3.14。

② 在宏定义中使用赋值运算符。例如：

```
#define N=100                    /*WRONG*/
int a[N];                        /* 等价于 int a[=100];*/
```

上面的例子实际上是把 N 定义成一对记号（= 和 100）。

（3）#define命令一般放在函数外，其作用域为从定义位置起到文件结束。使用时，一般放在程序的开头。如要终止其作用域，可使用 #undef 命令。例如：

```
#define PI 3.14
int main()
{
   ……
}
#undef PI
f1()
{
```

```
    ……
}
```

本例中，PI只在main()函数中有效，而在函数f1()中无效。

(4) 进行宏定义时，可以使用已定义的宏名。后面例子中会涉及。

(5) 宏名若用引号括起来，预处理程序不对其做宏代换。

【例10.1】定义宏名OK表示100。

```
#include <stdio.h>
#define OK 100
int main()
{
    printf("OK");
    printf("\n%d\n",OK);
    return 0;
}
```

程序运行结果如下：

```
OK
100
```

本例中定义宏名OK表示100，由于第一条printf语句中的OK被引号括起来，因此不做宏代换，将“OK”当作字符串处理。第二条printf语句中的OK没有被引号括起来，表示宏OK，要做宏代换。

(6) 宏定义只是在编译前做一个简单的替换，并不进行错误检查。要等到编译开始后，才能对替换的字符串进行错误检查。编译器会将每一处使用这个宏的地方标为错误，而不会直接找到错误的根源——宏定义本身。

(7) 宏定义是专门用于预处理命令的一个专用名词，它与定义变量的含义不同，只做字符替换，不分配内存空间。

【例10.2】求圆的周长、面积及球的体积。

算法一：只用一个宏来实现。

```
#include <stdio.h>
#define PI 3.1415926
int main()
{
    float l,s,r,v;
    printf("input radius:");
    scanf("%f",&r);                    /* 输入圆的半径 */
```

```
    l=2.0*PI*r;                    /*圆周长*/
    s=PI*r*r;                      /*圆面积*/
    v=4.0/3.0*PI*r*r*r;            /*球体积*/
    printf("l=%10.4f\ns=%10.4f\nv=%10.4f\n",l,s,v);
    return 0;
}
```

算法二：用多个宏来实现，在进行宏定义时，使用已定义的宏名。

```
#include <stdio.h>
#define R 3.0
#define PI 3.1415926
#define L 2*PI*R
#define S PI*R*R
int main()
{
    printf("L=%f\nS=%f\n",L,S);
    return 0;
}
```

10.1.2　带参数的宏定义

C 语言允许宏带参数。宏定义中的参数称为形式参数(形参)，宏调用中的参数称为实际参数(实参)。带参数的宏在调用中不仅要展开宏，还要用实参替换形参。

1. 带参数的宏定义的一般形式

带参数的宏定义的一般形式为：

```
#define 宏名(形参表)替换列表
```

其中，形参表的参数多于一个时，用逗号隔开，在替换列表中含有多个形参。

带参数宏的调用形式为：

```
宏名(实参表)
```

功能：带参数的宏在展开时，不是进行简单的字符串替换，而是进行参数替换。

例如：

```
#define M(y) y*y+3*y            /*宏定义*/
……
k=M(5);                         /*宏调用*/
……
```

在宏调用时，用实参 5 去替换形参 y，经预处理程序处理后的宏展开语句为：k=5*5+3*5。

说明

(1) 宏名和形参表之间不能有空格。若有空格,则认为是无参数的宏。

(2) 宏定义中的形参是标识符,而宏调用中的实参可以是表达式。

【例 10.3】计算圆的面积。

```
#include <stdio.h>
#define PI 3.1415926
#define S(r) PI*r*r
int main()
{
    float a,area;
    a=3.6;
    area=S(a);
    printf("r=%f\n,area=%f\n",a,area);
    return 0;
}
```

本例中,在宏调用时,用实参 a 替换形参 r,经预处理程序处理后的宏展开语句为:area=PI*a*a。

【例 10.4】求两个数中的较大值。

```
#include <stdio.h>
#define MAX(a,b) (a>b)?a:b
int main()
{
    int x,y,max;
    printf("input two numbers:");
    scanf("%d%d",&x,&y);
    max=MAX(x,y);
    printf("max=%d\n",max);
    return 0;
}
```

本例程序的第 2 行是带参数的宏定义,用宏名 MAX 表示条件表达式“(a>b)?a:b”,形参 a、b 均出现在条件表达式中。“max=MAX(x,y);”语句为宏调用,实参 x、y 将分别替换形参 a、b。宏展开后该语句为“max=(x>y)?x:y;”,用于计算 x、y 中的较大值。

(3) 宏定义可以用来定义多条语句,在宏调用时,将这些语句替换到源程序内。

【例 10.5】用宏定义定义多条语句的例子。

```
#include <stdio.h>
#define SSSV(s1,s2,s3,v) s1=l*w;s2=l*h;s3=w*h;v=w*l*h;
int main()
```

```
{
    int l=3,w=4,h=5,sa,sb,sc,vv;
    SSSV(sa,sb,sc,vv);
    printf("sa=%d\nsb=%d\nsc=%d\nvv=%d\n",sa,sb,sc,vv);
    return 0;
}
```

程序第2行为宏定义，用宏名SSSV表示4条赋值语句，4个形参分别为4个赋值运算符左边的变量。在宏调用时，将4条语句展开并用实参替换形参，把计算结果存入实参中。

（4）在宏定义中，字符串内的形参通常要用括号括起来以免出错。因为带参数的宏在展开时，只是单纯地用实参字符串替换形参字符串，某些情况下，如果不使用括号，可能会得到错误的答案。

【例10.6】计算圆的面积。

```
#include <stdio.h>
#define PI 3.14
#define S(R) PI*R*R
#define S1(R) PI*(R)*(R)
int main()
{
    printf("S=%f\n",S(7));
    printf("S1=%f\n",S1(7));
    printf("S=%f\n",S(4+3));
    printf("S1=%f\n",S1(4+3));
    return 0;
}
```

经替换后的程序：

```
#include <stdio.h>
#define PI 3.14
#define S(R) 3.14*R*R
#define S1(R) 3.14*(R)*(R)
int main()
{
    printf("S=%f\n",3.14*7*7);
    printf("S1=%f\n",3.14*(7)*(7));
    printf("S=%f\n",3.14*4+3*4+3);
    printf("S1=%f\n",3.14*(4+3)*(4+3));
    return 0;
}
```

注意 这里用到的 R 值不同,一个是整型常量 7,一个是表达式 4+3,虽然表达式的结果也是 7,但是用 S 宏计算出的面积却是错误的。若要计算以 3+4 为半径的圆面积,必须用 S1 宏才能得到正确结果。

下面再来看一个使用带参数的宏的例子,希望读者仔细体会说明(4)的含义。

【例 10.7】使用带参数的宏的例子。

```
#include <stdio.h>
#define SQ1(y) y*y
#define SQ2(y) (y)*(y)
#define SQ3(y) (y)*(y)
#define SQ4(y) ((y)*(y))
int main()
{
    int a,sq1,sq2,sq3,sq4;
    printf("input a number:");
    scanf("%d",&a);
    sq1=SQ1(a+1);
    sq2=SQ2(a+1);
    sq3=160/SQ3(a+1);
    sq4=160/SQ4(a+1);
    printf("sq1=%d\n",sq1);
    printf("sq2=%d\n",sq2);
    printf("sq3=%d\n",sq3);
    printf("sq4=%d\n",sq4);
    return 0;
}
```

经替换后的程序:

```
#include <stdio.h>
#define SQ1(y) y*y
#define SQ2(y) (y)*(y)
#define SQ3(y) (y)*(y)
#define SQ4(y) ((y)*(y))
int main()
{
    int a,sq1,sq2,sq3,sq4;
    printf("input a number:");
    scanf("%d",&a);
```

```
    sq1=a+1*a+1;
    sq2=(a+1)*(a+1);
    sq3=160/(a+1)*(a+1);
    sq4=160/((a+1)*(a+1));
    printf("sq1=%d\n",sq1);
    printf("sq2=%d\n",sq2);
    printf("sq3=%d\n",sq3);
    printf("sq4=%d\n",sq4);
    return 0;
}
```

程序运行结果如下：

```
input a number:3
sq1=7
sq2=16
sq3=160
sq4=10
```

由程序运行结果可以看出，虽然实参值相同，但 sq1、sq2、sq3 和 sq4 的结果却不一样。通过替换后的程序，可以看出问题出在哪里。因此，不但宏定义中参数两边的括号不能少，而且整个字符串外的括号也不能少。

2. 带参数的宏定义和函数调用的区别

带参数的宏调用形式与函数调用类似，在调用时都要在宏名或函数名后的括号内写实参，都要求实参与形参的数目相同。二者的作用也相似，但实际却不同。主要体现在以下几个方面：

（1）在带参数的宏定义中，形式参数不分配内存单元，因此不必做类型定义。而宏调用中的实参有具体的值，它们要去替换形参，因此必须进行类型说明。这与函数不同。在函数中，形参和实参是两个不同的量，有各自的作用域，程序运行时，要为形参分配临时的内存单元，调用时要把实参值赋给形参，进行“值传递”。而在带参数的宏中，实参表达式只进行符号替换，不做计算处理，不存在值传递的问题。

（2）函数中的实参和形参都要定义类型，且二者的类型要一致，如果不一致，应进行类型转换。而宏不存在类型问题，宏名无类型，其参数也无类型，只是一个符号，展开代入指定的替换列表即可。宏定义时，字符串可以是任何类型的数据。

宏参数不进行类型检查。预处理器不会检查宏参数的类型，也不会进行类型转换。当函数被调用时，编译器会检查每个参数以确认它们是否是正确的类型。如果不是，或者将参数转换成正确的类型，或者由编译器抛出一个出错信息。

（3）使用宏的程序编译后，代码通常会变大。每一处宏调用都会插入宏替换列表，因此编译后的代码会变大。宏使用得越频繁，这种现象就越明显。当宏调用嵌套时，这个问题会叠加从而使程序更加复杂。宏占用的是编译时间，函数调用占用的是运行时间。多次调用宏会使程序变长，而多次调用函数程序代码变化却不明显。

（4）C 语言允许指针指向函数，但无法用指针来指向宏。这一概念在特定的编程条件下非常有用。因为宏会在预处理过程中被删除，所以不存在类似的“指向宏的指针”。

（5）宏可能会不止一次地计算参数，而函数则只计算一次。如果参数有副作用，多次计算参数的值可能会产生意外的结果。例如：

```
n=MAX(i++, j);
```

其中，MAX 的一个参数有副作用。

下面是这条语句在预处理之后的结果：

```
n=((i++)>(j)?(i++):(j));
```

如果 i 大于 j，那么 i 可能会被（错误地）增加两次，*n* 也可能被赋予错误的值。

由于多次计算宏的参数而导致的错误难以被发现。因为这类宏可能在大多数情况下正常工作，仅在特定参数有副作用时失效。因此在宏定义中，最好避免使用带有副作用的参数。

10.2 “文件包含”处理

10.2.1 文件包含命令的形式

以 #include 开始的行就是文件包含命令行，其作用是把指定文件的全部内容包含到当前源文件中来。文件包含命令有两种形式：

```
#include <文件名>
#include "文件名"
```

两者的区别在于查找文件的方式不同。对于第一种形式，预处理程序直接到某些指定目录中查找所需文件，目录指定方式由系统具体确定，通常指定几个系统目录，该形式又称标准方式。对于第二种形式，预处理程序先在源文件所在目录中查找，找不到时再到指定目录查找。因此，在包含系统文件（如标准库文件）时一般应该用第一种形式；如果要包含自定义的文件，该文件与被处理源程序在相同的目录下，显然用第二种形式更合适。

文件包含命令的处理过程是：先查找所需的文件，找到后就用该文件的内容取代当前文件中这个包含命令行。替换进来的文件中可能有预处理命令，也将被处理，如图 10-2 所示。

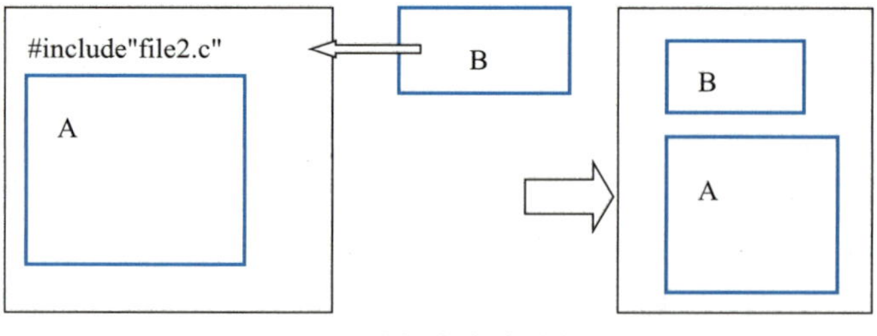

图 10-2 文件包含命令的处理过程

#include 命令一般都写在源文件的头部，所以也将被包含的文件称为头文件。而且常用

“h”作为头文件的扩展名(实际上头文件是文本文件,用什么扩展名都可以)。

前面例子中基本都用了包含命令引用的标准头文件。标准头文件通常以文本文件的形式存在 C 语言系统目录的某子目录中(子目录名通常为 include),其内容主要是标准库函数的原型说明、标准符号常量的定义等。用 #include 命令包含这种文件,相当于在源程序文件的头部写这些函数的原型,这对保证编译程序正确处理标准库函数调用是至关重要的。

10.2.2 文件包含的优点

一个大程序,通常分多个模块,由多个程序员共同完成。有了文件包含功能,就可以将多个模块共用的数据(如符号常量和数据结构)或函数,集中到一个单独的文件中。这样,凡是要使用其中数据或调用其中函数的程序员,只要使用文件包含命令,将所需文件包含进去即可,不必再重复定义它们,从而减少重复劳动。

10.2.3 说明

(1) 文件包含的处理方法。

① 处理时间:文件包含以“#”开头,在编译预处理阶段处理。

② 处理方法:在预处理阶段,系统自动对 #include 命令进行处理,具体做法是:将包含文件的内容复制到包含语句(#include)处,得到新的文件,然后再对这个新的文件进行编译。

(2) 一条 #include 语句只能包含一个头文件,如果要包含多个头文件则使用多条 #include 命令。

(3) 文件包含允许嵌套,即在一个被包含的文件中又可以包含另一个文件。

(4) 一般情况下,文件包含分为两种:包含“.h”文件和包含“.c”文件。包含“.c”文件和编译多文件程序是不同的。多文件程序是编译时将多个文件分别进行编译,再连接在一起生成一个可执行文件。而包含“.c”文件是把多个文件合并为一个文件进行编译。

【例 10.8】文件包含的应用。

```
/*file1.c*/
#include "file2.c"
#include <stdio.h>
int main()
{
    int i,sum=0;
    for(i=1;i<=100;i++)
        sum=sum+f(i);
    printf("The sum is %d",sum);
    return 0;
}
/*file2.c*/
int f(x)
{ int x;
```

```
    return(x*2);
}
```

本例是采用包含“.c”文件的方法实现的。file1.c 中使用了文件包含预处理命令，其作用相当于将 file2.c 的内容复制过来，当编译器将这条命令处理完毕后，呈现在编译器面前的是如下程序，即在编译时，相当于直接去编译新的 file1.c 文件，从而编译生成一个目标文件 file1.obj。

```
/*file1.c*/
#include <stdio.h>
int f(x)
{
    int x;
    return(x*2);
}
int main()
{
    int i,sum=0;
    for(i=1;i<=100;i++)
        sum=sum+f(i);
    printf("The sum is %d",sum);
    return 0;
}
```

程序运行结果为：

```
The sum is 10100
```

10.3 条件编译

默认情况下，源程序中的所有行都要被编译。但有些语句行需要在满足特定条件时才进行编译，这就是条件编译。按不同的条件编译不同的程序部分时，可产生不同的目标代码文件。条件编译有助于程序的移植和调试。条件编译命令有以下几种形式：

1. 第一种形式

```
#ifdef 标识符
    程序段 1
#else
    程序段 2
#endif
```

功能：如果标识符被定义过(用 #define 命令)，则对程序段 1 进行编译，否则对程序段 2 进行编译。如果没有程序段 2(即为空)，本格式中的 #else 可以省略，即可以写为：

```
#ifdef 标识符
  程序段
#endif
```

说明

（1）上面的两种格式中，都要判断标识符是否用 #define 定义过。

（2）上面的格式中，“程序段”可以是多条语句，可以是命令行，也可以是预编译命令。

【例 10.9】分析程序并写出运行结果。

```
#include <stdio.h>
#define R 10.0
int main()
{
  float r,s;
  #ifdef R
    s=3.14159*R*R;
    printf("area of round is: %f\n", s);
  #else
    r=R*R;
    printf("area of square is: %f\n",r);
  #endif
  return 0;
}
```

本例采用第一种形式进行条件编译。在宏定义中，定义 R 为 10.0，因此在条件编译时，计算并输出圆的面积。如果程序开头没有“#define R 10.0”，对程序做适当的修改后，则可以计算并输出正方形的面积。

2. 第二种形式

```
#ifndef 标识符
  程序段 1
#else
  程序段 2
#endif
```

功能：如果标识符没有被定义，则编译程序段 1；否则编译程序段 2。

注意 第二种形式和第一种形式的区别在于“ifdef”改为了“ifndef”，功能正好相反。

3. 第三种形式

```
#if 表达式
  程序段 1
#else
  程序段 2
#endif
```

功能:如果指定的表达式的值为真(非 0 为真,0 为假),则编译程序段 1;否则编译程序段 2。

注意 这个表达式不是运行时的表达式,必须是在编译时就能知道它的值。

【例 10.10】输入一行字母字符,根据需要设置条件编译,将所有字母改为大写字母或小写字母并输出。

```
#include <stdio.h>
#include <string.h>
#define LETTER 1
int main()
{
  int i,n;char c;
  char ch[20]="C Language!";
  n=strlen(ch);
  for(i=0;i<n;i++)
  {
    c=ch[i];
    #if LETTER
      if(c>='a'&&c<='z')
        c=c-32;
    #else
      if(c>='A'&&c<='Z')
        c=c+32;
    #endif
    printf("%c",c);
  }
  return 0;
}
```

程序运行结果如下:

```
C LANGUAGE!
```

若将“#define LETTER 1”改成“#define LETTER 0”,请读者自行分析运行结果。

条件编译当然也可以用条件语句来实现。但是用条件语句会对整个源程序进行编译，生成的目标代码程序很长，而采用条件编译，则根据条件只编译其中的程序段 1 或程序段 2，生成的目标程序较短。如果条件选择的程序段很长，采用条件编译的方法是十分必要的。

习题

1. 设有以下宏定义：#define A 20

   #define B A+30

   则执行赋值语句“v=B*2;”后（假设 v 为整型），v 的值为________。

2. 编译预处理是以________符号开头的。

   A. {　　B. #　　C. !　　D. &

3. 下面的语句执行后 sum 的结果是________。

```
# define ADD(x) x+x
sum=ADD(1+2)*3
```

   A. 9　　B. 10　　C. 12　　D. 18

4. 带参数的宏定义，若输入数字 3 和 4，则程序的运行结果为________。

```
#define MAX(a,b) (a>b)?a:b
#include <stdio.h>
int main()
{
   int x,y,max; printf("input two numbers: ");
   scanf("%d%d",&x,&y); max=MAX(x,y);
   printf("max=%d\n",max);
   return 0;
}
```

5. 设有下列两条宏定义命令，则表达式“B/B”的值为________。

```
#define A 3+2
#define B A*A
```

6. 设有宏定义命令“#define ABC(A,B,c)(A)?(B):(c)”，则表达式“ABC(ABC(1,2,3),ABC(2,3,1),ABC(3,2,1))”的运算结果是____________。

7. 定义一个带参数的宏，交换两个参数的值，并写出程序。输入两个数作为使用宏时的实参，输出交换后的两个值。

8. 定义一个不带参数的宏，让它的字符串值中包含另一个宏的值。

9. 写出下列程序的运行结果。

```
# define XY(X) X?1:0
#include <stdio.h>
int main()
```

```
{
    char s[]={"1234567890"},*p=s;
    int i=0;
    do
    {
        printf("%c",*( p + i));
        #if XY(1)
            i+=2;
        #else
            i++;
        #endif
    }while(i<10);
    return 0;
}
```

10. 给出年份 year,定义一个宏,判别该年份是否为闰年。

【提示】宏名可定义为 LEAP_YEAR,形参为 y,即定义宏的形式为:

#define LEAP_YEAR(y) <读者设计的字符串>

在程序中用以下语句输出结果:

```
if(LEAP_YEAR(year))
    printf("%d is a leap year",year);
else
    printf("%d is not a leap year",year);
```

11. 分别用函数和带参的宏,找出 3 个数中的最大数。

12. 设计各种各样的输出格式(包括整数、实数、字符串等),保存在文件名为 "fornat.h" 的文件中。编写一个程序文件,用命令 “#include "fornat.h" ” 将文件引进来,以确保能使用这些格式。

13. 用条件编译方法实现如下功能:输入一行电报文字,可以任选两种输出,一为原文输出,一为译成密码(将字母变成其下一个字母,如 'a' 变成 'b',……,'z' 变成 'a',其他字符不变)。用命令来控制是否要译成密码。例如:#define CHANG 1,则输出密码;#define CHANGE 0,则不译为密码,按原文输出。

14. 编写一个程序,输入两个整数,求它们相除的余数,用带参的宏来实现。

附录I C语言中的常用关键字

关键字	说明	用途
char	一字节长的字符值	数据类型
short	短整数	
int	整数	
unsigned	无符号类型，最高位不作符号位	
long	长整数	
float	单精度实数	
double	双精度实数	
struct	用于定义结构体的关键字	
union	用于定义共用体的关键字	
void	空类型，用它定义的对象不具有任何值	
enum	定义枚举类型的关键字	
signed	有符号类型，最高位作符号位	
const	表明这个量在程序执行过程中不可变	
volatile	表明这个量在程序执行过程中可被隐含地改变	
typedef	用于定义同义数据类型	
auto	自动变量	存储类别
register	寄存器类型	
static	静态变量	
extern	外部变量声明	
break	退出当前层的循环或 switch 语句	流程控制
case	switch 语句中的情况选择	
continue	跳到下一轮循环	
default	switch 语句中其余情况标号	
do	在 do-while 循环中的循环起始标记	
else	if 语句中的另一种选择	
for	带有初值、测试和增量的一种循环	
goto	转移到标号指定的位置	
if	语句的条件执行	
return	返回到调用函数	
switch	从所有列出的动作中做出选择	
while	在 while 和 do-while 循环中语句的条件执行	
sizeof	计算表达式和类型的字节数	运算符

附录Ⅱ　常用 ASCII 码与字符对照表

第 0～32 号及第 127 号(共 34 个)是控制字符或通信专用字符;第 33～126 号(共 94 个)是字符;128 号后的称为扩展 ASCII 码,目前许多基于 x86 的系统都支持使用扩展 ASCII 码。

Dec	Hex	字　符	Dec	Hex	字符	Dec	Hex	字符	Dec	Hex	字符
0	00	NUL	32	20		64	40	@	96	60	`
1	01	SOH	33	21	!	65	41	A	97	61	a
2	02	STX	34	22	"	66	42	B	98	62	b
3	03	ETX	35	23	#	67	43	C	99	63	c
4	04	EOT	36	24	$	68	44	D	100	64	d
5	05	ENQ	37	25	%	69	45	E	101	65	e
6	06	ACK	38	26	&	70	46	F	102	66	f
7	07	BEL	39	27	'	71	47	G	103	67	g
8	08	BS	40	28	(	72	48	H	104	68	h
9	09	HT	41	29	)	73	49	I	105	69	i
10	0A	LF	42	2A	*	74	4A	J	106	6A	j
11	0B	VT	43	2B	+	75	4B	K	107	6B	k
12	0C	FF	44	2C	,	76	4C	L	108	6C	l
13	0D	CR	45	2D	-	77	4D	M	109	6D	m
14	0E	SO	46	2E	.	78	4E	N	110	6E	n
15	0F	SI	47	2F	/	79	4F	O	111	6F	o
16	10	DLE	48	30	0	80	50	P	112	70	p
17	11	DC1	49	31	1	81	51	Q	113	71	q
18	12	DC2	50	32	2	82	52	R	114	72	r
19	13	DC3	51	33	3	83	53	S	115	73	s
20	14	DC4	52	34	4	84	54	T	116	74	t
21	15	NAK	53	35	5	85	55	U	117	75	u
22	16	SYN	54	36	6	86	56	V	118	76	v
23	17	ETB	55	37	7	87	57	W	119	77	w
24	18	CAN	56	38	8	88	58	X	120	78	x
25	19	EM	57	39	9	89	59	Y	121	79	y
26	1A	SUB	58	3A	:	90	5A	Z	122	7A	z
27	1B	ESC	59	3B	;	91	5B	[	123	7B	{
28	1C	FS	60	3C	<	92	5C	\	124	7C	|
29	1D	GS	61	3D	=	93	5D	]	125	7D	}
30	1E	RS	62	3E	>	94	5E	^	126	7E	~
31	1F	US	63	3F	?	95	5F	_	127	7F	DEL

扩展表：

Dec	Hex	字符	Dec	Hex	字符	Dec	Hex	字符	Dec	Hex	字符
128	80	Ç	160	A0	á	192	C0	└	224	E0	α
129	81	ì	161	A1	æ	193	C1	┴	225	E1	ß
130	82	ã	162	A2	è	194	C2	┬	226	E2	Γ
131	83	â	163	A3	ë	195	C3	├	227	E3	π
132	84	ä	164	A4	ñ	196	C4	─	228	E4	Σ
133	85	à	165	A5	Ñ	197	C5	┼	229	E5	ζ
134	86	å	166	A6	ª	198	C6	╞	230	E6	µ
135	87	ç	167	A7	º	199	C7	╟	231	E7	η
136	88	ä	168	A8	¿	200	C8	╚	232	E8	Φ
137	89	è	169	A9	⌐	201	C9	╔	233	E9	Θ
138	8A	â	170	AA	¬	202	CA	╩	234	EA	Ω
139	8B	ê	171	AB	½	203	CB	╦	235	EB	δ
140	8C	é	172	AC	¼	204	CC	╠	236	EC	∞
141	8D	å	173	AD	¡	205	CD	═	237	ED	θ
142	8E	Ä	174	AE	«	206	CE	╬	238	EE	ε
143	8F	Å	175	AF	»	207	CF	╧	239	EF	∩
144	90	É	176	B0	░	208	D0	╨	240	F0	≡
145	91	æ	177	B1	▒	209	D1	╤	241	F1	±
146	92	Æ	178	B2	▓	210	D2	╥	242	F2	≥
147	93	ô	179	B3	│	211	D3	╙	243	F3	≤
148	94	ö	180	B4	┤	212	D4	Ô	244	F4	⌠
149	95	ç	181	B5	╡	213	D5	╒	245	F5	⌡
150	96	û	182	B6	╢	214	D6	╓	246	F6	é
151	97	ê	183	B7	╖	215	D7	╫	247	F7	≈
152	98	ÿ	184	B8	╕	216	D8	╪	248	F8	≈
153	99	Ö	185	B9	╣	217	D9	┘	249	F9	·
154	9A	Ü	186	BA	║	218	DA	┌	250	FA	·
155	9B	¢	187	BB	╗	219	DB	█	251	FB	√
156	9C	£	188	BC	╝	220	DC	▄	252	FC	^{n}
157	9D	¤	189	BD	╜	221	DD	▌	253	FD	^{2}
158	9E	Pts	190	BE	╛	222	DE	▐	254	FE	■
159	9F	ƒ	191	BF	┐	223	DF	▀	255	FF	

附录Ⅲ　C 语言运算符优先级列表

优先级	运算符	名称或含义	使用形式	结合方向	说　明
1	[]	数组下标	数组名 [整型表达式]	从左向右	
	()	圆括号	(表达式)/ 函数名 (形参表)		
	.	成员选择(对象)	对象 . 成员名		
	->	成员选择(指针)	对象指针 -> 成员名		
2	-	负号运算符	- 表达式	从右向左	一元运算符
	(类型)	强制类型转换	(数据类型) 表达式		
	++	自增运算符	++ 变量名 / 变量名 ++		一元运算符
	--	自减运算符	-- 变量名 / 变量名 --		一元运算符
	*	取值运算符	* 指针表达式		一元运算符
	&	取地址运算符	& 左值表达式		一元运算符
	!	逻辑非运算符	! 表达式		一元运算符
	~	按位取反运算符	~ 表达式		一元运算符
	sizeof	长度运算符	sizeof 表达式 /sizeof(类型)		
3	/	除	表达式 / 表达式	从左向右	二元运算符
	*	乘	表达式 * 表达式		二元运算符
	%	余数(取模)	整型表达式 % 整型表达式		二元运算符
4	+	加	表达式 + 表达式	从左向右	二元运算符
	-	减	表达式 - 表达式		二元运算符
5	<<	左移	表达式 << 表达式	从左向右	二元运算符
	>>	右移	表达式 >> 表达式		二元运算符
6	>	大于	表达式 > 表达式	从左向右	二元运算符
	>=	大于等于	表达式 >= 表达式		二元运算符
	<	小于	表达式 < 表达式		二元运算符
	<=	小于等于	表达式 <= 表达式		二元运算符
7	==	等于	表达式 == 表达式	从左向右	二元运算符
8	!=	不等于	表达式 != 表达式	从左向右	二元运算符
	&	按位与	整型表达式 & 整型表达式		二元运算符
9	^	按位异或	整型表达式 ^ 整型表达式	从左向右	二元运算符

续表

<table>
<tr><th>优先级</th><th>运算符</th><th>名称或含义</th><th>使用形式</th><th>结合方向</th><th>说　明</th></tr>
<tr><td>10</td><td>|</td><td>按位或</td><td>整型表达式 | 整型表达式</td><td>从左向右</td><td>二元运算符</td></tr>
<tr><td>11</td><td>&&</td><td>逻辑与</td><td>表达式 && 表达式</td><td>从左向右</td><td>二元运算符</td></tr>
<tr><td>12</td><td>||</td><td>逻辑或</td><td>表达式 || 表达式</td><td>从左向右</td><td>二元运算符</td></tr>
<tr><td>13</td><td>?:</td><td>条件运算符</td><td>表达式 1? 表达式 2: 表达式 3</td><td>从右向左</td><td>三元运算符</td></tr>
<tr><td rowspan="11">14</td><td>=</td><td>赋值运算符</td><td>变量 = 表达式</td><td rowspan="11">从右向左</td><td rowspan="11"></td></tr>
<tr><td>/=</td><td>除后赋值</td><td>变量 /= 表达式</td></tr>
<tr><td>*=</td><td>乘后赋值</td><td>变量 *= 表达式</td></tr>
<tr><td>%=</td><td>取模后赋值</td><td>变量 %= 表达式</td></tr>
<tr><td>+=</td><td>加后赋值</td><td>变量 += 表达式</td></tr>
<tr><td>-=</td><td>减后赋值</td><td>变量 -= 表达式</td></tr>
<tr><td><<=</td><td>左移后赋值</td><td>变量 <<= 表达式</td></tr>
<tr><td>>>=</td><td>右移后赋值</td><td>变量 >>= 表达式</td></tr>
<tr><td>&=</td><td>按位与后赋值</td><td>变量 &= 表达式</td></tr>
<tr><td>^=</td><td>按位异或后赋值</td><td>变量 ^= 表达式</td></tr>
<tr><td>|=</td><td>按位或后赋值</td><td>变量 |= 表达式</td></tr>
<tr><td>15</td><td>,</td><td>逗号运算符</td><td>表达式 , 表达式 ,…</td><td>从左向右</td><td>从左向右顺序运算</td></tr>
</table>

附录Ⅳ　C语言常用的库函数

1. 数学函数

使用数学函数时，应该在源文件中使用预编译命令：

#include <math.h> 或 #include "math.h"

函数名	函数原型	功　能	返回值
acos	double acos(double x);	计算 arccos x 的值，其中 -1<=x<=1	计算结果
asin	double asin(double x);	计算 arcsin x 的值，其中 -1<=x<=1	计算结果
atan	double atan(double x);	计算 arctan x 的值	计算结果
atan2	double atan2(double x, double y);	计算 arctan x/y 的值	计算结果
cos	double cos(double x);	计算 cos x 的值，其中 x 的单位为弧度	计算结果
cosh	double cosh(double x);	计算 x 的双曲余弦 cosh x 的值	计算结果
exp	double exp(double x);	求 ex 的值	计算结果
fabs	double fabs(double x);	求 x 的绝对值	计算结果
floor	double floor(double x);	求出不大于 x 的最大整数	该整数的双精度实数
fmod	double fmod(double x, double y);	求整除 x/y 的余数	返回余数的双精度实数
frexp	double frexp(double val, int *eptr);	把双精度数 val 分解成数字部分（尾数）和以 2 为底的指数，即 val=x*2^n，n 存放在 eptr 指向的变量中	数字部分 x 满足 0.5<=x<1
log	double log(double x);	求 ln x 的值	计算结果
log10	double log10(double x);	求 log10 x 的值	计算结果
modf	double modf(double val, int *iptr);	把双精度数 val 分解成数字部分和小数部分，把整数部分存放在 iptr 指向的变量中	val 的小数部分
pow	double pow(double x, double y);	求 x、y 的值	计算结果
sin	double sin(double x);	求 sin x 的值，其中 x 的单位为弧度	计算结果
sinh	double sinh(double x);	计算 x 的双曲正弦函数 sinh x 的值	计算结果
sqrt	double sqrt (double x);	计算 $\sqrt{x}$，其中 x>=0	计算结果
tan	double tan(double x);	计算 tan x 的值，其中 x 的单位为弧度	计算结果
tanh	double tanh(double x);	计算 x 的双曲正切函数 tanh x 的值	计算结果

2. 字符函数

使用字符函数时，应该在源文件中使用预编译命令：

#include <ctype.h> 或 #include "ctype.h"

函数名	函数原型	功 能	返回值
isalnum	int isalnum(int ch);	检查 ch 是不是字母或数字	是，返回 1，否则返回 0
isalpha	int isalpha(int ch);	检查 ch 是不是字母	是，返回 1，否则返回 0
iscntrl	int iscntrl(int ch);	检查 ch 是不是控制字符（其 ASCII 码在 0 和 0xlF 之间）	是，返回 1，否则返回 0
isdigit	int isdigit(int ch);	检查 ch 是不是数字	是，返回 1，否则返回 0
isgraph	int isgraph(int ch);	检查 ch 是不是可打印字符（其 ASCII 码在 0x21 和 0x7e 之间），不包括空格	是，返回 1，否则返回 0
islower	int islower(int ch);	检查 ch 是不是小写字母（a～z）	是，返回 1，否则返回 0
isprint	int isprint(int ch);	检查 ch 是不是可打印字符（其 ASCII 码在 0x21 和 0x7e 之间），不包括空格	是，返回 1，否则返回 0
ispunct	int ispunct(int ch);	检查 ch 是不是标点字符（不包括空格），即除字母、数字和空格以外的所有可打印字符	是，返回 1，否则返回 0
isspace	int isspace(int ch);	检查 ch 是不是空格、跳格符（制表符）或换行符	是，返回 1，否则返回 0
isupper	int isupper(int ch);	检查 ch 是不是大写字母（A～Z）	是，返回 1，否则返回 0
isxdigit	int isxdigit(int ch);	检查 ch 是不是一个十六进制数（即 0～9，或 A 到 F，a～f）	是，返回 1，否则返回 0
tolower	int tolower(int ch);	将 ch 字符转换为小写字母	返回 ch 对应的小写字母
toupper	int toupper(int ch);	将 ch 字符转换为大写字母	返回 ch 对应的大写字母

3. 字符串函数

使用字符串函数时，应该在源文件中使用预编译命令：

```
#include <string.h> 或 #include "string.h"
```

函数名	函数原型	功 能	返回值
memchr	void *memchr(void *buf, char ch, unsigned count);	在 buf 的前 count 个字符中搜索字符 ch 首次出现的位置	返回指向 buf 中 ch 第一次出现的位置指针。若没有找到 ch，返回 NULL
memcmp	int memcmp(void *buf1, void *buf2, unsigned count);	按字典顺序比较由 buf1 和 buf2 指向的数组的前 count 个字符	buf1<buf2，为负数 buf1=buf2，返回 0 buf1>buf2，为正数
memcpy	void *memcpy(void *to, void *from, unsigned count);	将 from 指向的数组中的前 count 个字符拷贝到 to 指向的数组中。from 和 to 指向的数组不允许重叠	返回指向 to 的指针
memset	void *memset(void *buf, char ch, unsigned count);	将字符 ch 拷贝到 buf 指向的数组前 count 个字符中	返回 buf
memmove	void *memove(void *to, void *from, unsigned count);	将 from 指向的数组中的前 count 个字符拷贝到 to 指向的数组中。from 和 to 指向的数组不允许重叠	返回指向 to 的指针
strcat	char *strcat(char *str1, char *str2);	把字符 str2 接到 str1 后面，取消原来 str1 最后面的串结束符 '\0'	返回 str1
strchr	char *strchr(char *str,int ch);	找出 str 指向的字符串中第一次出现字符 ch 的位置	返回指向该位置的指针，如果找不到，则返回 NULL

续表

函数名	函数原型	功　能	返回值
strcmp	int strcmp(char *str1, char *str2);	比较字符串 str1 和 str2	若 str1<str2，为负数 若 str1=str2，返回 0 若 str1>str2，为正数
strcpy	char *strcpy(char *str1, char *str2);	把 str2 指向的字符串拷贝到 str1 中去	返回 str1
strlen	unsigned int strlen(char *str);	统计字符串 str 中字符的个数（不包括终止符 '\0'）	返回字符个数
strncat	char *strncat(char *str1, char *str2, unsigned count);	把字符串 str2 指向的字符串中最多 count 个字符连到字符串 str1 后面，并以 NULL 结尾	返回 str1
strncmp	int strncmp(char *str1,char *str2, unsigned count);	比较字符串 str1 和 str2 中至多前 count 个字符	若 str1<str2，为负数 若 str1=str2，返回 0 若 str1>str2，为正数
strncpy	char *strncpy(char *str1,char *str2, unsigned count);	把 str2 指向的字符串中最多的前 count 个字符拷贝到字符串 str1 中去	返回 str1
strnset	char *setnset(char *buf, char ch, unsigned count);	将字符 ch 拷贝到 buf 指向的数组前 count 个字符中	返回 buf
strset	char *setset(char *buf, char ch);	将 buf 所指向的字符串中的全部字符都变为字符 ch	返回 buf
strstr	char *strstr(char *str1,*str2);	寻找 str2 指向的字符串在 str1 指向的字符串中首次出现的位置	返回 str2 指向的字符串首次出现的地址，否则返回 NULL

4. 输入/输出函数

使用输入/输出函数时，应在源文件中使用预编译命令：

```
#include <stdio.h> 或 #include "stdio.h"
```

函数名	函数原型	功　能	返回值
clearerr	void clearerr (FILE *fp);	清除文件指针错误指示器	无
close	int close(int fp);	关闭文件（非 ANSI 标准）	关闭成功返回 0，不成功返回 -1
creat	int creat(char *filename, int mode);	以 mode 指定的方式建立文件（非 ANSI 标准）	成功返回正数，否则返回 -1
eof	int eof(int fp);	判断 fp 所指的文件是否结束	文件结束返回 1，否则返回 0
fclose	int fclose(FILE *fp);	关闭 fp 所指的文件，释放文件缓冲区	关闭成功返回 0，不成功返回非 0
feof	int feof(FILE *fp);	检查文件是否结束	文件结束返回非 0，否则返回 0
ferror	int ferror(FILE *fp);	测试 fp 所指的文件是否有错误	无错返回 0，否则返回非 0
fflush	int fflush(FILE *fp);	将 fp 所指的文件的全部控制信息和数据存盘	存盘正确返回 0，否则返回非 0
fgets	char *fgets(char *buf, int n, FILE *fp);	从 fp 所指的文件中读取一个长度为（n-1）的字符串，存入起始地址为 buf 的空间	返回地址 buf，若遇文件结束或出错则返回 EOF
fgetc	int fgetc(FILE *fp);	从 fp 所指的文件中取下一个字符	返回所得到的字符，出错返回 EOF

续表

函数名	函数原型	功　能	返回值
fopen	FILE *fopen(char *filename,char *mode);	以 mode 指定的方式打开名为 filename 的文件	成功则返回一个文件指针，否则返回 0
fprintf	int fprintf(FILE *fp, char *format,args,…);	将 args 的值以 format 指定的格式输出到 fp 所指的文件中	实际输出的字符数
fputc	int fputc(char ch, FILE *fp);	将字符 ch 输出到 fp 所指的文件中	成功则返回该字符，出错返回 EOF
fputs	int fputs(const char *str, FILE *fp);	将 str 所指的字符串输出到 fp 所指的文件中	成功则返回 0，出错返回 EOF
fread	int fread(char *pt, unsigned size, unsigned n, FILE *fp);	从 fp 所指的文件中读取长度为 size 的 *n* 个数据项，存到 pt 所指向的内存区	返回所读的数据项个数，若文件结束或出错返回 0
fscanf	int fscanf(FILE *fp, char *format,[args,…]);	从 fp 指定的文件中根据 format 格式将读取的数据送到 args 所指的内存变量中(args 是指针)	已输入的数据个数
fseek	int fseek(FILE *fp, long offset, int base);	将 fp 所指的文件位置指针移到以 base 为基准、以 offset 为位移量的位置	返回当前位置，否则返回 -1
ftell	long ftell(FILE *fp);	返回 fp 所指定的文件中的读写位置	返回文件中的读写位置，否则返回 0
fwrite	int fwrite(char *ptr, unsigned size, unsigned n, FILE *fp);	把 ptr 所指向的 n*size 字节输出到 fp 所指向的文件中	写到 fp 文件中的数据项的个数
getc	int getc(FILE *fp);	从 fp 所指向的文件中读出下一个字符	返回读出的字符，若文件出错或结束返回 EOF
getchar	int getchar();	从标准输入设备中读取下一个字符	返回字符，若文件出错或结束返回 -1
gets	char *gets(char *str);	从标准输入设备中读取字符串存入 str 所指的数组	成功返回 str，否则返回 NULL
open	int open(char *filename, int mode);	以 mode 指定的方式打开已存在的名为 filename 的文件(非 ANSI 标准)	返回文件号(正数)，如打开失败返回 -1
printf	int printf(char *format,[args,…]);	按 format 指定的字符串格式，将输出列表 args 的值输出到标准设备	输出字符的个数，若出错返回负数
prtc	int prtc(int ch, FILE *fp);	把一个字符 ch 输出到 fp 所指的文件中	输出字符 ch，若出错返回 EOF
putchar	int putchar(char ch);	把字符 ch 输出到 fp 标准输出设备	返回换行符，若失败返回 EOF
puts	int puts(char *str);	把 str 指向的字符串输出到标准输出设备，将 '\0' 转换为回车行	返回换行符，若失败返回 EOF
putw	int putw(int w, FILE *fp);	将一个整数 i(即一个字)写到 fp 所指的文件中(非 ANSI 标准)	返回读出的字符，若文件出错或结束返回 EOF
read	int read(int fd, char *buf, unsigned count);	从文件号为 fp 所指的文件中读 count 个字节到由 buf 开始的缓冲区(非 ANSI 标准)	返回真正读出的字节个数，如文件结束返回 0，出错返回 -1
remove	int remove(char *fname);	删除 fname 所指向的文件	成功返回 0，出错返回 -1
rename	int remove(char *oname, char *nname);	把 oname 所指的文件名改为由 nname 所指的文件名	成功返回 0，出错返回 -1
rewind	void rewind(FILE *fp);	将 fp 指定的文件指针置于文件头，并清除文件结束标志和错误标志	无

续表

函数名	函数原型	功　能	返回值
scanf	int scanf(char *format, [args…]);	从标准输入设备按 format 指示的格式字符串输入数据给 args 所指示的单元。args 为指针	读入并赋给 args 数据个数。如文件结束返回 EOF，若出错返回 0
write	int write(int fd, char *buf, unsigned count);	从 buf 指向的缓冲区开始输出 count 个字符到 fd 所指的文件中（非 ANSI 标准）	返回实际写入的字节数，如出错返回 -1

5. 动态存储分配函数

使用动态存储分配函数时，应在源文件中使用预编译命令：

```
#include <stdlib.h> 或 #include "stdlib.h"
```

函数名	函数原型	功　能	返回值
calloc	void *calloc(unsigned n, unsigned size);	分配 *n* 个数据项的内存连续空间，每个数据项的大小为 size	分配内存单元的起始地址，如不成功，返回 0
free	void free(void *p);	释放 p 所指向的内存区	无
malloc	void *malloc(unsigned size);	分配 size 字节的内存区	所分配的内存区地址，如内存不够，返回 0
realloc	void *realloc(void *p, unsigned size);	将 p 所指的已分配的内存区的大小改为 size，size 可以比原来大也可以比原来小	返回指向该内存区的指针，若重新分配失败，返回 NULL

6. 其他函数

有些函数由于不便归入某一类，因此单独列出。使用这些函数时，应该在源文件中使用预编译命令：

```
#include <stdlib.h> 或 #include "stdlib.h"
```

函数名	函数原型	功　能	返回值
abs	int abs(int num);	计算整数 num 的绝对值	计算结果
atof	double atof(char *str);	将 str 指向的字符串转换为一个 double 型的值	双精度计算结果
atoi	int atoi(char *str);	将 str 指向的字符串转换为一个 int 型的值	转换结果
atol	long atol(char *str);	将 str 指向的字符串转换为一个 long 型的值	转换结果
exit	void exit(int status);	中止程序运行，将 status 的值返回调用的过程	无
itoa	char *itoa(int n, char *str, int radix);	将整数 *n* 的值按照 radix 进制转换为等价的字符串，并将结果存入 str 指向的字符串中	一个指向 str 的指针
labs	long labs(long num);	计算 long 型整数 num 的绝对值	计算结果
ltoa	char *ltoa(long n,char *str, int radix);	将长整数 *n* 的值按照 radix 进制转换为等价的字符串，并将结果存入 str 指向的字符串	一个指向 str 的指针
srand	void srand(unsigned seed);	随机数发生器的初始化函数，它需要提供一个种子，这个种子会对应一个随机数，如果使用相同的种子，后面的 rand() 函数会出现一样的随机数	
rand	int rand();	需要先调用 srand() 函数初始化，一般用当前日历时间初始化随机数种子，这样每行代码都可以产生不同的随机数	一个伪随机（整）数

参考文献

[1] 谭浩强 . C 程序设计 [M]. 5 版 . 北京：清华大学出版社，2017.

[2] 何钦铭，颜晖 . C 语言程序设计 [M]. 4 版 . 北京：高等教育出版社，2020.

[3] 揭安全 . 高级语言程序设计（C 语言版）：基于计算思维能力培养（附微课视频）[M]. 2 版 . 北京：人民邮电出版社，2022.

[4] 苏小红，赵玲玲，孙志岗，等 . C 语言程序设计 [M]. 4 版 . 北京：高等教育出版社，2019.

[5] 史蒂芬•普拉达 . *C Primer Plus*：中文版 [M]. 6 版 . 姜佑，译 . 北京：人民邮电出版社，2016.